U0209169

Anna Pavord

The Tulip

二十周年修订纪念版

疯狂郁金香

〔英〕安娜·帕沃德——著　褚晓瑾 梁英俊——译

上海译文出版社

目 录
CONTENTS

前　言

　　所有这一切都起源于一小口袋鳞茎，我丈夫去阿姆斯特丹开商务会议的时候带回来的。结婚之初，我们住在一艘旧泰晤士驳船里。而此时，经过了一段愉快喧嚣的日子，我们刚搬进属于我俩的第一个房子，位于西苏塞克斯郡佩特沃斯附近灌木丛生、修剪齐整的乡间。一幢长条的低矮砖房，花园从前面的露台一直延伸到后面的一小片榆树丛。

　　这是我们的第一个花园，也是我们的第一所房子。我妈妈曾经对我们驳船停泊的河岸抱着巨大的希望，在上面种了鸢尾花和报春花作为装饰。结果，鸢尾花被冬天的第一次洪水冲走了，而报春花，被周末来这里漫步的人摘光了。

　　当然，我们房舍门前围绕着玫瑰花，还有个大草坪，两边被窄窄的边界隔开。在大草坪上，似乎是很随意隔开一小块地方，里面有排水沟盖子。我就把那一小袋子鳞茎种在了那儿，记得是株叫做"古多诗妮克"的郁金香。①也是那段时间，花园里仅剩的没有被荆棘和杂草淹没的一小块空地。

　　那就是我最早种植的几株郁金香。我不记得在那之前，它们在我生活中扮演过什么角色。以前，倒是发生过关于郁金香的荒唐事。我弟弟要试射他新买的气枪，把家里洗手间的后窗当作了制高点，他是个神射手，结果把我妈妈灌木围墙前种的郁金香花苞一个个打掉了，我那时候还觉得他挺棒的。很久之后，我记得在邱园②温室前面曾举办过一次精彩的郁金香展示。在红褐色茴香花的幼苗中间点缀着淡柠檬黄色的郁金香。我时常在周末去邱园转转，逃避一九六〇年代过分狂热的伦敦生活。时不时地，在九号巴士顶层，快接近海德公园角时，我会捕捉到一抹鲜艳的红色。春天的展示会上，又是郁金香，大片大片地盛放着。当时，这就是郁金香所代表的：一望无际。硕大、呈方形的花朵，色彩鲜艳，通常是黄色或是红色，点缀着大地，直到天竺葵开放。单个的郁金香，似乎根本不存在。

可是，到了4月下旬，"古多诗妮克"开始绽放。它恰好展示了，为什么在十六世纪末郁金香初初到达欧洲人的手中会引发巨大的轰动。它是珍宝之花，无穷变化之花，值得对它繁复的花纹进行研究：基部的色彩，轻轻刷过花瓣内部的火焰般花纹，美丽的光泽，像最昂贵的缎子，花朵外精致的雄蕊，花粉的颜色。看在上帝的分上，郁金香仿佛在说，你从未真正见过，是吗？

我就从未见过。而且，这就是运气，纯粹的运气，因为我丈夫，尽管在很多方面都很出色，但却分不清郁金香和虎皮百合花的区别。而正是他，给我带来了郁金香，比鲜艳的绘画更有意义。"古多诗妮克"郁金香最著名的特点就是从来不会开出两朵完全一模一样的花。所有的花都很高，都生有淡奶油黄底色的花瓣。但每株盛放的花朵里，都是不一样的红色或是玫瑰色斑点与火焰花纹。有时候，花纹色彩非常浅，看似是纯净的柠檬黄；还有些时候，花纹色彩浓重，呈深玫瑰红条纹，几乎在不知不觉间融入了基部，你永远无法分辨出两种色彩的界限。而仔细观察花苞内部，即使是素淡的郁金香花，底部都是浓烈的、近乎黑色的幽蓝，带着黑色的雄蕊。随着花朵衰败，黑色花蕊散落在浅色的花瓣中。"好吧，古多诗妮克，"我想，"好吧，好吧，好吧！"一下子被深深吸引住了。

只是，这份迷恋要搁置一段时间。我又生了个孩子，学着修剪玫瑰，然后，在草坪外的坚硬的黏土地上开辟出一块菜园。不过，那之后的每一个春天，我都会种下几株郁金香——有些种在花盆里，并且意识到它们一样可以长得很好，有些种在我逐渐清理出的草坪两边狭窄的过道上。而四

---

① Gudoshnik，俄语画家、艺术家的意思，多瓣红黄相间，属于达尔文杂交群郁金香。
② 伦敦郊外的一个大型植物园。

月，似乎比一年中其他时节都更加值得期待。晚上，把孩子们哄睡了（他们必须在六点钟上床，不然，我会把他们送给第一个从巷子经过的陌生人），我倒上一杯红酒，在天擦黑前踱出房门，赞美新一季的到来："艾琳公主"——非凡的柔和橙色花瓣，外侧花瓣上是柔和的紫色和淡淡的绿色花纹；"艾斯特拉·瑞吉韦德"——如一道令人赞叹的甜点，带着褶皱的花边，如覆盆子冰淇淋的条纹，洁白底色上缠绕着浓郁的红；"麦斯纳·波泽兰"——一种4月末才开放的迷人郁金香，花朵种类繁多，有些是玫瑰红，有些是白色，有些是奶白色，边缘非常精致，呈粉红色。

然后，因为我丈夫常常不在家，也因为我是个好追根问底的人，我开始认真阅读有关郁金香的产品介绍。他们把郁金香分成不同的种类——花期早的，流穗状的，鹦鹉式的，杂交达尔文的，总共有十五种之多。我的"古多诗妮克"属于杂交达尔文品种，非常著名。它是在1943年由伟大的园艺家、来自荷兰利瑟的D. W. 勒费伯引进成功。勒费伯在乌兹别克斯坦的撒马尔罕南部山区发现了鲜红的野生皇帝郁金香（T. fosteriana）。他使用野生皇帝郁金香培植成功的这个品种在郁金香大批量种植时期，取得了惊人的成功。

那个阶段，我对野生郁金香一无所知，不知道它们生长在哪里，是什么样子，也不知道它们有多少种类。如果有人问我郁金香产自哪里，我会回答：荷兰。渐渐地，一张不同的郁金香地图显现在我脑子里，以中亚地区为中心，那是非常多野生郁金香生长的地方。如很多珍贵物品一样，它们沿着古老的丝绸之路一直向西，从塔什干出发，经过撒马尔罕、布哈拉、土库曼斯坦、巴库、埃里温——光看这些地名已经令我兴奋不已——然后，到达君士坦丁堡（现在的伊斯坦布尔），这是它们最终进入欧洲的跳板。所以，我问自己的第一个问题，就是与品种相关的问题——我们今天种植在花园里的郁金香最早源自哪里？那是值得探索的有趣领域。

但为什么是郁金香？好吧，就像一场恋爱——任何的恋爱——那个被疯狂爱着的对象总是要给人惊喜，令人着迷，这场爱恋才能持续下去——而郁金香拥有所有这些特点。它所经历的事情比任何好莱坞编剧创造的剧本都有冒险性。我们这里谈论的可是地球上生长的最性感、最莫测、最多样、微妙、有冲击力且令人着迷的花朵。我于是开始撰写郁金香的冒险经历，很少有人了解这一点——当然，丹尼尔·霍尔除外，他曾出版过《郁金香之书》。

霍尔的这本书出版于1929年。从那之后，除了植物分类学的研究之外，几乎没人写过它。我动笔写郁金香的故事，不是因为有人让我去写，或是出版社邀请我写，而是因为，写作是唯一的方式，可以厘清我内心不断提出的疑问。当无法实地欣赏郁金香的时候，我就去搜索各个图书馆、美术馆、博物馆，如饥似渴地欣赏画家笔下的郁金香形象。和我一样，这些艺术家也对郁金香深深迷恋。"郁金香狂热"最非同凡响的一章，也是郁金香最广为人知的冒险，成为我关注的焦点。而我是通过荷兰黄金时期最伟大的花卉画家之一扬·范·休森[1]来认识这个时期的。即使在他最受欢迎的创作期，休森的一件花卉作品也极少能卖出五千荷兰盾的价格。但1637年，在阿尔克马尔[2]的郁金香鳞茎拍卖会上，一个"里弗金提督"[3]郁金香鳞茎以四千八百荷兰盾转手。就算出自大画家扬·范·休森之手，一幅郁金香主题的油画也没有单个郁金香鳞茎值钱。

终于，经过了七年的旅行、抄写笔记，还有每一季种植更多的郁金香，我有了一份超过十万字的打印稿。我追随着郁金香花，南至克里特岛，东至土耳其，北到荷兰。我揭示了一段前后超五百年的故事，当中充满了人们对这种非凡花卉的热忱。当我把一大沓稿纸放进一个盒子，我想，好吧，这些时间花得很值得。不过，郁金香注定不会被关在盒子里，一番还算激烈的竞争之后，布鲁姆斯伯里出版社得到这本书的版权，把它变成了一本非同寻常的精美图书。书中包括了我在手稿中剪贴上去的所有一百二十幅郁金香插图。

这本书出版之后，以它自己的姿态扶摇直上。倒是我，在一旁张皇失

---

① 扬·范·休森（1682—1749），荷兰画家，以画繁复的花束著称，有作品收藏于伦敦的英国国家美术馆。

② 荷兰北荷兰省的一座城市，Alkmaar，现在以生产奶酪著称。

③ 当年珍贵的郁金香品种，Admiral Liefkens。

措，试图跟上它的脚步。在英国有一个为期两周的图书推广活动，从爱丁堡出发，到南安普敦结束，每一站都人头攒动。还有在美国，我之前从来没有去过美国，布鲁姆斯伯里出版社刚在那里开了分社。早在荷兰殖民者抵达曼哈顿的时候，郁金香也随之一起抵达。我平生第一次走过纽约第五大道，两边高楼耸立，令我想起了初期的拓荒者，因为疾病因为饥荒死亡的时候，他们随身带来的郁金香正在周围盛开，让他们想起故乡。在那些摩天大楼的墙根处，此时被砖块和混凝土封存，还躺着在美洲土地上最早生长的郁金香的幽灵。

随着这本书在美国开展推广活动，我去了丹佛、芝加哥、圣马力诺的亨廷顿图书馆、洛杉矶、波特兰、西雅图、明尼阿波利斯、里士满和华盛顿。当然还有纽约，盛大的新书发布会是在大都会博物馆举行的。也是在纽约，我被邀请去著名主持人玛莎·斯特伍德的节目，介绍这本书。那天正是圣帕特里克大游行，街上到处是穿着绿色衣裤的人群，我要拼命拨开人群，才能挤到为我准备的车跟前。我还记得芝加哥——可能是我最喜欢的美国城市了——我在那里组织了一场郁金香展。展览场地中，挂着扬·勃鲁盖尔①、安布罗休斯·博斯查尔特②、以及罗兰特·萨维里③的画作。我们从剑桥的菲茨威廉博物馆借来了伊兹尼克陶器以及代尔夫特蓝陶大浅盘，还有些精美的纺织品。哈伍德宫借出了煤港地区使用的精美的甜点碟子。我们还找到了十七世纪波罗的海银器、新艺术风格的台灯、一套刻着清晰郁金香图案超级精美的锡盘。我们寻来美国早期的家具，荷兰代尔夫特陶碟。我们找到一套奥斯曼帝国的绘画手稿，里面是优雅、些微泛黄的郁金香图案，风格独特，共有四十九幅。那个时代的同类作品，这是现存

---

① 扬·勃鲁盖尔（1568—1625），荷兰佛兰芒画家，父亲是著名画家老彼得·勃鲁盖尔。他在学习父亲之外，还涉猎历史画、静物画、寓言画和神话题材，并赢得了"花卉勃鲁盖尔"的美名。
② 安布罗休斯·博斯查尔特（1573—1621），荷兰佛兰芒画家，被认为是最早将花卉静物作为独立流派的画家之一。
③ 罗兰特·萨维里（1576—1639），荷兰佛兰芒画家，擅长花卉静物画，作品中往往有许多动物和植物点缀。

唯一版本了。之前，在伦敦的拍卖行，我终于一睹这套罕见的艺术作品的真容。在手稿拍出的前一天，我和它独自待了一个上午，令人难忘。第二天，我亲眼看着这件作品拍出，买家是一位卡塔尔私人收藏家。我认识拍卖的组织者，令人意想不到的是，他竟然同意让我带着这件宝物，在芝加哥的郁金香展中展出。从芝加哥，它被直接运往新主人的图书馆。那之后，它可能就再也不会抛头露面了。

回想起来，我可以说，这本书出版的时机很好，当然，我或是其他人都没有预料到这一点。我前前后后为手稿忙了八年，在这本书出版之际（1999），正是互联网兴起之时，经济学家们正重新回头研究"郁金香狂热"时期的历史，看看他们可以从那场大灾难中学到些什么。它们的信息是一致的——利令智昏。不过，我从不怀疑，这本书得益于这种关联。媒体对它的报道可谓铺天盖地。它登上了最佳销售排行榜。它成为了BBC广播四台的"本周最佳图书"，我还在节目中朗读过书的片段。因为它是如此美丽，书店会精心摆设这本书。我曾经在经过书店橱窗时，对它挥手致意。我也对出现在光滑的杂志封面上的它致敬——通常是作为一件道具出现在广告里，它可能寂寞地躺在贵得离谱的沙发上，或是在闪光的金属桌面上。火车上，我对面的乘客正在阅读这本书（我当然很想问问他们觉得怎么样，但却没胆量开口）。我签名售出的书，超过了任何作家可能的期待。

直到《疯狂郁金香》出版之后，我才能完成自己对于它的一项未竟的事业。那时候，我当然已经了解到，郁金香生长的心脏地带位于中亚。那片蛮荒而神话般的地方，野生郁金香品种比世界上任何地方都多。我在书里描绘了我和我丈夫的希腊克里特岛之旅——那是比较容易抵达的地方了。在奥马洛斯平原，观赏优雅的贝克氏郁金香（Tulipa bakeri），还去了土耳其和伊拉克边境，捕捉盛开的短斑郁金香（Tulipa julia），狼群和它们分享同一片泥泞的山坡。不过，那次行程中，我脑子里一直想着另一个更难抵达的地方。怎样才能前往哈萨克斯坦呢？那里才是绚烂而又多变的郁金香的摇篮。

当然，我们最终去了那里。在那次开创性的旅程中，我们遇到了非常棒的当地导游弗拉基米尔·科尔宾瑟夫，他陪伴着我们，穿过我地图上标注的群山。已经是4月底了，山顶上依然白雪覆盖。这里，有精瘦健壮的马匹，从冬眠中醒来的熊出没在一大片一大片贝母属花朵中，鹰在冰峰上空翱翔——我们可以是在中世纪。我拿着野外望远镜，穿着登山靴，在方圆超过五百英里的旷野，是唯一不合时宜的人。有天早上，绕过一个悬崖，山坡上出现连绵不断的郁金香，目光所及之处都是。山谷里向阳的一面，漫山的格里吉群郁金香（Tulipa greigii），它可能是野生品种里最摇曳生姿的一类。它们的叶子像斑驳的蛇皮，花瓣呈圆形，巨大、肥厚，通常色彩鲜红。但是在这里，东方夕阳下的格里吉群郁金香绽放出所有的色彩：橙色的花朵盛开在黄色的底色上，黄色花瓣中心是完美的红色火焰，鲑鱼粉的花瓣上飘洒着柠檬黄花纹。还有一些花，像植物分类学家所描述的，有黑色的基部斑点。也有许多品种，花瓣上并没有这类斑点。说到底，郁金香追求的是多变，而不是植物标本室里沉闷的千篇一律。它们游戏于各种形态之间，毫无节制地变幻色彩，不服从于任何指令。

而对面的山坡，朝北背阴的那一面，睡莲郁金香（Tulipa kaufmanniana）同样漫山遍野，柠檬黄花瓣外面带着淡红色花纹。更准确地说，它们缺乏冒险性，不像格里吉群郁金香那么多样。不过，小溪从高处激流而下，在低处平原河流汇集处，两个品种相遇了。它们握手言和，制造出一系列后代——诸如此类的行为，非把分类学家气得早些进坟墓不可。它究竟遵循什么规则？何必自寻烦恼呢，郁金香一边说，一边尝试产生另一种形状的花瓣，或是创造出另一种混合色彩。

我们住在弗拉基米尔所在的村子里。到晚上，他会打电话过来，和我们聊白天的见闻，或是商讨第二天的行程。有天晚上，他来了，胳膊下夹着一卷东西。他把那卷东西放在桌子上，小心翼翼地把包裹反转过来。在手工织成的布料上，是我的这本书。封面上，朱迪思·莱斯特[①]绘制的郁金香正定定地注视着我，我也凝视着它。

那时，我和这本书已经有过多次相遇。但没有什么能如这一幕般令我

---

① 朱迪思·莱斯特（1609—1660），荷兰黄金时期的女画家，擅长肖像和静物画。

感动，发生在中亚乡村小屋里，我所到过的最为偏僻的地方之一。那是郁金香为我生活编织的网中的另一条丝线。"你认识这位女士吗？"弗拉基米尔指着封面上我的名字问道。一阵沉默。我想起那些令人难忘的岁月，有郁金香的陪伴，它教会了我的一切，以及我和它一起共同的冒险。美丽、优雅、迷人、精致、卓越，都与这惊艳、令人赞叹的花相伴而来。"是，"我终于回答，"是的，我想，我认识她。"

导 读

　　生活中最有意思的事情常常始于偶然。有一年5月，我坐在克里特岛西部阿利卡姆博斯的小酒馆外，就完全想象不到将要发生的事情。我没有导游手册，也没张像样的地图，但有一本极好的野花采集图书。我懂一点点希腊语，村子里的长者们会说的英文更加少。他们看上去都严肃庄重，足蹬长筒皮靴，手持带刺的拐杖，茂密的大胡子足够藏下一窝子老鼠。我们面前的桌子上一溜摆着小杯的咖啡，一小杯辛辣的白色当地自制白兰地和盐腌的西葫芦籽，而那本书在周围人手中传来传去，书打开在同一页上，上面是一朵贝克氏郁金香，名字来源于在克里特岛首次发现这一品种的园艺学家乔治·博西瓦尔·贝克①。

　　与生长在克里米亚和中亚的野性、诱惑、华丽的野生郁金香相比，贝克氏郁金香不算特别艳丽。克里特岛郁金香呈紫红色，花瓣底部有明显的黄色斑点，背面像是被浅绿色的水冲洗过，覆盖着的这一层令许多郁金香拥有最细密柔软的缎子般的质地。出于某种原因，我一心要找到它，而克里特岛是已知的它唯一生长的地方。阿利卡姆博斯的长者们不断走过来，把书放在我面前，指着龙海芋②、日光兰③和葡萄风信子图案的书页，暗示说，这些他们随便就能找得到，但是，没有一个人认识贝克氏郁金香。我又叫了几杯白兰地，来弥补内心的失望。

　　之后，在用希腊语急速交谈一番之后，其中一名长者和一个小男孩把我招呼到停在附近的我租来的车子面前。我以为他们需要搭个顺风车，就沿着禁止通行的尖锐弯道从山顶小村子往下开。老人疯狂地朝我们做着手势，指挥我们开上一条岔路，在颠簸中把车子停在了路边。我们跟着那一老一少，继续向下走，忽然到达了一座粉刷成白色的小建筑，不超过十二英尺长、十英尺宽，矗立在泉水边。

老人打开门上的锁，像魔术师般挥手推开了大门。当然，那是座教堂，而我是在走进去之后才意识到的。教堂里有典籍中提及的所有圣徒画像，严肃的细长面孔，深陷的眼睛从墙壁或天花板上凝视着你。老人拿着一小截蜂蜡蜡烛，照着画像说：八世纪。又说：拜占庭。他又点着了根蜡烛，我慢慢环视那些古老的圣徒。深赭石色的画作随着烛光的摇曳，一会儿消失了，一会儿又重现了。真是个奇怪的时刻，原本期待着郁金香，却意外发现了这些壁画。

可以说，是圣徒们间接把我们引向了郁金香。那个小男孩留在了教堂门外，坐在一块岩石上，他截住了一个路人，向他展示我要找的花朵图案。"奥马洛斯，"当我们走出教堂的时候，他兴奋地嚷嚷，"奥马洛斯。"他又嚷嚷道，指指图片，然后指了指西边某处，遥遥地超越了地平线。第二天，我自己开车去了奥马洛斯。沿着狭窄的道路，两边布满了蓝盆花、野生燕麦以及大麦穗。背景是一座雄伟的石山，山顶覆盖着厚厚的白雪。

奥马洛斯是个荒凉的城市，地处平原高处，被围困在四面群山中。平原的草地已经被羊群啃光了。这里是如此地安静，甚至能听到旷野里豆荚穗在高温中爆裂开的声音。我像只猎犬四处逡巡，为发现各色的欧银莲而雀跃。在花卉学家眼中，它是野外欧银莲属的祖先，似乎有欧银莲的地方也非常可能见到郁金香。

我没有意识到自己搜寻了多少地方，一个多小时后，我发现已经爬到了半山。雪地的边缘清晰可见。我想触摸那些雪，而上去的路很容易。我计算了一下，不用一个小时我就可以走到那里。我到达了雪地，正

---

① 乔治·博西瓦尔·贝克（1856—1951），出生于君士坦丁堡，英国园艺学家、植物学家。
② 一种生长在希腊的植物，中心主茎上生长着深紫色花朵，散发腐烂臭味。
③ 百合科草本植物。

《郁金香与飞燕草》（约 1590）

乔里斯·霍夫纳戈尔

在融化的雪地边缘，我发现，番红花开得正好。这更高处的地方也是平坦的，高山牛舌草拥抱着岩石，蓝色花朵在叶子间闪烁。但是，没见到郁金香。

在山顶上，我朝一只鹰扔了个雪球，然后开始下山，速度可比上山时快多了。然后，在快到我的车子时，贝克氏郁金香突然跳进我的视线。我还以为是种错觉，但不是。当我还在徘徊于"它就在那里"①的套路时，贝克氏郁金香在奥马洛斯平原一处橄榄树梯田上正盛开，很幸运，放牧的动物被隔在了外边。它们生长在稀薄贫瘠的草原上，闪亮的叶子从一束束欧银莲丛中探出头来，里面夹杂着大量兰花，以及奇特的浅绿与黑色相间的蛇头鸢尾花。我尊敬地凝视着它们——不，不止于此——是种虔诚的沉默。我无法找到适当的词汇来形容。这是第一次，我看到野外生长的郁金香。那一刻，我理解了加勒哈德②最终寻得圣杯的心情。

此时此刻，我开心地意识到，那种痴迷已经在我身上蔓延了一段时间。我猜这世上总有一两个人选择不喜欢郁金香，但这多反常，几乎不可信。谁能不喜欢来自伊朗北部的皱叶郁金香（T. undulatifolia）呢？那明亮鲜艳的猩红色花朵，花瓣腰部开始轻轻收窄，形成尖细的顶部。花瓣外侧被淡绿色刷洗，因此它的花蕾看似非常清丽。然后，花瓣打开，展现出它是如此狂野性感之花。谁能不爱5月盛开的村舍郁金香"魔法师"呢？它的花瓣是柔和的奶白色，边缘处泼洒着紫色。随着时间，它优雅平静地走向枯萎（一种值得尊敬的属性）；花朵变暗，紫色在整个花瓣表面渗出。真是一场令人着迷的表演。

不过，和所有恋爱相似，一见钟情的狂喜过后，你希望更多了解你迷恋的对象。而郁金香肯定不会让你失望。它的背景充满了神秘、戏剧性、困境、灾难与成功，比任何迷恋者的合理预期都要丰富。在自然界，它属

---

① 有人问探险家乔治·马洛里：你为什么要攀登喜马拉雅山？他回答：因为它就在那里。

② 亚瑟王传奇中的骑士，地位独一无二，因品德高尚纯洁而得圣杯。

于东方花朵，在北纬四十度以北的长廊向两边延伸。它从土耳其安卡拉向东，经过埃里温、巴库、土库曼斯坦，之后穿越布哈拉、撒马尔罕和塔什干，抵达帕米尔-阿莱山脉，以及与之相邻的天山山脉，形成了郁金香生长的温床。

就西欧而言，郁金香的故事始于土耳其。从十六世纪中叶开始，欧洲旅行者从土耳其带回关于郁金香的消息，一种未知的红色百合，土耳其人珍视异常。事实上，那根本不是百合，而是郁金香。1559年4月，苏黎世物理学家、植物学家康拉德·格斯纳[1]首次见到了开花的郁金香，是在位于巴伐利亚奥格斯堡的约翰尼斯·海因里希·赫尔瓦特打造的美妙花园里。两年后，格斯纳出版的一本著作中描述了他看到的郁金香：发亮的红色花瓣，令人沉醉的香味，这是已知的西欧第一次对郁金香的记录。格斯纳写道："郁金香从一粒种子发芽成长，来自君士坦丁堡，也有说来自卡帕多西亚[2]。"从那朵花以及它的野外近亲开始，接下来三百年，从西伯利亚大草原，从阿富汗、奇特拉尔[3]、贝鲁特，到马尔马里斯半岛，从伊斯法罕、克里米亚，到高加索，人们收集不同品种的郁金香，一直把它们种植在花园里。位于荷兰的皇家鳞茎植物协会从1929年开始，定期出版国际植物注册名单，而目前在列的郁金香品种已经超过了七千种。

郁金香传奇中漫长而匪夷所思的一幕已经设定要在荷兰上演。"郁金香狂热"始于1634年，到1637年结束，它始终令历史学家和经济学家困惑。这一切是如何发生的？为什么某些品种的郁金香一个鳞茎易手的价格可以相当于阿姆斯特丹市黄金地段一所连排公寓的售价？"郁金香狂热"高峰时期，一个范恩克惠森提督郁金香鳞茎，重量不过十点二克[4]，可以卖到五千四百荷兰盾，相当于阿姆斯特丹普通泥瓦匠十五年的薪水，这怎么可能？

---

[1] 康拉德·格斯纳（1516—1565），瑞士博物学家、目录学家，著有《动物志》等。

[2] 古代地名，大致在土耳其东南部。

[3] Chitral，位于巴基斯坦境内。

[4] 荷兰重量单位，单数ass。21阿增为1克，215阿增大约为10.2克。

《插花》（1644）

汉斯·博隆吉尔（1600—1675）

收藏于弗兰斯·哈尔斯美术馆，哈勒姆

有人提出几个确定的事实来支持不确定的理论。1602年，荷兰东印度公司成立，阿姆斯特丹的港口贸易地位越来越重要，标志着荷兰进入经济极度繁荣时期。当地商人更加富有，律师、医生、药剂师以及珠宝商也随着变阔了。海姆斯泰德的阿德里安·帕乌勋爵曾担任荷兰司法部长、作为特使被派往多个外国法庭，也是新东印度公司的董事之一。他的宅邸就在哈勒姆城外，精美的花园里种着一簇簇郁金香，里面有个带镜子的凉亭，镜子的视觉效果让几百株郁金香看着犹如几千株，因为就连阿德里安·帕乌也负担不起种植几千株郁金香。对富有商人来说，花园里少不了喷泉、各种珍奇的鸟类和希腊风格的教堂这些典型的装饰。但是，郁金香成为终极的身份象征，显示你的财富。1980年代，都市富有人群的保时捷跑车也是这个作用，只是更为直接。帕乌的花园有许多非常罕见的郁金香品种，其中包含了当时所知的全部"永远的奥古斯都"①郁金香鳞茎，那是十七世纪早期最美丽的红色与白色条纹相间的品种。1640年代，"郁金香狂热"正式结束之后，人们认为，只有十二个"永远的奥古斯都"郁金香鳞茎幸存下来，售价是每个一千二百荷兰盾。这相当于十七世纪中期荷兰人年平均工资的三倍，大约是现在的八万英镑。

如果种不起真正的郁金香，你可以聘请画家安布罗休斯·博斯查尔特或巴尔塔萨·范·德·阿斯特②为你画上一幅。即使是花卉画大师扬·范·休森的郁金香作品，一幅的售价也极少超过五千荷兰盾。而在1637年2月5日阿尔克马尔拍卖会上，单个"里弗金提督"郁金香鳞茎以四千四百荷兰盾③易手，单个"范恩克惠森提督"郁金香鳞茎更贵，价格是五千四百荷兰盾。那场拍卖会上最后一宗大交易：九十九个郁金香鳞茎，拍卖的总价格是九万荷兰盾，以今天的价格计算，大致相当于六百万英镑。拍卖是在二月份举行，郁金香鳞茎还埋在土里，所以，每一个都是以种植

① Semper Augustus，"永远的奥古斯都"，当时郁金香中的稀有品种。
② 巴尔塔萨·范·德·阿斯特（1593/1594—1657），荷兰黄金时期的静物画家。
③ 此处提到的拍卖价格与"前言"中有出入，"前言"中"里弗金提督"拍卖价格为四千八百荷兰盾。此处照原文翻译，不做改动。

时的重量计算出售的，重量则以荷兰阿增为计算单位。而生长出的郁金香次生鳞茎，也和母鳞茎同样价格。这就是为什么郁金香鳞茎如此值钱。这相当于投资郁金香鳞茎的本钱可以赚到利息。对比来看，郁金香种子通常会在母鳞茎特征基础上带来大量变种。

以重量来出售郁金香鳞茎看似是合情合理的，不过，这个系统却包含了具有自身毁灭力的病菌。一旦以阿增决定郁金香价格的概念固定了，即便真正的郁金香鳞茎并没有被转手，交易也能完成。阿增呈现了自身的"期货"属性，但郁金香自身照齐别根纽·赫伯特①的话来说，"变得越来越苍白，失去了它的色彩和形状，变得抽象，变成了一个名字、一个符号，可以用一定数量的金钱来进行交换"。为此，商人抵押了他们的房子，纺织作坊老板抵押了他们的织机。许多人破产。旅馆老板的生意倒是兴隆了，因为大部分郁金香交易是在旅馆里进行的，香烟与葡萄酒花费肯定是每笔郁金香交易中必不可少的。

最终，无法解释为什么"郁金香狂热"以如此奇特的方式影响了大批体面的、受人尊敬的荷兰富有市民。他们全都着了魔，被郁金香给迷住了，为它散发出的异教徒般的迷人气质发狂。直到1529年，异教徒们持续猛攻维也纳城的大门②。此外，郁金香本身也有独特的花招，令其在已经具有的吸引力之外，更增添了危险的诱惑。那就是，它看似可以随心所欲地改变色彩。比如赫尔瓦特议员的红色郁金香是单色的，但在第二年春天，它却又可能呈现完全不同的外貌，花瓣出现白色和深红色的羽毛以及火焰般的复杂图案。十七世纪的郁金香迷无法了解这种"突变"实际上是由蚜虫传播的一种病毒造成的。直到1920年代后期，这让郁金香种植者痴迷了几个世纪的谜团才被研究者揭开，并且得出结论。整个欧洲以及奥斯曼帝国的鉴赏家都认为，突变的郁金香比纯色郁金香更加珍贵。由于这个原因，色

---

① 齐别根纽·赫伯特（1924—1998），波兰诗人、散文家、剧作家，曾出版关于"郁金香狂热"的著作。

② 此处指的是1529年的维也纳之围，是奥斯曼帝国军队第一次尝试夺取维也纳。

《艾希施泰特花园》（1613）插图

德国艾希施泰特亲王主教花园中生长的花卉总汇

彩变异郁金香价格高得离谱。但是，突变的发生率非常低，一百株当中只有一两株每年改变它们的外表，在接下来的季节中绽放出带有人们极其盼望的"羽毛""火焰"图案的花朵。所有郁金香鳞茎的培植方式都是一样的，没有种植者了解是什么原因导致了差异。每一朵突变郁金香，每一个花瓣上极度复杂的图案，都像指纹一样独特。病毒就是在郁金香田野中恶作剧。有相当长的时期，人们不明白郁金香花朵色彩纹路突变的原因，也就无法控制它的效果。幸运的是，一旦郁金香发生了突变，突变会继续遗传给下一代，下一代开出的花朵也拥有同样的特色。不过，病毒会削弱郁金香，突变后的郁金香就不如未受病毒侵害的郁金香开得那么自由茂盛。结果，像"永远的奥古斯都"那样精细的突变品种繁殖速度非常慢，这反过来又使得它的价格越发昂贵。

病毒会部分地抑制郁金香的花青素生长，令花瓣的底色，通常是白色或是黄色，显露出来。突变郁金香上红与紫的色彩形成鲜明对比，看似仿佛是用纤细的驼毛笔在花瓣上画上去的。有时候，如果花瓣上如云朵和火焰的花纹是对称的，郁金香迷们就会以更高价钱购买。突变郁金香色彩对比总是鲜明清晰，其视觉效果与花瓣背面色彩不确定的潮晕截然不同，比如"艾琳公主"郁金香，或者粉色、白色的淑女郁金香（T. clusiana）。突变郁金香花瓣底座永远是单纯的白色或是黄色。而郁金香底座的纯色与花瓣图案的色彩对比度是园艺师确定郁金香是否更有价值的重要标准。从十七世纪开始，花商就把郁金香作为六种花店种植的花卉之一，而且把郁金香送去竞争激烈的花卉比赛中进行展示。

早期的郁金香种植者对突变的过程深感着迷，当然，毫无疑问，从良好的突变中获取巨额利润的想法也刺激着他们。他们留意到突变郁金香的一些特点，比如斑驳的叶子、花蕾比较小，以及生长不那么旺盛，但他们始终无法把这些现象与郁金香突变的原因联系起来。

直到1880年代，人们才了解了现代意义上的"病毒"这个概念。1920年代后期，电子显微镜的发明向研究者提供了必要的工具，以揭示病毒的实质。仅仅凭借好奇的肉眼观察到的证据，早期的种植者发明了一千种理论，都称是令郁金香出现神奇突变的最好方法。一些江湖骗子为敛财兜售奇迹方子，一次一几尼[①]，还真有些傻瓜去购买了。鸽子粪是最受欢迎的催化剂，还有墙上的旧泥灰，以及粪堆上流出的水。有些郁金香种植者从当代炼金术那里得到启示，把喜欢的色彩颜料粉末撒在郁金香花田中，盼着这些色彩能奇迹般地转移到花瓣上。这方法并不比炼金术士点石成金的尝试更加怪异，实际上，成效更好。炼金术士的努力从未成功过，而郁金香种植者却能偶尔梦想成真。只是他们不知道为什么。

一些资深郁金香种植者试过把纯红色郁金香鳞茎对半切开，把它的一半与一半白色郁金香的鳞茎绑在一起，盼着能生出红白相间的花朵。这听上去残忍，甚至很可笑，但正是通过这种方式，郁金香的突变过程终于被破解了。事件发生于1928年，在伦敦郊外默顿的约翰·英尼斯园艺研究所，真菌学家多萝西·凯利[②]把已经突变的郁金香鳞茎切成两半，并与未突变的胭脂红单瓣晚花巴提艮（Bartigon）郁金香嫁接在一起。结果，四分之一的嫁接郁金香在第一年就产生了突变，大大高出对照组的突变比例。更早些时候，约翰·英尼斯园艺研究所的园艺学家E. J. 柯林斯博士[③]曾作过另一个实验。柯林斯已经怀疑，蚜虫是突变的媒介，将病毒从一个鳞茎传染到另一个鳞茎。他安排实验用蚜虫先去咬噬变异郁金香鳞茎，然后再去咬他认为没有病毒的鳞茎。但很不幸，他的实验最终无法得出结论，原因是他实验中的对照组中包含了一部分已经突变的郁金香鳞茎。不过，刻意让蚜虫感染的鳞茎在之后三年产生了突变，而且比正常鳞茎突变比例高出两倍。讨论到蚜虫，最有效传播郁金香病毒的是桃子马铃薯蚜虫。桃蚜适合生长在温暖环境下，在大面积的果树林中迅速繁殖。大量种植果树是十七世纪园林的一大特色，在东方国家，桃树尤其受到青睐，而郁金香也生长在同一块地方。在早期，尽管细心的园丁们留意到，把郁金香花移植

---

① 1663年英国发行的一种金币，等于21先令，1813年停止流通。
② 多萝西·凯利（1874—1955），英国真菌学家。
③ E. J. 柯林斯（1877—1939），英国园艺学家。

《花卉》安布罗休斯·博斯查尔特（1537—1621）
阿姆斯特丹国家博物馆

到新鲜土壤中，常会导致大量突变，但没有人把突变的花朵、果树和协助诱导病毒的桃蚜联系在一起。

感染郁金香的病毒也是植物学界唯一已知的个案，能令受到病毒感染的植物价格大幅飙升。然而，自世纪之交以来，单一色彩、大众市场的达尔文郁金香占了主导地位，园艺学家又要使尽浑身解数，防止郁金香花发生突变。作为花卉中的一颗明珠，三百多年来，作为宝石之花，郁金香优雅精致，价格昂贵，因为独特的繁复备受推崇，现在，却被重新定义为色彩鲜艳的墙纸。幸运的是，它明白如何去反抗。恶作剧的因子始终潜伏在郁金香种植园里。

人们总是通过法律与战争来对历史进行解读，当然这些事件也塑造了历史。而这本书中相当大的篇幅是与一种花卉的历史相关，这种花承载的政治、社会、经济、宗教、智慧和文化的责任比地球上任何一种花都重。几个世纪以来，在奥斯曼帝国以及大部分欧洲国家，它侵入人们的生活，寻求并获得了大量关注。举个例子吧，在斯图亚特王朝时期，英国经历了两次内战、一次弑君、一次共和、一次复辟，还有一次革命，接踵而至，没有喘息。但是，那段日子里，住在弗林特郡贝蒂斯菲尔德庄园的园艺家、坚定的保皇党人托马斯·汉默爵士（1612—1678）又在做什么呢？一方面，他征集了两百名支持者，援助国王在北威尔士捍卫领地，而另一方面，他却给克伦威尔的将军约翰·兰伯特①送去了郁金香。住在温布尔登庄园的兰伯特和汉默一样，也是郁金香迷，还有个著名的花园。汉默赠给他"一株非常完美的玛瑙汉默郁金香"，是他亲自培植的最好品种之一，花瓣呈浅灰紫色、猩红色及纯白色，色彩匀称分布，有条纹，有玛瑙般的图案，一直延续到花瓣底端，构图完美，而雄蕊是蓝色的。

整个十七世纪，历经种种灾难性的大事件，来来去去的国王和保护者，火药阴谋、鼠疫、伦敦大火，而郁金香在繁花之王的宝座上始终耀眼，未曾暗淡。它是十七世纪花园中最受追捧、也最为珍贵的品种，可谓时代

---

① 约翰·兰伯特（1619—1684），英国内战时期议会军的主要将领，克伦威尔的部下。

《郁金香》来自《国王的羊皮纸画册》
尼古拉斯·罗伯特（1614—1685）

之花。也正如那个时代，它带着强烈的戏剧性，风云突变。而且，不仅仅发生在英国，整个欧洲都为它倾倒。巴伐利亚维尔茨堡采邑主教的花园，巴伐利亚宁芬堡政客们的避暑别墅花园，维也纳霍夫堡皇宫美泉宫的花园，萨尔茨堡城墙外原本为迪特里希大主教建造的米拉贝尔花园中，郁金香都占了统治地位。在法国上塞纳省的圣克劳德，路易十三的弟弟奥尔良公爵曾雇请画家尼古拉斯·罗伯特（1614—1685）来记录他的郁金香收藏，被描述为"雕琢"、"旋转"和"斑驳"。①罗伯特描绘了绚丽夺目色彩缤纷的鹦鹉郁金香，与鹅黄融合在一起；还有几株红色郁金香，包括"哈勒姆的贾斯珀"，喇叭形状的花瓣，带着黄色条纹；优雅的浅乳白色郁金香，花瓣周边嵌着粉红色；还有一种深粉色的郁金香，可能是现代百合花品种的前身，花瓣中部腰身紧紧收束，顶部呈喇叭形散开，尖尖的边缘点缀着绿色。奥尔良公爵收藏的很多郁金香品种来自巴黎的花卉培育师皮埃尔·莫林，而莫林的顾客遍布全欧洲。

　　从十六世纪末开始，郁金香的迁徙也同样描绘出一条欧洲受宗教迫害人群的逃亡之路。郁金香鳞茎很值钱，而且便于逃难者携带。在腓力二世的天主教十字军东征之后，佛兰德斯和法国难民被迫寻找新的栖息之地。就像隐形的墨水书写的信息，郁金香慢慢在新的土地上出现了。十六世纪下半叶，最有可能是胡格诺派新教徒把郁金香从佛兰德斯带到了英格兰。早在荷兰人垄断郁金香交易市场之前，佛兰德斯就是欧洲最重要的郁金香培植中心了。来自那里的很多移民是织匠，有些定居在了诺里奇——当时英国的第三大城市。而其他人，比如佛兰德斯园艺家马蒂亚斯·德·洛贝尔②则搬到了伦敦，住在莱姆街。法国胡格诺派新教徒第二波难民潮则给英国带来了马克西米利安·密森③。为逃避路易十四对新教徒的迫害，他于

---

① 这三个词原文为法语。
② 马蒂亚斯·德·洛贝尔（1538—1616），法国出生的佛兰德斯人，著名医生、园艺家，被誉为佛兰德斯的"植物学之父"，很可能因新教迁移至英国。
③ 马克西米利安·密森（1650—1722），法国出生的旅行家、作家，为逃避宗教迫害，定居英国。

《郁金香》

扬·范·休森（1682—1749）

大英博物馆，伦敦

1680 年代到达英国，并推动了从 1680 年到 1710 年三十年间郁金香在英国巨大繁荣。胡格诺派新教徒还把郁金香传到了爱尔兰。都柏林花卉社区成立于 1746 年，创办人是舍内维上校、科内勒上尉以及德斯布里瑟上尉，他们都是在博因河战役中为奥兰治威廉亲王效力的胡格诺派新教军官。

郁金香也画出了一条纤细的向美洲新世界前进的路线，而那里对它还一无所知。1624 年，荷兰西印度公司在新荷兰设立了第一块殖民地。阿德里安·范·德·唐克[①]于 1642 年定居于新阿姆斯特丹（现纽约曼哈顿），曾描述欧洲花卉勇敢地占领了拓荒者的花园。它们是荷兰静物画的主角，包括花贝母、蛇头贝母、玫瑰、康乃馨，当然还有郁金香。郁金香也在宾夕法尼亚州盛开。1698 年，威廉·佩恩[②]收到了一份报告，关于约翰·塔特汉姆的"雄伟豪华的宫殿"，其花园种满了郁金香。到 1706 年，波士顿报章刊登的广告中，有人售卖五十种不同的杂交郁金香鳞茎。不过，从欧洲到美国的漫长旅程，也给郁金香存活带来许多的困难。一位英国殖民者托马斯·汉考克写了一封信，感谢他的园艺师，"非常欢迎你把李子树和郁金香鳞茎送给我做礼物"。但到了第二年，1737 年的 6 月 24 日，他信上的语调却改变了，"韦克克斯先生代我从你那里购买的菜种和花种，总共花了我十六英镑四先令两便士，完全不值得，你当作礼物送我的郁金香鳞茎也全都死掉了"。

稍后一波的荷兰移民潮，发生在十九世纪初，是荷兰改革教会的教徒们为逃避尼德兰威廉一世的宗教迫害来到美洲，而郁金香也随之到达了密歇根的霍兰市。在领头人范·拉尔特牧师的带领下，他们迅速占据了密歇根平原。这些人以及其他荷兰拓荒者，比如定居艾奥瓦佩拉的荷兰拓荒者，对欧洲植物产生了日常需求。应运而生的郁金香商人，也称作旅行推销员，成功地满足了这一需求。1849 年，荷兰人亨德里克·范·德·肖特先是花了六个月的时间，走遍美国，寻找郁金香鳞茎订单，之后在 8 月 29 日，他

---

① 阿德里安·范·德·唐克（1618—1656），著名律师、社会活动家，纽约的扬克斯市正是以他的名字命名的。

② 威廉·佩恩（1644—1718），英国作家、殖民者，宾夕法尼亚殖民地开拓者，父亲老威廉·佩恩是英国海军舰队司令。

开始了返回荷兰的旅程。他乘坐防风船塞拉皮斯号起航。"船只左右剧烈晃动,"他在日记中写道,"前方是公海,可怕的西北风,海水仿佛一直触到天堂。"1849年10月5日,他终于抵达荷兰的海勒富特斯勒斯,是鹿特丹附近的一个港口,而他的那份郁金香订单完好无损。

当郁金香鳞茎从欧洲旅行前往美国,以解第一代拓荒者的乡愁之际,美洲的植物沿着相反的航线也抵达了英国和荷兰,主要的园艺代理商是约翰·巴特拉姆①,他在靠近费城的金赛辛城设立了美洲植物苗圃及收集场。英格兰掀起一股新的对美洲植物的痴迷,比如红橡树、大月桂树(最巨型的杜鹃花)、糖枫树,还有美丽的丝绒山茶花。这些植物和花朵的流行,也是郁金香逐渐淡出富人名人花园的一个原因。同样是在这个时期,人们对花园的品味也发生了巨大的变化。兰斯洛特·"能力"·布朗②的风景式庭院逐渐取代了之前充满各色花卉的花园特色。在英国,人们通常认为郁金香是法国花卉,而不是来自荷兰。十八世纪中叶英法"七年战争"爆发之后,法国的一切在英国都受到抵制,郁金香也遭殃及。所有这些因素,导致郁金香在英国最时尚的花园中失去了耀眼的地位。

郁金香的命运是被一群完全不同阶层的种植者从粪坑里拯救出来的,比如来自利兹米尔山教堂的"一位论派"③牧师威廉·伍德;来自德比的铁路工人汤姆·斯托尔,此人是个郁金香痴,他自己没有花园,就把郁金香种在铁路路堤两旁;曼彻斯特奇塔姆山的约翰·斯莱特(1799—1883)培育出了极为优雅的"朱莉亚·法尔内塞"郁金香,花瓣上铺洒着红色以及白色羽毛图案;还有来自卡斯尔顿的山姆·巴洛④,在斯泰克希尔漂白工厂工作,他从学徒做起,之后是经理,最终成了老板。

---

① 约翰·巴特拉姆(1699—1777),英国早期拓荒者中的植物学家、园艺家、探险家。
② 兰斯洛特·布朗(1716—1783),英国著名园艺家,绰号"能力",设计了170多个花园,被称为英国最伟大的园艺设计师。他总是告诉客户,对方的花园"有能力"变得更好,因此得名。
③ 认为上帝只有一位并否认基督神性的教派。
④ 即塞缪尔·巴洛,山姆为塞缪尔昵称。

SAMUEL BARLOW.

塞缪尔·巴洛 (1825—1893)
曼彻斯特斯泰克希尔的花匠

他的人生经历足以为阿诺德·本涅特[①]的小说提供完整的素材。他们都形容自己是"花匠",这里是指十七世纪这个词的原本含义:全心全意致力于培育某种特定花朵的人。他们按照一系列严格的规定自己育苗,还不时把自己的作品送去竞争激烈的花卉竞赛。1750年代成立的诺里奇花卉协会会员中包括了马鞍手、玻璃匠、理发师和纺织工。而1835年成立的韦克菲尔德郁金香协会里,鞋匠们似乎是当中的主导力量。

和报春花以及毛茛花一起,郁金香成为了当时花匠们悉心栽培的六种花卉之一。在细心又耐心的花匠手中,郁金香达到了它生长的顶峰。像汉默爵士那样的人,通常是从欧洲种植者手中购买郁金香鳞茎,价格昂贵。而花匠们没钱这么做,就亲自动手培植郁金香。从最初播撒种子开始,要等待七年的时间,郁金香的鳞茎才能长成。慢慢地,花匠们自己培植的郁金香里清晰地呈现出三种类型:"奇异品种",这一类是黄色花瓣上呈现深红或是紫褐色的图案;"玫瑰品种"则是白色的花瓣上飘洒着粉红或是红色的羽毛或火焰图案;第三类称为"比布鲁门品种",白色花瓣上有淡紫色、紫色或是黑色的斑点。这几种类型的郁金香以前就存在,不过,由于比赛竞争的限制,对郁金香各品种的特点定义要更清晰,给评委们提供稍稍明确的评判基础。专门为迎合花匠们的需求,还有人创办了杂志,如《米兰达花匠》或者《花园八卦》,里面的文章通常尖酸刻薄,显然当个花卉比赛评委都可能是个危险的嗜好。

英国花匠们为追求郁金香的完美毫不妥协,这令他们培植出了极其优雅美丽的品种,比如"范尼·肯伯[②]小姐"郁金香。它属于比布鲁门品种,花瓣边缘镶着紫色、几乎黑色的斑纹。它诞生于1820年代,培育者是来自达利奇[③]的花匠威廉·克拉克(1763—1831)。他的讣告中,赞扬他是

[①] 阿诺德·本涅特(1867—1931),英国作家,曾发表一系列以家乡盛产陶瓷制品的五座工业城镇里中产阶级的日常生活为题材的小说。
[②] 19世纪英国著名戏剧演员。
[③] 达利奇与下文提到的克罗伊登都属于伦敦南部地区,相距不远。因此,又有说克拉克是克罗伊登人。

1820年，"范尼·肯伯小姐"刚问世时引起轰动。它属比布鲁门郁金香，培育
者是克罗伊登的业余花匠威廉·克拉克。

切尔西国王路的花匠托马斯·戴维花了一百英镑购买了一个鳞茎。

来自约瑟夫·哈里森的《花卉文化收藏》，1833年出版

劳伦斯的"波吕斐摩斯",来自《花店指南》(1827)
这是一种奇异的郁金香,由克罗伊登的威廉·克拉克培育,
汉普顿的劳伦斯先生令其发生变异

个"荣耀而正直的人"。郁金香迷们对色彩的纯度有种痴迷，而"范尼·肯伯小姐"郁金香的花瓣底部与花蕊都是极为纯净的白色。再比如，他们培植出了著名的"种株"郁金香"波吕斐摩斯"①。这是由另一位南部种植者、汉普顿的劳伦斯在1826年培植成功的。兰开夏郡熟悉它的养花人都称它为"波力"，他们终于成功了。波力属于"奇异品种"，评价很高，浅柠檬黄的花瓣上呈现深色斑点、羽毛和火焰交错的图案，非常富有戏剧性。

英国一度曾有几百家郁金香协会，而持续到现在的只有韦克菲尔德和约克郡的英格兰北部郁金香协会两家。那些热诚的成员们代表了最后一批在郁金香培植历史上占有如此重要地位的业余养花人。韦克菲尔德的花匠每年还会组织郁金香稀有品种的比赛，精致的花瓣中依然流淌着十七世纪中叶约翰·伊夫林②与约翰·雷最初培植的郁金香的血液。

英国花匠在追求完美郁金香方面不妥协的劲头比起土耳其花匠丝毫不逊色。在土耳其，人们对郁金香如此痴迷，以至于整个苏丹艾哈迈德三世统治时期（1703—1730）被称为"郁金香时代"。英国皇家园艺学会成员与荷兰郁金香鳞茎养殖者曾聚在一起，起草了第一份郁金香名称与分类清单。而在那之前三百年，土耳其首席花匠就牵头成立了理事会，以评估郁金香的新品种，并将其正式进行命名。不过，英国种花人偏爱圆形的、花瓣比较宽的郁金香，要尽可能接近半圆形，而土耳其人则只钟情于花瓣细尖如匕首的郁金香，在奥斯曼帝国时期的装饰艺术中，匕首形郁金香占有重要地位。蜘蛛郁金香（T. acuminata）就是因为它蜘蛛似的疯狂形状得名，其高而细的花苞开出奶油色的花，点缀着红色的条纹或斑点。它被认定为郁金香的一种，不过，无论是在土耳其还是在其他地方，无人知晓它是否属于野生品种。

在土耳其野外生长的众多郁金香品种之中，可能只有四种被视为真正本土生长的郁金香。其余的可能是从更东边环境相似的栖居地引入的，特别是沿着古老的商贸沿线。不久前，我、我丈夫，还有两个朋友一起在土

---

① 希腊神话中的独眼巨人。
② 约翰·伊夫林（1620—1706），英国作家、园艺家，以日记回忆录著称。

耳其东部的埃尔泽勒姆、霍萨普和凡城，寻找两个当地产的郁金香品种，分别叫做亚美尼亚郁金香（T. armena）和短斑郁金香（T. julia）。当地山顶依然白雪覆盖，湖水闪烁着绿松石般的光芒。那是在5月。我们沿着堆满积雪的道路前行，这对最坚固的四轮驱动车都是种考验。我们租的是辆小型雷诺轿车，经历了种种困难，它坚持下来了，并载着我们穿越颠簸的碎岩石堆，进入光秃秃的山丘深处。那里一小簇鲜红的郁金香生长在小天竺葵和独尾草之间，正要盛开。

是亚美尼亚郁金香还是短斑郁金香？几乎对发现的每一丛红色郁金香，我们都要进行无休止的辩论。它们看似对分类学家制定的命名规则满不在乎。比如，从阿斯卡勒到特尔坎之间的路上，我们发现了一丛孤独生长的郁金香，至少有二十几朵花开得正盛。它们中没有任何两朵是重样的。如果你发现两朵花看似相同，那你很快就会察觉，它们的叶子可能是不一样的。而如果两株花的叶子相似，那它们红色的花瓣顽皮地摇曳，有些在炫耀身上黄色的羽毛图案，而另一些却似乎在展示它的基座上可以没有任何黑色斑点。我们挖出了一株郁金香的鳞茎，在把它埋回去之前，我们至少确认了它一定是亚美尼亚，因为它的白膜外没有太多的绒毛——短斑郁金香的白膜外是布满绒毛的。

我们发现的最可爱的郁金香是在埃尔泽勒姆省北部托尔图姆的山谷里，一丛亚美尼亚郁金香盛开在石灰岩峭壁的缝隙中。一路上，我们总能发现非常有趣的东西，有时候是一株葶苈，或者是一朵鸢尾花，而有一次是一匹狼。那天，在一块平坦的岩石上，我伸开四肢，闭着眼睛晒太阳。亚美尼亚郁金香和短斑郁金香谜语般在我脑子里翻来倒去。鬼使神差般地，我突然睁开了眼睛，却看见旁边岩石上一匹狼的剪影，它的脸正对着我，尾巴整齐地蜷在两个前爪上。而离我的眼睛几英寸远，跳进了几丛郁金香，闪耀着火焰般的鲜红。在它们后面，是那匹狼，身躯映衬着天空。我刚一坐起来，它就狂奔而去，消失在附近岩石下低矮的洞穴里。这两个物种结伴出现，在我看来充满了神秘，正如在克里特岛上遇见的圣徒。我躺在托尔图姆山上的阳光下，心里依然想着那些郁金香。在裸露的棕色页岩遍布

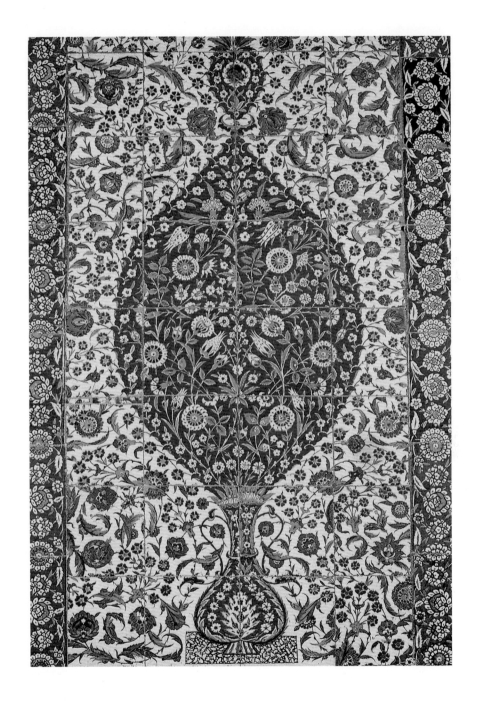

伊兹尼克釉下彩瓷砖嵌板（1560）

艾郁普苏丹陵墓，伊斯坦布尔

的山坡上，明灿灿的鲜红色花朵喷涌而出。狼对它们来说根本不算什么，圣徒也不算什么。这片山坡上，千年的时光倏然流逝，而郁金香，如狼一样狂野，缓慢而快乐地演变，并且重生。甚至此刻，在黑暗的岩石洞穴中，郁金香依然在策划新的壮举，正以我们做梦都想不到的方式重新塑造着自己。

PART I

第一部分

第一章

东方之花

　　春天，花店里充满盛开的鲜红色郁金香。它们都属于人工栽培品种，艳丽色彩下深藏着野生郁金香幽灵般的基因。人工郁金香不是一下子就盛开在花园里，形成一道园林景观的，而是需要对散落在中亚和高加索地区的野生品种进行挑选和培植，才能做到。有可塑性的野生郁金香品种，比如准噶尔郁金香（T. suaveolens），很可能在这个过程中起了更大的作用。牛血郁金香（T. butkovii）的作用就没有那么大，因为它的变种相对很少。准噶尔郁金香原产于克里米亚、顿河下游以及高加索、库尔德斯坦的大草原和半沙漠地区。这种郁金香花蕾长而尖，会开出杯形的花，可能是紫红色，又或者是黄色、粉色，或者是白色。有时候，同一朵花上不同的颜色不动声色地混合在一起，红色微妙地逐渐融入粉色，肉眼甚至无法准确看出两种颜色的分界。非常多野生郁金香品种花瓣背面覆盖着薄薄的一层白色粉末，将两种色彩的融汇遮掩淡化。或许眼斑郁金香（T. agenensis）的幽灵在人工培植过程中的贡献最大？它的基因依然缠绕着成千上万荷兰种植者培育的郁金香。比起优雅的准噶尔郁金香，眼斑郁金香整体看来更强壮更旺盛。它的花茎粗大强壮，开出橙红色的花。花瓣外部形状是尖尖的，内部的花瓣更短更窄，中间位置有黄色的火焰花纹。1811 年，意大利植物学家米歇尔·特诺尔首次记录了他在意大利北部博洛尼亚附近发现的眼斑郁金香。在欧洲南部其他地方也有这种郁金香：普罗旺斯、朗格多克，以及罗讷河谷。但是，它一直生长于此地吗？似乎更有可能的是，远东地区来的旅行者和生意人把它带到此地，因为欧洲早期忙碌的植物学家们并没有有关它的记载。它可能来自土耳其，甚至伊拉克。在土耳其，这个品种的郁金香知名度很高，还得到了一个通用的名字卡巴拉蕾（kaba lale）。也可能眼斑郁金香根本不是自然品种，而是早期那些热衷改良野生品种的郁金香爱好者自己嫁接出来的？从遗传学上来讲，大部分野生郁金香是二倍体，其中二十四个染色体和谐共存。但是，1920年的科学研究显示，眼斑郁金香是三倍体，具有三十六个染色体。这种多倍体植物通常是条线索，至少在自然的时间刻度上，它是相对比较新的物种。它是从另一物种上生长出来的。

对这个问题，人们无从回答，因为相比于其他任何一种花卉，郁金香总是不断从植物学家和分类学家精心设计的标准中跳脱。分类学家的工作是给植物贴上标签，描述物种的特征，这样从中国到捷克斯洛伐克，人们能据此辨认出一个物种中各个植物有怎样的不同，为什么不同。植物分类学家通常使用物种干燥标本进行工作，把它们压制、保存，储藏在黑暗且布满灰尘的植物标本室架子上。但是，任何见过野生郁金香的人都会注意到它非凡的多变性，甚至是生长在同一个群落必然属于同一个物种之间，也会有变化。比如中亚野生紫基郁金香（T. borszczowii），生长在靠近塔什干的锡尔达雅河两岸，花朵可能呈现出黄色、橘色或是朱红色。在土耳其和伊朗西北部广泛生长的亚美尼亚郁金香，植物分类学家是如此描述的：开中等大小花朵，鲜红色，花瓣底部有黑色的小斑点。但是，在土耳其东部阿斯卡勒与特尔坎之间路边生长的亚美尼亚郁金香，红色花瓣上带着黄色的条纹，或者花瓣是全红色的，底部没有任何斑点。面对这些不守规矩的基因，植物分类学家拿它们怎么办？同种郁金香内发生变异分裂，最终把变异品种提升到了新物种的行列。在高加索地区和亚美尼亚山区，亚美尼亚郁金香的一个变种生长茂盛，花瓣是黄色的，它于是被命名为芒尖郁金香（T. mucronata）。另外一类变种，开着淡黄色花朵，花瓣背面呈现浅橄榄绿色，被称为加拉太郁金香（T. galatica）。波希米亚植物学家、工程师约瑟夫·佛雷恩（1845—1903）把开在安纳托利亚北部阿马西亚的一种郁金香命名为深黄郁金香（T. lutea），它

十六世纪叙利亚陶器瓷砖细节
菲茨威廉博物馆，剑桥

的花瓣是黄色的，底部带有蓝色而不是黑色的斑点。

可怜的佛雷恩！在郁金香与植物分类学家之间旷日持久的跳跳蛙游戏里，郁金香总能获胜。它的多样性超乎寻常，它总是渴望试穿新外衣，而这正是令园丁们着迷又愉悦的源泉。数百年来，他们逐渐把郁金香培育成不同的形状和色调，就连郁金香自己也无法想象。郁金香家族依然处在不断流动的状态中，有人认为，约七十八个不同的品种遍布在原产地，其中四分之三集中在中亚。而在新世界，它们之前并不存在，要靠人类携带它们迁徙。郁金香从天山和帕米尔-阿莱山脉地区的温床出发，向北扩散，越过了大草原与山脉，到达布里波卡什以及阿尔泰山附近，最终北极寒冷的天气阻止了它们继续向北。在南部，它们朝喜马拉雅和克什米尔方向移动。郁金香向西方迁徙的规模最大，毫无疑问，是由于中亚通往欧洲的贸易频繁，商人们对传播郁金香起了很大的作用。它们继续经锡尔达雅河、卡拉库姆草原、兴都库什以及土库曼斯坦，再到伊朗的霍拉桑，然后穿过伊朗西北部到达高加索。从高加索地区继续向西迁移至巴尔干地区，然后从那里到达意大利、法国、西班牙、和非洲西北部的阿特拉斯山脉。

由于北方的寒冷，郁金香停止了北移；而这里，不宜生存的炎热沙漠阻止了郁金香前行。郁金香从高加索，经过叙利亚、伊朗和黎巴嫩一路向南，但在以色列，同样因遭遇沙漠而止步。十九世纪，在喀什噶尔和准噶尔腹地以东地区，有旅行者报告说，看到了与天山相同的郁金香品种。在中国的江西、湖北、山东也曾发现一些郁金香品种。在土耳其山区大约生长着十四种不同品种的郁金香，其中只有四种是土耳其原产，它们是：亚美尼亚郁金香、柔毛郁金香（T. biflora）、彩虹郁金香（T. humilis）以及短斑郁金香。在征服土耳其之后，郁金香越过博斯普鲁斯海峡，继续它缓慢的向西的旅程。它与商人、冒险家同行，甚至藏身于外交使节，比如奥吉尔·基斯林·德·布斯贝克[①]的包裹当中，终于在十六世纪中叶，抵达意大

---

① 奥吉尔·基斯林·德·布斯贝克（1522—1591），十六世纪佛兰芒的驻奥斯曼帝国大使，草药学家、作家。

利、奥地利、德国以及佛兰德斯人的花园中。

在此之前，除了在天然原产地，郁金香似乎不为人知。欧洲中世纪布满鲜花图案的手稿中没有出现过郁金香。雨果·范·德·格斯①在他的名作《波尔蒂纳里祭坛》中，前景主要描摹出暗色的猫爪花、鲜红色的百合花、蓝色和白色的鸢尾花，以及散落的堇菜花，但是没有郁金香。直到1559年，植物学家康拉德·格斯纳记录了在奥格斯堡议员赫尔瓦特的花园中，长出一株鲜红的郁金香，而且很清晰地表明，这是一桩盛事，在他也是第一次。不过，追溯到遥远的十三世纪，波斯诗人已经在赞美郁金香了。比如，萨迪·设拉兹②在《古丽斯坦》（Gulistan，意译为《玫瑰花园》）中描绘了他幻想中的花园，其中写道："清凉的溪流汩汩，鸟儿在歌唱，成熟的果儿丰盛，各色鲜艳郁金香和芬芳的玫瑰……"为其幸运的主人在地面创造了一个天堂。而另一个诗人则写出了"噢，手持酒杯的人，郁金香花凋谢之前，快为我们斟满美酒""壁炉中的火焰是我们冬天的郁金香花园"这样的句子。土耳其一些地名也以郁金香来命名，例如在埃尔泽勒姆附近的拉蕾利（Laleli），意思就是郁金香之地；还有从凯撒利亚到锡瓦斯之间的"郁金香通道"。但有些文献则显得很残酷。1389年6月15日是圣维特纪念日。当天，苏丹穆拉德一世率领的奥斯曼土耳其军队与塞尔维亚统治者拉扎尔大公及其波斯尼亚盟友开战，地点是斯科普里以北六十英里的一片高原，科索沃岩溶田。有位土耳其编年史家将堆满人头和包头的战场比作一片巨大的开满郁金香的花床，以鲜艳的黄色和红色头饰映衬同样鲜明而色彩多变的郁金香。

郁金香在奥斯曼帝国后期蓬勃发展。当时的瓷砖、纺织品、绘画手稿、墓碑、祷告的地毯，以及壁画上，郁金香图案随处可见。但是，在拜占庭早期的文物中，几乎见不到郁金香。这更可能是因为那个时代认为郁

---

① 雨果·范·德·格斯（1440—1482），佛兰德斯著名画家，《波尔蒂纳里祭坛》现藏于乌菲兹美术馆。

② 萨迪·设拉兹生于约1210年，死于1292年，波斯中世纪最重要的诗人之一，在西方也有影响力。

金香没有价值，而不是他们不熟悉郁金香。在《伊斯坦布尔的郁金香花园之书》当中，匿名的作者的确说过，1055年塞尔柱人入侵巴格达之前，伊斯坦布尔人只知道一种郁金香，就是草甸郁金香。而塞尔柱人对郁金香非常了解，这个部落从十一世纪开始，从中亚和东北亚地区一路向西，迁徙到伊朗、美索不达米亚，以及叙利亚。1096年，他们在安纳托利亚中心占领了科尼亚。贝耶希尔湖边的阿拉丁·凯库巴德一世宫殿中，就挖掘出安纳托利亚塞尔柱工匠制作的郁金香图案瓷砖。

奥斯曼帝国征服了君士坦丁堡之后，有一段相对平稳的时期。苏丹穆罕默德二世（1451—1481）对城市进行了大规模的重建，而郁金香在他的花园中开得茂盛。他为自己修建了一座宫殿，称为托卡比皇宫，建在城内七座山丘之一的顶端，而且在城市的庭院中设计了休闲花园。苏丹的十二个花园中鲜花盛开，富余出来的花常常拿到花卉市场上出售。最终，他需要九百二十位园丁来打理自己的果园、菜园和面积巨大的休闲花园。卡西姆·本·尤鲁夫·阿布·纳斯里·哈拉维的著作《牧业论》当中，对如何建造这类花园给出了精确的指导。他写道，人工水道和凉亭应该隐含在杨树林中。卡西姆还建议，休闲花园里每一块园地应该种植上不同种类的花卉：紫罗兰和秋水仙，玫瑰和水仙、番红花，波斯丁香和郁金香与紫罗兰。在最靠近房子的园地上，通常种满了玫瑰。伊斯兰世界认为，玫瑰是圣花，是穆罕默德的汗水灌溉而成。

在这样的文化氛围下，人们认为只有特定的几种花是珍贵的：风信子、玫瑰、长寿花、鸢尾花、康乃馨，当然，还有郁金香。土耳其语当中，郁金香写做"lale"，源自波斯语，而在阿拉伯语中，它与真主安拉的写法一样，所以，郁金香常常被用做宗教标志。郁金香图案作为装饰镶嵌在建筑或者喷泉上，立即就会被认出是奥斯曼帝国的标志。在奥斯曼帝国后期，涉及郁金香的早期手稿描述得非常清晰，不同种类的郁金香是在花园里"碰巧"发生了变异，而并非经过人工培育。就像维多利亚时代，蕨类植物爱好者疯狂地从野外收集奇特品种，比如荷叶蕨，以及蹄盖蕨——叶子边缘异常褶皱或是末端呈流苏状，因此，庞大的郁金香家族也肯定是狂热

十六世纪下半叶的伊兹尼克瓷砖嵌板细节

艾郁普·恩萨里陵墓，伊斯坦布尔

者野外采集而来，并把它们种植在奥斯曼帝国的花园。历史学家霍贾·哈桑·艾芬迪曾伴随苏丹穆罕默德二世前往东部探险，他从波斯带回了七种郁金香，种在了自己伊斯坦布尔的花园里。

在苏莱曼大帝（1495—1566）统治下，奥斯曼帝国达到了鼎盛时期，也是其政治与军事力量的顶峰。它的疆土从克里米亚一直延伸至埃及，并覆盖了巴尔干半岛的很大一部分。奥斯曼帝国还统治着布哈拉和撒马尔罕，而统治阿富汗和印度的穆罕默德·巴布尔既是一名勇士，也是一名花匠。他无休止地在整个亚洲进行朝圣，无论走到哪里，都会修建一个带着伊斯兰传统的花园，风格基本源自波斯。而这些传统决定了他花园里种植的花草。巴布尔自己的日记中列出了他尤其钟爱的花卉和树木。他喜欢各种果树、杨树、柳树、茉莉花、水仙花、紫罗兰和郁金香。1530年，他临死之前，到访了撒马尔罕附近的郁金香园。当时，他在土耳其和印度拥有的所有花园里，已经种上了郁金香。马楚克西·纳苏绘制的细密画《苏莱曼大帝的伊拉克之战》，描绘了获胜的军队行进过的地方，其中一幅显示在科尼亚附近田野里生长的郁金香。另一幅画作显示的是，在艾斯基谢锡尔附近塞伊特加西的一座修道院里，种植培育的郁金香。

十六世纪之后，郁金香成为奥斯曼文化不可缺少的一部分，普遍被用作各类装饰。苏莱曼大帝奶白色锦缎礼服上绣着成排的郁金香，甚至他的铠甲镀金金片上都刻着郁金香浮雕。郁金香在陶器上，尤其是那个时期的瓷砖上，被广泛使用，构筑成了伊斯坦布尔托卡比皇宫和城中清真寺上方画廊的壮观色彩。这些设计反映出奥斯曼建筑中通常整面墙都是瓷砖，而且是一组四块瓷砖，四个角拼在一起形成一个图案。郁金香图案最早出现在伊兹尼克陶瓷器上，时间大约是1535年到1540年之间。有时候，瓷砖上的郁金香仿佛长在花园中，有时候只有单独一朵呈现在小花瓶上。欧洲的旅行者已经留意到这独特的土耳其风俗：在瓶颈纤细的容器，也叫拉蕾丹（laledan）中，是一朵完美盛开的郁金香。最早的瓷砖只用简单的蓝色和青绿色彩釉装饰，但之后，加上了草绿、深黄和紫色。1560年左右，很可能是专门为了郁金香而创造的饱满明亮的红色出现了，不过仅仅持续到那个

郁金香与樱花

伊兹尼克瓷碟（1550）

世纪末就消失了。

土耳其语中，皇家工作室的设计师、画家、装修师、插图画家被统称为纳卡桑（nakkasan），他们对首都艺术家和雕刻家的作品影响巨大。随着他们的设计流传，一种新的国家风格诞生了，它与波斯艺术基础不同，有着自己的独立性。郁金香四处盛开，仅仅需要相同的三条自信的笔触就能描摹出优雅、收腰的郁金香，花瓣在顶部翻转下来。这些郁金香是一簇簇的，舒适而圆润，不同于艾哈迈德三世末期偏爱的苍白细瘦的风格。有时候，陶器上的郁金香整个儿是土红色的，是那个时期陶器上独特的色彩。但也常常出现亮蓝色的花朵，这是真实的郁金香无法变幻出的少数色彩之一。欧洲艺术家，比如乔里斯·霍夫纳戈尔[1]，也使用相同的奇怪的蓝。霍夫纳戈尔是欧洲最早描绘郁金香的画家，与伊兹尼克陶器产生的年代大致相同。出现在伊兹尼克碟子、瓷砖、大酒杯，以及罐子上的郁金香最常见的是釉成单一颜色。但也有时候，制陶工们会在花瓣上涂上色彩对比鲜明的点状图案。他们是否在复制花匠们疯狂膜拜的色彩突变郁金香？

自1546年起，法国旅行家、植物学家皮埃尔·贝隆[2]在土耳其和黎凡特地区住了三年。他的著作中，对土耳其花园充满赞美，"没有人比土耳其人更喜欢用美丽的花朵来装饰自己，也没有人比土耳其人更喜欢赞美花朵"。英国旅行家乔治·桑蒂斯（1578—1644）是约克大主教的小儿子，他的描述显得乖戾。在描述自己的土耳其冒险时，他写道："在海外，你不能行动太快，而应该由戴着郁金香和小饰品的苦行僧及苏丹禁卫军介绍出场。"塞胡里斯兰·艾巴苏德（1490—1573）是奥斯曼帝国花匠中最早的郁金香专家之一，培植出了现代花园最受宠爱的品种之一——努里阿登，意思是"天堂之光"。十六世纪，在博斯普鲁斯海峡口的安纳托利亚城堡，曾悬着一座精美的郁金香凉亭，四面的壁画绘制着所有当时土耳其出现的郁

---

① 乔里斯·霍夫纳戈尔（1542—1601），著名的佛兰德斯画家，细密画画家，手抄本绘画大师。

② 皮埃尔·贝隆（1517—1564），法国旅行家、植物学家、博物学家，比较解剖学奠基人之一。

金香品种。这亭子不是苏丹自己建造的，而是他手下的一位大维齐尔①，极力想要巴结苏丹而建造的。苏丹塞利姆二世本身也着迷于种植花卉。1574年，他命令阿齐兹的行政长官（今叙利亚的阿塞兹，土耳其边境以南七公里处）送给他五万株郁金香鳞茎，用来装饰君士坦丁堡的皇家花园。这些肯定是从野外收集来的郁金香，用以大规模种植。还有三十万株郁金香鳞茎则是从科菲（现在乌克兰费奥多西亚）送抵宫殿花园的。不用说，苏丹从来不用为自己的嗜好付款。不过，某些特殊的不寻常的郁金香品种售价非常昂贵。土耳其（以及后来的荷兰）都不得不采取法律的途径来控制投机活动。苏丹塞利姆二世命令君士坦丁堡市长，给最抢手的郁金香品种制定了固定价格。任何人试图以高价出售郁金香鳞茎，都会被驱逐出城市。违法者还蛮幸运，惩罚如此之轻。苏丹的高级园丁也是这项命令的主要执行者。

之后，苏丹们继续要求各省的下属提供大批量的郁金香鳞茎。苏丹穆拉德三世于1574年到1595年间在位。在一封给手下的信中，他写道："给马拉什省行政长官的命令。由于宫殿花园中已经没有了风信子球茎，我命令你从马拉什山上以及高地的风信子产地，采集五万株白色风信子以及五万株天蓝色风信子。因情况紧急，责令你做如下事情：

"派遣了解花卉的年轻人进入风信子产地，并由可信赖的人跟随他们，尽快迅速采集上述数量的风信子球茎。一旦采集到足够的数量，把它们交给我派遣来的人，并送至镇上的城堡大门。同时，写信告知我，你能采集多少球茎。对那些采集球茎的人，可根据采集的数目付款。上述内容极为重要。努力工作，谨慎小心。避免懒惰和粗心大意。皇帝钦此，伊斯兰历1001年萨班月②七日（公立的1593年5月9日）"。类似的命令已经送往阿勒颇的乌泽耶尔行政长官。不过，可怜的采集者如何能把花期已过、等待挖掘的球茎区分开呢？当他们把球茎打包好，开始从安纳托利亚旷野前往首

---

① 伊斯兰国家尤指奥斯曼帝国的高官或大臣。
② Sha'ban，即回历的8月。

抽象风格的郁金香与牡丹
伊兹尼克釉下彩瓷砖，成于十六世纪下半叶
胡雷姆苏丹墓，伊斯坦布尔

都的漫长旅程时，刽子手斧头挥动的声音肯定在他们耳边发出巨大的声响。

1582年的《帝国庆典画册》中有一幅细密画，为奥斯曼画家奥斯曼所做。它描绘苏丹穆拉德三世继承人穆罕默德王子的割礼庆祝活动。根据当时的记载，欢庆的盛宴持续了五十二天。《帝国庆典画册》中的细密画展示了在当时的土耳其，郁金香培植已经达到了非常精密复杂的程度。其中一幅显示，戴着包头的土耳其人扛着高耸的宝塔（像个巨型郁金香花瓶），每个里面都长满了红色郁金香。另一幅中，一队花匠扛着整个微型花园模型，足有九英尺见方，安放在一个平坦的高台上。周边装饰着修剪整齐的常绿植物和花园建筑模型。果树上挂着金丝雀笼子，长而稀疏的郁金香整齐地种在周边。当时的记录显示，模型花园可能完全是蜡质或是杏仁蛋白糊浇制而成的。

对郁金香的热忱不仅限于君士坦丁堡的统治者们。1627年到1629年，托马斯·赫伯特爵士曾经前往伊朗游历。他描述了阿巴斯大帝建造的众多花园中的一个。这座花园位于靠近伊斯法罕的沙漠之中，大理石铺建的水池之间，是繁茂的桃树、石榴树、李子树、梨树，果树下种满了粉红的玫瑰、郁金香，还有其他花卉。1685年印度的一幅细密画也捕捉到了类似景象，花园凉亭可俯瞰中央的水渠，两边几何形状的田里种植着尤花果、石榴和芒果树，水仙和郁金香点缀着树下的草坪。整个莫卧儿王朝时期，随着1526年巴布尔大帝在帕尼帕特战役中取得胜利，花园发展愈加繁荣。巴布尔最钟情的花园在喀布尔。他的曾孙贾汉吉尔皇帝则偏爱克什米尔，他对花卉同样痴迷，并且是有天赋的花园建造者。1620年他到访克什米尔，记录着："在醉人心田的春季，山丘和平原鲜花盛开，装饰宴会的郁金香花束点染着大门、墙壁、庭院和屋顶。"贾汉吉尔请艺术家乌斯塔德·曼苏尔画了一百多种他最喜欢的花卉，包括了艳红色的郁金香，看着像野生品种绵毛郁金香（T. lanata）。绵毛郁金香原产于中亚地区，大部分种植在清真寺的屋顶，可能就是十六世纪由莫卧儿大帝带到克什米尔的。曼苏尔画了四幅作品，每一幅描绘了郁金香成长的不同阶段，从含苞待放到完全盛开，画框四周是繁复的双边装饰。画家留意到了郁金香花独特的浅色中脉，从

伊兹尼克釉下彩瓷砖（1560）
艾郁普苏丹陵墓，伊斯坦布尔

《沙贾汗的三个儿子》（1635）
莫卧儿王朝画家巴尚尔的细密画
维多利亚和阿尔伯特博物馆，伦敦

花瓣顶端一路延伸到底部，通常在花瓣外部比里面更加突出。他画的郁金香细节极其丰富，肯定是以真实的郁金香做模特，但也不总是如此。有些印度细密画中的郁金香，似乎是照着欧洲早期的书画的，比如1569年伦伯特·多登斯以及1576年克卢修斯①出版的那些书。有一幅画，创作于1635年，莫卧儿王朝画家巴尚尔的作品，表现了沙贾汗的三个儿子骑马出游，四周是鲜花图案的装饰。在右上角有一朵壮实的鲜红郁金香，看着极似康拉德·格斯纳于1561年为科尔杜斯②《佩达奇注释》中画的郁金香。同一时期的另一幅细密画上，中心是一只漂亮的火鸡，它鲜红的肉垂与左边一朵精致郁金香的颜色相呼应。这是画家，如曼苏尔，描摹了现实中的郁金香，还是他临摹了1583年克卢修斯在《珍奇花卉》③中的郁金香作品？两者间有惊人的相似。后来，日本和中国的陶艺家也剽窃了欧洲的创作图案。十八世纪早期，扬·勃鲁盖尔和雅克·德·盖恩（Jacques de Gheyn）等艺术家笔下的郁金香形象被复制成呆板的花束图案，开始出现在出口的瓷器上，人称"中国订单"。郁金香和粉色康乃馨、玫瑰，以及植物学上不可能产生的水仙花一起，闪着金色的光芒。

到了1630年代，依照旅行家艾维亚·塞勒比（Evliya Celebi）的估计，伊斯坦布尔以及周边地区至少有三百名花匠，以及约八十个花店。他还留意到，沿着博斯普鲁斯海峡一带的花园里，种植有郁金香，许多是种植在非常受欢迎的旅行目的地，其中许多花园是游客们从首都乘船游览的热门景点。在卡塔萨纳草滩有两股溪流注入金角湾，那里以展示郁金香而闻名。塞勒比描述说，在郁金香季节，此地"令人陶醉"。他还提及"科菲"郁金香，也就是产于科菲（现在的费奥多西亚）的郁金香，西欧人也熟悉这个

---

① 卡洛卢斯·克卢修斯（1526—1609），佛兰德斯医生、园艺学家，建立了现代植物学。
② 瓦勒留斯·科尔杜斯（1515—1544），德国植物学家、药剂师，在植物学史和医学史上具有重要地位。
③ 《珍奇花卉》（*Rariorum aliquot Stirpium*），克卢修斯作品。

《花丛中的火鸡》
莫卧儿王朝沙贾汗时期（1627—1658）的细密画
菲茨威廉博物馆，剑桥

名字。克卢修斯是荷兰莱顿大学的第一位植物园园长。他也曾提到过咖啡拉蕾，而同样的品种出现在1630年穆拉德四世（1623—1640）的花卉培植名单上。穆拉德四世有五十六种郁金香，其中一部分非常罕见，连苏丹本人都只拥有一个鳞茎。但在这期间，土耳其郁金香种类有了显著增加，土耳其首席花匠已经成立了一个委员会来评判本国花匠们新培植出来的郁金香新品种。它形成了一个体系，只有最好的花卉才能得到富有特色的官方命名。后来，欧洲早期的花匠们也采用了这个体系。萨里·阿卜杜拉·艾芬迪是苏丹易卜拉欣（1640年—1648年在位）的首席花匠。不过，是他的继任者、苏丹穆罕默德四世之后四十年的统治，令这套体系日臻完美。只有最完美的品种才有资格被列入官方郁金香名单中，每个品种都附有描述和培植者的名字。理事会甚至有自己的研究实验室，可以在其中更悠闲地评估新品种。

土耳其花匠一旦开始培育自己的郁金香，而不是采集大自然中最棒的郁金香品种（这同时发生在西方与东方），这种花就以一种非常独特的方式被塑造出来。在西欧，郁金香迷喜欢圆形花瓣、杯子形的花朵，色彩对比鲜明。土耳其园丁对自己的标准同样毫不妥协，不过，他们钟情高挑、细瘦的郁金香，轮廓狭长，花瓣呈匕首形。花瓣本身必须具有良好的质地——坚挺而平滑——还要是同一种颜色。六片花瓣中每一瓣都必须是同样大小与长度。一朵完美的郁金香，花瓣应把雄蕊隐蔽起来，中间没有空隙，但雌蕊是恰好可见。花朵必须直立在花茎上，细而平稳。花瓣的形状最令评委关注。郁金香培育者总是选择种植花瓣狭窄、顶端呈尖细形状的品种。匕首状或是顶端似针一般纤细的花瓣是最为理想的。一位早期的专家写道："如果郁金香花瓣不具备这些特点，它就是廉价的。只拥有针尖般的花瓣顶端，则比只有匕首形花瓣强一些。如果是匕首形的花瓣而顶部如针，那简直是无价之宝。"对于花卉的缺陷，评委也有一份同样严格的清单。郁金香的缺陷包含了花茎柔软、花瓣散乱、疏松、不规则，以及色彩暗淡。有时候，从野生郁金香继承的一些特点，比如内层的花瓣比外部的宽且短——这也是缺陷。郁金香新品种的审查是个漫长而困难的过程。不过，一旦某个品种的郁金香进入了那个魔幻名单，它就会受到一致热情的赞美。诗人们为初次亮相的郁金香作诗，颂扬它们的色彩与形状。最佳诗作和最棒的园丁都会得到奖励。现代郁金香的命名平淡无奇，比如"古斯塔克"①、"风靡彩车"、"米老鼠"，恐怕会让最有想象力的诗人都感到为难。而土耳其郁金香却被赋予了最曼妙而记忆犹新的名字，比如"燃烧心脏"，"无与伦比的珍珠"，这令人诗性大发。还有，土耳其语中郁金香（lale）恰巧与酒杯（piyale）押韵，也令人绞尽脑汁来用酒做比喻。郁金香名称通常是阿拉伯语或是波斯语，比如"罗马长矛"、"玫瑰酒杯"、"快乐添加剂"。偶尔也会出现土耳其语，比如"艳猩红色"、"幸福之星"。还有极尽奢华的"精致风情女郎"、"苗条玫瑰"、"心灵之光"、"钻石的妒忌"，以及"爱人的脸庞"——这些都证明了郁金香曾是怎样尊贵。

不过，这种杏仁形、匕首般花瓣的郁金香是如何产生的？哪些野生品种促成了它的独特外观？从形状上看，它最接近于蜘蛛状花瓣的蜘蛛郁金香。不过，尽管这种郁金香曾一度被认定是郁金香的一个品种，实际上，没人了解它的野外生长情况，普遍认为，它属于人工培植郁金香。这种花瓣顶端尖细的土耳其郁金香不 定来自该国发现的十四个野生品种，因为到了十七世纪中叶，郁金香交易出现了回流。西欧人见到的第一朵郁金香产自土耳其，但是在1651年，奥地利大使施密德·冯·施瓦辛霍恩从欧洲购买了十个不同品种共四十株郁金香前往伊斯坦布尔，作为送给穆罕默德四世的礼物。这些郁金香以它们的奥地利名字继续在土耳其生长。《拉勒扎尔·易卜拉欣》（1726）的作者穆罕默德·埃芬迪写道，人们熟悉的细长、匕首形花瓣的伊斯坦布尔郁金香，就是从欧洲的那十个郁金香品种发展而成。其他人也相信，土耳其郁金香鳞茎来自欧洲，直接靠施加肥料粉或是更多的花粉培植而成。郁金香也可能是从克里特岛来到土耳其的，比如淡紫色的岩生郁金香（T. saxatilis）。意大利旅行家贝纳提医生在他1680年的

①　Goudstuk，荷兰语，意为金币。

时尚的黄化花瓣土耳其郁金香

来自郁金香画册（1725）

日记中写道："在金角湾艾尤卜一幢房子的花园里晚餐，郁金香开得正茂盛，一个花枝上开着三四朵花，是从克里特岛进口的。"荷兰郁金香权威胡格争辩说，克里米亚草原地区生长的准噶尔郁金香拥有细长的花瓣，进入土耳其后被称为"科菲郁金香"，它在伊斯坦布尔郁金香形成中起了作用。苏丹塞利姆二世正是从乌克兰科菲订购了三十万株郁金香，移植到了宫殿花园。六十年后的1638年，历史学家霍贾·哈桑·艾芬迪与苏丹穆拉德四世远征巴格达，带回了七个不同品种的郁金香，并种在了他位于伊斯坦布尔的花园里。从这个融合了多个郁金香品种及其变种的大熔炉里，伊斯坦布尔郁金香不知怎么出现了。

　　除了贝隆和布斯贝克，其他旅行者也曾评价过土耳其人超乎想象的郁金香迷恋。1673年，法国外交官安东尼·格兰德从埃迪尔内抵达伊斯坦布尔，这和布斯贝克的路线相同，只是晚了一百多年。在1673年5月15日星期一的日记中，他写道："度过了愉快的一天。这是因为天气很好，在前往布尔加兹的道路两边是大片的郁金香和牡丹"。十七世纪写下《在波斯旅行》的约翰·查汀爵士记述得很清楚，郁金香在伊朗也同样被认为是奢华的。"年轻男人送给情人一朵郁金香，要选择郁金香的颜色让她懂得自己的心意。他的心因她的美丽而燃烧，而花瓣黑色的底部，意味着他的心被烧成了黑炭。"1699年，穆罕默德·本·艾哈迈德·乌贝迪出版了《花的成就》，土耳其出版过一长串赞美郁金香花美丽及其培育者的作品，而这是第一部。乌贝迪是塞拉帕萨清真寺的伊玛目。在书中，他列出了那个时代最杰出的二百零二位郁金香培育者，大多是有名望的帕夏①、毛拉②，以及禁卫军队长。他还在书中描述了这些人培植出的郁金香和水仙。他写道："法官郁金香的颜色犹如南欧紫荆花蕾般，有白色或是近白色的条纹。每个花瓣顶部都直直尖起。也有些同款的郁金香没有条纹。最早是舍勒比法官在斯

---

① 旧时奥斯曼帝国和北非高级文武官员的称号。

② 一些伊斯兰国家对精通伊斯兰神学的穆斯林、伊斯兰宗教法律教师和解释者以及有学问的人的尊称。

库塔里拿出来展示的。还有人假称这种郁金香鳞茎来自欧洲。"真的有这种可能。这番描述符合荷兰著名的"总督"郁金香。

到了十八世纪初，伊斯坦布尔最重要的园艺师是塞伊·穆罕默德·拉雷萨里，大维齐尔达马特·易卜拉欣·帕夏①花园负责人。他的著作《育花手册》是在伊斯坦布尔出版的，详尽介绍了伊斯坦布尔郁金香柔弱苍白的特征，这一特点在这个时间和地点是独一无二的。在书的第一部分，穆罕默德列出了确认精品郁金香的二十条标准。六个花瓣应该细长且长度相等；它们应紧密整齐地合在一起，中间没有缝隙；花瓣不应被花粉弄脏；花茎应该又长又结实；叶子也应该很长，但不能太长，以致遮挡了花朵；花儿本身应在花茎上直挺起来，颜色清晰纯正。对于"变种"或是"两色混合"的郁金香，白色花瓣底色就比黄色底色更受偏爱（法国与英国的园艺学家也偏爱白色底色）。同时，花瓣应该是平滑变窄，而不是凹凸不平。一个花茎上开出两朵花那简直完全不能接受。当时最为珍贵的郁金香品种是"蓝色珍珠"（Luluu Ezrak），生长在塞拉宫②宫殿花园里，花朵宛如鸵鸟蛋般大小。有时候，郁金香品种的名字反映出它的色彩，比如"蓝色珍珠"；有时候，以培育者的名字来命名，比如"易卜拉欣·贝伊的深红色"。绝大多数情况下，郁金香的名称纯粹出于幻想，比如"迷惑你的理性"，或是"燃烧心脏"。

对于郁金香精品的评判规则，土耳其人比英国人还更严格些，尽管在完美郁金香的定义上，双方有类似的偏见。他们的重要分歧是在花朵的形状上。英国栽培者轮番包裹摆弄它们长成半圆形——认为那是郁金香顶级完美的形状。而土耳其培育者挑选的郁金香，花瓣瘦长且尖细，目标是尽可能培育出细长形的郁金香。在设定了完美郁金香的标准之后，穆罕默德在书的第二部分，专门介绍如何实现培植完美郁金香的目标。而第三部分则是关于如何培植水仙。

---

① 苏丹艾哈迈德三世的最高大臣，相当于宰相。
② 位于伊斯坦布尔欧洲一侧，奥斯曼帝国时期兴建的宫殿，建成于1867年。

讨人喜欢的红色郁金香

来自《郁金香之书》（约 1725）

从 1703 年至 1730 年是奥斯曼帝国艾哈迈德三世时期，历史学家们通常称为土耳其的"郁金香时代"。苏丹完全被他钟爱的变幻莫测的郁金香所左右，也正是在这个时期，东西方郁金香贸易风向改变了，艾哈迈德三世从荷兰进口了几百万株郁金香，来装饰他的花园。这个时期，在郁金香种植以及市场推广上，欧洲没有哪个国家可以与荷兰相比。根据一份当时的手稿，土耳其的郁金香交易者"每天都在增加"，而且"相互交换不同种类的郁金香鳞茎，从而带来多样的最美丽的郁金香变种"。不过，艾哈迈德三世对郁金香的痴迷也导致他走向衰败。因为每年都耗费巨额金钱举办奢华郁金香节，他的臣民们开始反抗。而在荷兰，有了 1630 年代他们自己的"郁金香狂热"的坚定支持，也毫无愧疚地鼓励其他人走上同样的挥霍之路。

郁金香开满了帝国花园。郁金香的形象也出现在雕刻、喷泉、墓碑，以及壁画上。甚至艾哈迈德三世的枢密院也以郁金香装饰：花瓶中一束束鲜花里有风信子、康乃馨，以及奥斯曼帝国钟情的极长的匕首状花瓣郁金香。这个时期，帝国花园里的郁金香鳞茎也变成了西方的品种，而且，枢密院的装饰风格也显示出西方的影响。土耳其之前的习俗，无论是现实中还是绘画上，展示花卉都是单独一朵的；现在，变成了一束束的，且混合着不同品种。土耳其与西方的交易逐步增加，早期来自欧洲的旅行者，如贝隆，紧接着还有一大批外来者，当中许多人是外交官。从 1703 年到 1716 年，威廉·谢拉德（1659—1728）是英国驻士麦那的领事，也是一位成就非凡的植物学家。他 1683 年从牛津大学获得学位之后，于 1686 年至 1688 年在巴黎跟随图内福尔①学习，并于 1688 年至 1689 年，在莱顿师从赫尔曼。正是他邀请德国杰出的植物学家约翰·雅各布·迪勒纽斯（1684—1747）前往英国。1732 年，谢拉德的弟弟詹姆斯·谢拉德说服迪勒纽斯编写了《艾瑟姆花园物种》，书中详细记录了艾瑟姆花园中生长的植物。詹姆斯·谢拉德是位药剂师，他的艾瑟姆花园以珍稀植物而著称，其中就包括

---

① 约瑟夫·德·图内福尔（1656—1708），法国著名植物学家，首先定义了植物的属。

未命名的盛开郁金香

来自《郁金香之书》（约 1725）

了郁金香，而这可能是他哥哥从士麦那提供给他的。

在苏丹艾哈迈德三世时期，土耳其成为了花卉文化的温床。苏丹的郁金香花田位于马尼萨省斯皮勒斯山高处的夏季牧场中，在这里培植鳞茎，之后种满塞拉宫、阿萨德·阿巴德，以及内萨特·阿巴德的宫殿花园。郁金香花季，艾哈迈德三世的驸马、大维齐尔会在塞拉宫宫殿花园给岳父准备夜间娱乐活动。（塞拉宫，Ciragan，这个词原意是镜中灯笼，成千上万的镜中灯笼照亮花园。）音乐充满了后宫，苏丹的五个妻子走了出来。雄伟后宫中的一个庭院变成了露天剧场；成千上万朵郁金香装饰着金字塔和塔楼，中间点缀着灯笼和鸟笼——里面是正在唱歌的小鸟儿。郁金香铺满花园，不同的品种贴上银丝装饰的标签。大炮齐鸣，发出信号，后宫大门敞开，苏丹的情妇们由手持火把的太监引领而出。宾客们的服装必须和郁金香相配（而且，要小心避免自己的衣服碰到蜡烛烧着了，而蜡烛是插在几百只乌龟背上，在地上慢慢蠕动）。十八世纪初，法国驻君士坦丁堡的大使安德烈塞尔先生曾在一封信中描述了一场郁金香盛宴。这封信标注的时间是1726年4月24日。他写道："大维齐尔（艾哈迈德三世的女婿达马特·易卜拉欣·帕夏）及其他贵族对花卉非常感兴趣，尤其是对郁金香"，"大维齐尔的花园里有五十万郁金香鳞茎。郁金香盛开时节，他希望向大领主们炫耀。他们从其他花园采摘，放进花瓶中，精心用郁金香填满宫殿的每个角落。每隔四株花，就有根和郁金香同样高度的蜡烛插入地下；通道上挂满鸟笼作为装饰，里面是各式各样的鸟儿。花园里的棚架以盛满鲜花的花瓶作为分界线，并且被数量庞大的各种色彩的水晶灯照耀着。绿色植物来自树林，蜿蜒而入，作为花卉棚架的背景。镜子里的色彩和灯光反射，效果令人赞叹。吵闹的音乐和土耳其音乐伴随着光影色彩，贯穿着郁金香开花时节的每一个夜晚。大维齐尔承担了所有花费。在整个郁金香季节，他向大领主和随从们提供住宿和宴饮。"当然，毫无疑问，他之后会找个借口把这笔花费捞回来。

伊泽特·阿里·帕夏以及那个时期的其他诗人都曾在他们的纪年铭文与诗歌中赞美郁金香，且通常在最后几节句子中会给出写作日期的线索。

他们曾无数次记述Nize-i-Rummani郁金香（可以翻译为"石榴色的长矛"或是"罗马长矛"）。荷兰当时出版过很多关于郁金香的著作，要么是富有的郁金香拥有者用来做纪念的，要么是专业营销商用来做广告售卖郁金香鳞茎的。但是，与荷兰的状况很不相同，土耳其目前已知存世的只有一本插画本郁金香专著。这是一本精致的皮面精装本，二十二厘米宽、三十一厘米长，包含了四十九种不同的伊斯坦布尔郁金香插画。这本书没有注明出版时间，但经过与其他注有日期的出版物以及手稿中郁金香名称的比对，还有把插画周边图案与类似线索进行研究，土耳其历史学家埃克雷姆·哈奇·艾弗迪[①]得出结论，这本书肯定产生于苏丹艾哈迈德三世时期，最可能是在1725年。艾弗迪一度拥有这本书，但在1960年代，为了筹集资金出版自己的四卷本奥斯曼帝国历史著作，他把这本书给卖了。

艾弗迪指出，在所有土耳其关于郁金香的作品中，只有这本配有插图。插图画在厚厚的、有涂层的小麦色印度纸上。其中，四十四种郁金香明确标出名称，有七种出现了不止一次。书中的郁金香大部分是在画框里，画框四周也有图案。这本书以价值连城的"罗马长矛"郁金香开始，并画了三种不同的风格。当中一幅似乎显示其狭长的花瓣用细线绑着。这是个小技巧，英格兰郁金香迷后来也曾用过，为的是阻止花瓣长得过宽，超过他们极度渴望的半球形，而在评委们走向展示台评判之前，培育者会把那根细细的束身棉线拆掉。正像英国培育者，土耳其培育者也一样相信，他们可以改变郁金香的颜色，或者说服它们"突变"，拥有多种色彩的条纹图案，方法是把鳞茎种植的四周泥土染成你喜欢的两种颜色。1660年，《拉芙纳克的花园》[②]一书的作者曾建议，把少量的葡萄汁混合在种植郁金香的泥土里，可以把花朵变成紫色。

"罗马长矛"之后紧接着是"散落的花朵"和"易主之花"郁金香，这两个品种都是红色的，有精美的黄色条纹。很有可能，郁金香插画在书

---

① 埃克雷姆·哈奇·艾弗迪（1899—1984），土耳其著名建筑师、历史学家、作家。
② 《拉芙纳克的花园》（*Revnak'i Bostan*），作者是 Zafer Onler。

中出现的顺序反映了它们对应的价值。插图中郁金香的色彩范围广泛，再现了准噶尔郁金香野生居群的丰富色彩，而准噶尔郁金香可能就是伊斯坦布尔郁金香的来源。红色占了主导地位，从最浅的粉色"赞美"，到饱满的深红色"侯赛因"等各种色度。而"增加快乐"郁金香是浅米黄色的，带有粉红色的条纹，这和在英格兰剑桥植物园中生长的眼斑郁金香非常相似。书中还画有一种纯白色郁金香，叫做"春天的早晨"，以及三种清澈的黄色郁金香，分别称为"维齐尔的手指"、"图伦库·谢伊"、以及"明亮郁金香"。最不寻常的是一种叫做"库瑟莫鲁"（Cucemoru）的郁金香，深紫色、灰色及奶油色一起，呈现一种灰紫色。一百年前，在托马斯·汉默爵士威尔士花园里，他极其珍视这种颜色。但在英国，没有人培植像伊斯坦布尔郁金香这样奇特苍白的品种。画册中描绘的所有郁金香是同一品种，大部分伴有独自一片起伏的叶子。有些画作签着瑞卡姆·穆罕默德这个名字，而 E. H. 艾弗迪认为，书中所有作品都出自同一位画家。画面上，郁金香大多是单独一枝，通常花朵朝向左面。只有美丽的"罗马长矛"郁金香插在鲜蓝色的拉蕾丹中，那是土耳其人发明的特制玻璃花瓶，专门用来展示独自一枝、宝贵的盛开郁金香，底座为球茎形，瓶颈细长。在那之前近两百年，法国旅行者皮埃尔·贝隆已经留意到，这种特制花瓶在土耳其郁金香仪式般的庆典中有多么重要。拉蕾丹通常高约二十厘米，可以是银制的，或其他高度抛光的金属，或者玻璃的。还有一类花瓶叫做苏库菲丹（Sukufedan），体积比较大，可以摆放各种花卉，而不单单是郁金香。苏库菲丹瓶口比拉蕾丹要宽，中间部分膨胀为球茎状，底座部分收窄。

画家穆罕默德形容自己是本迪根（bendegan），意即统治者的仆人，所以，非常有可能，他是帝国画室的成员，而他笔下这些罕见昂贵的郁金香可能是苏丹的花卉收藏，或至少是某个大维齐尔的收藏。这本《郁金香之书》创作于人们对伊斯坦布尔郁金香的迷恋达到顶峰的时刻，不惜重金购买某些特殊品种的郁金香；土耳其正沉迷于自己的"郁金香狂热"之中。书中包含的文字很少，只有每个郁金香的名字，通常是红色墨水（也有极

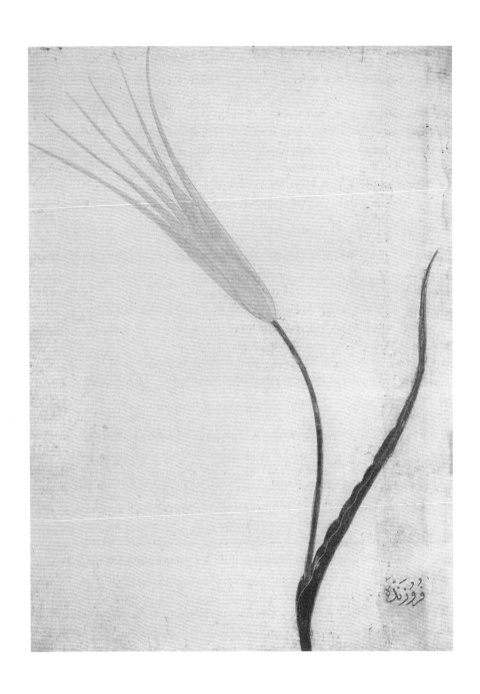

发光的郁金香

来自《郁金香之书》（约 1725）

少数用了黑色），以飞舞的塔里克字体题写。只有对奇特的灰紫色"库瑟莫鲁"郁金香，描述了它的特征，文字使用斜体字，安排在花朵的左边。但是，几乎是在《郁金香之书》出版的同一时间，政府颁布指令，要求公布官方价目表，试图控制不断飞涨的郁金香价格。两者进行比较，可以令人对各种郁金香鳞茎的价格有个概念。1726年6月28日公布的价目表中，神奇的"罗马长矛"郁金香是二百三十九种注册郁金香中最昂贵的，定价是五十个库鲁①或是七个金币。到了第二年8月，这种鲜红色的郁金香价格依然居于三百零六种注册郁金香之首，只是在短短时间，价格就涨了四倍，达到二百库鲁。从价格上看，紧随"罗马长矛"之后的，叫做"易主之花"，一种华丽的红色郁金香，有繁复的条纹，边缘是鲜黄色的。它的价格是一百五十库鲁。价格排在第三位的是另一种红黄相间的郁金香，叫做"散落的花朵"，价格是一百库鲁。郁金香交易通常在伊斯坦布尔新清真寺（艾米诺努）举行，现在那里还是个花卉市场。

官方目录所列出的只是最昂贵的郁金香变种，是对投机商有最大吸引力的品种，大约只占"郁金香时代"伊斯坦布尔存在的郁金香品种的五分之一。1726年，穆罕默德·乌坎巴里写下了《易卜拉欣笔记——一个郁金香种植者的故事》。这份手稿中列出了八百五十个郁金香品种。同一年，阿里·艾米里·艾凡迪·库吐蕃内斯也推出了《伊斯坦布尔郁金香种植者的笔记》一书，其中记录了从1681年到1726年之间，伊斯坦布尔种植的一千一百零八种郁金香的名称以及它们的特点。库吐蕃内斯的这本书包含了当今热衷种植郁金香的人们在专业苗圃目录中可能希望找到的一切信息。他描述一种叫做"瓦拉桑"的郁金香，花朵是深红色的，如同石榴花那样的红。花瓣呈杏仁形，大小相等，顶部尖细——顶部看上去精致又灵活，如同苏尔萨尼字体。它是多年生植物，在户外也长得很好。它的花药是黄色的，比子房要长。它生有细长的花丝，很娇嫩。整体上看，这种花异常美丽。种植者依据阿里桑的名字把它命名为"瓦拉桑"。艾哈迈德三世

---

① 土耳其辅币名，100库鲁=1土耳其里拉。

执政的最后两年，他的拉里扎里（lalizari），就是首席郁金香种植者，是谢赫克·穆罕默德。他在任期间，制作了两本郁金香手稿。其中一本列出了一千三百二十三种伊斯坦布尔郁金香的名称，不同寻常的是，当中出现了两位女性种植者：阿齐兹·卡丁于1728年培育出了"沙哈的宝石"和"灰色燕子"；法塔玛·哈顿培植出了"心灵探寻者"。

　　1730年，随着艾哈迈德三世政权的结束，郁金香突然失去了它皇家花卉的至尊地位。曾有人在宫廷中为王朝继任者马哈茂德一世安排过几场私人郁金香展示，但是，托卡比皇宫再也没有灯笼和燃烧的火把照亮神秘的庭院，烘托价值连城的郁金香收藏了——在艾哈迈德三世时期，郁金香几乎和他在保险室中的珠宝一样珍贵。如潮水般涌现的赞赏伊斯坦布尔郁金香之美的手稿已经残破。宫廷高级花卉鉴别委员会的成员们逐渐消失在迷宫般的宫殿阴影中。到了夏天，马尼萨省斯皮勒斯高山上只剩下了牧羊人和成群的绵羊山羊，凝视着曾经为伊斯坦布尔苏丹花园种植过郁金香的田野。不过，这些郁金香并没有完全被遗忘。至少直到十八世纪末，工匠们还继续在布料上或是石碑上，留下郁金香花主题的图案。在伊斯坦布尔斯利佛卡皮的哈迪姆·易卜拉欣·帕夏清真寺墓地里，有一座1746年建造的墓碑，上面是一朵非常美丽的郁金香，花瓣细长呈匕首形，插在一只典型的细瓶颈拉蕾丹里。而在偶然间，伊斯坦布尔郁金香还会返魂来纠缠二十世纪的花匠们。有时，某个鳞茎，尤其是鹦鹉郁金香鳞茎，会还原以前的形状——荷兰园丁们称它们为郁金香盗贼。这些郁金香长着奇怪的、长长的、幽灵般的花朵，花瓣呈匕首形状，顶端尖细。它们并不是盗贼，而是增添人们快乐的施主。

第二章

郁金香在北欧

斐迪南一世①任命奥吉尔·基斯林·德·布斯贝克为苏莱曼大帝时期在君士坦丁堡宫廷的大使。布斯贝克宣称，是自己把郁金香引进到欧洲。但也完全有可能，在此之前，郁金香已经断断续续抵达欧洲了。毕竟苏莱曼在位初期就吞并了巴尔干半岛和匈牙利的大部分地区。1529 年，尽管他没能占领维也纳，但他和哈布斯堡帝国一直保持着贸易往来。无论如何，十五世纪或是十六世纪早期的欧洲绘画中没有出现过郁金香。十六世纪中叶之前，忙碌的植物学家、草药学家，以及医生都没有提及过郁金香。这些人当时居住在欧洲重要的学术中心，就是现在的威滕伯格、蒙彼利埃、帕多瓦、维也纳，而且已经着手对生长在周围的植物进行描述和记录。1543 年到 1545 年间，在比萨和帕多瓦建成了欧洲最早的植物园。

哈布斯堡皇帝向君士坦丁堡派出过一长串儿佛兰芒大使，布斯贝克（1522—1591）是其中的一位。布斯贝克把当地的植物和珍奇物品寄回给自己的皇帝。1554 年 11 月 3 日，在医生威廉·夸克尔本的陪同下，布斯贝克出发前往土耳其。他在一封信中这样描述自己的旅程：“在阿德诺伯里耽搁了一天。我们正朝着君士坦丁堡进发，马上就要到了，已经接近旅途的终点了。我们穿过这一地区，到处都是鲜花盛开，水仙、风信子，还有土耳其人称作郁金香曼（tulipam）的花。更令我们惊奇的是花开的时节，现在几乎正值隆冬，对花卉非常不利。希腊的水仙和风信子以其香气扑鼻著称。

而郁金香的气味很轻微，它们是以多变和美丽的颜色著称。土耳其人对花卉极端狂热，别看他们平时精打细算，一旦遇到特殊品种的花，却能毫不犹豫地支付一笔可观的数目。"

从一开始，他就混淆了郁金香的名字。土耳其人称郁金香为拉蕾，这是从它的来源地伊朗腹地一路追随它的名称，而不是郁金香曼。很显然，布斯贝克误解了他的翻译，那翻译是在描述花朵的形状像包头（土耳其语为tulband），而不是花本身的名字。他的信也清楚说明，他对郁金香并不熟悉。他很了解水仙和风信子，却需要询问其他人才知道郁金香的名字。后来，他把一些花籽和鳞茎寄往斐迪南一世^①在维也纳和布拉格的花园，郁金香作为奇特新鲜的物种也在其中。不过，郁金香鳞茎也出现在了欧洲其他港口的货船上，包括维也纳。

在把郁金香这个名字介绍到欧洲的过程中，布斯贝克所扮演的角色，有赖于他究竟在什么时候写下了著名的"土耳其公使的四封信"。直到最近，人们还普遍认为，这四封信是布斯贝克在他担任奥斯曼帝国大使七年的时间里（1555年至1562年）或是那之后不久写下的。但新的研究显示，这几封信是在他回到欧洲二十年之后，也就是在1581年至1589年之间，写成并发表的。或许把郁金香介绍到欧洲的殊荣不应该给这个佛兰芒人，而应归功于法国冒险家皮埃尔·贝隆。

1540年，在赞助人、勒芒主教雷纳·德·贝里的帮助下，贝隆开始在勒芒附近的图瓦建造自己的花园，当中收集了许多重要的外国树木与灌木，包括了黎巴嫩雪松和第一株法国烟草植物。他的目标是扩大法国园丁可种植的植物物种。为此，他于1546年前往黎凡特，并在那之后的三年时间里旅行以及收集植物。1553年，他在巴黎出版了重要的著作《奇点观察记》。这比布斯贝克出发前往君士坦丁堡还早了一年。这本书取得了巨大的成功，在巴黎重印了两次，之后在安特卫普又重印了一次。在《奇点观察

---

① 斐迪南一世（1503—1564），神圣罗马帝国皇帝（1558—1564），匈牙利和波希米亚国王（1526—1564）。

奥吉尔·基斯林·德·布斯贝克

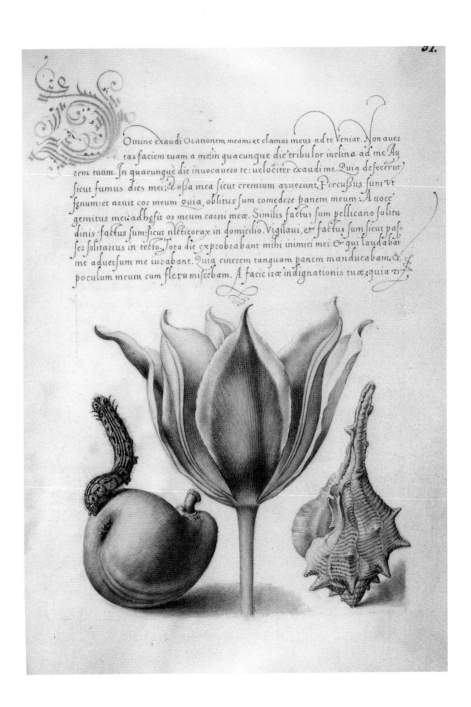

Omine exaudi Orationem meam: et clamor meus ad te Veniat. Non auer
tas faciem tuam a me: in quacunque die tribulor inclina ad me Au
rem tuam. In quacunque die inuocauero te: uelociter exaudi me. Quia defecerut
sicut fumus dies mei: & ossa mea sicut cremium aruerunt. Percussus sum Vt
fenum: et aruit cor meum Quia oblitus sum comedere panem meum A uoce
gemitus mei: adhesit os meum carni meæ. Similis factus sum pellicano solitu
dinis: factus sum sicut nicticorax in domicilio. Vigilaui, er factus sum sicut pas
ser solitarius in tecto. Tota die exprobrabant mihi inimici mei: & qui laudabat
me aduersum me iurabant. Quia cinerem tanquam panem manducabam: &
poculum meum cum fletu miscebam. A facie iræ indignationis tuæ: quia

《郁金香与梨》（约 1590）

乔里斯·霍夫纳戈尔

记》的第三部分，他写道："有些人喜欢佩戴美丽的花朵，但没有谁会像土耳其人那样懂得欣赏：当他们发现美丽的紫罗兰或者其他优雅的花朵时，就算是没有香味儿，也一样对它们宠爱有加。他描述欧洲人习惯把多种花朵扎成一束，并且和不同的香草混在一起：但土耳其人只关注视觉效果，而且，就算有很多选择，他们一次只戴一朵花。平日里，他们会根据包头来挑选一朵朵的花。花匠们面前通常会有多种颜色的不同花卉，都放在盛满水的花瓶里，以保持它们的新鲜和美丽"。[①]他接着描述花朵，"红色百合花"——毫无疑问这是指郁金香，非常普遍。他写道："所有人都在自己的花园里种上植物。红色百合花与我们那里的品种不同，外形上类似于白色百合花，但土耳其百合花的叶子像是灯芯草科，而它的根就像羽衣草的根，但更加肥硕。因此，从不同国家、驾着货船来到君士坦丁堡的人，购买这种植物的根，也就是美丽的花朵，并在市场上出售，绝对可以获利。"[②]

和布斯贝克一样，贝隆也留意到了土耳其人对花的热情，用细密画、刺绣、诗歌和瓷砖图案来加以赞美。贝隆指出，这种"红色百合花"没有香味儿（红色郁金香很少有气味），但在土耳其人眼中，并没有减少对它们的珍视。他还把两边的习惯进行对比，欧洲人会把不同花卉揉碎进行品尝，而土耳其人只展示花的外貌——无论是在盛满水的花瓶里，插在陶器之中，或者是为炫耀某个独特品种的花儿专门设计的金属器皿中，还是戴在包头的褶皱之中。郁金香（tulipam）名称的混乱肯定在这个时候就开始了？布斯贝克指着某人包头上佩戴的他不熟悉的花，希望知道它的名字，但他的翻译以为，他希望知道包头的名字，就给了他包头的名称，而不是那花的名称。

"红色百合花"不可能是真正的百合，因为很少有百合花品种是土耳其本地生长的，且都不是红色。贝隆写道，在土耳其，这类红色的花朵非常普遍，出现在每一个花园之中。尽管它们种植普遍，但显然，他和布斯贝克一样对这种花不熟悉。不过，贝隆试图把它们与欧洲已知的其他花朵

① 以上这段描述原文为法语。
② 以上这段描述原文为法语。

卡洛卢斯·克卢修斯，十六世纪最重要的园艺家之一，
为郁金香在欧洲传播起到了重大作用

联系起来，比如香根草，以使读者有更清晰的了解。他还明确描述，商
人们从海上抵达君士坦丁堡，已经建立了土耳其的郁金香鳞茎出口贸易。
1562年，一些郁金香鳞茎进入比利时北部的安特卫普港。正如克卢修斯后
来描述的，一位商人从君士坦丁堡送来了郁金香和成捆的布匹。他还以为，
那些鳞茎是洋葱，用火烤了，蘸着油和醋吃了下去。"其余的，他在花园里
挖了坑，和圆白菜以及其他蔬菜种子一起埋了下去，由于疏于照管，很快
全都死掉了。只有一位梅希林的商人乔治·赖伊因为热衷园艺和收藏，养
活了几株。他聪明勤奋的努力令后世有机会欣赏到这一拥有迷人变异的花
卉，给我们带来极大的视觉享受"。和安特卫普港那位商人一样，克卢修斯
也曾品尝郁金香鳞茎的味道，而且还建议法兰克福的药剂师J.穆勒，用糖
把它们腌一下，就像有时候吃兰花根那样。他把郁金香鳞茎当作蜜饯吃了，
还赞叹，味道远胜兰花。

卡洛卢斯·克卢修斯，也称为莱克吕兹的查尔斯，在欧洲郁金香早期
的种植历史上起到了开创性的作用。他对鳞茎情有独钟，传播了许多新的
品种：皇冠贝母、鸢尾、风信子、欧银莲、毛茛属、水仙、百合，以及郁
金香。他凭借一己之力，改变了欧洲北部花园的面貌，引进了许多文艺复
兴时期花坛中最珍贵的品种。比起其他任何人物，他或许都更能体现当时
国际化的精神。他出生于法国阿拉斯，在鲁汶接受教育。他二十三岁的时
候，前往威滕伯格，师从伟大的新教改革家菲利普·梅兰奇顿。接着，他
去了蒙彼利埃，成为纪尧姆·罗德莱特的学生。之后，他开始了为期两年
的旅程，在西班牙和葡萄牙收集植物。1573年，应罗马皇帝马克西米连二
世的邀请，他前往维也纳负责修建了帝国植物园。三年后，皇帝去世，而
克卢修斯已经发表了开创性的对伊比利亚半岛植物研究的专著《数种稀有
植物》。这部著作包括了一个重要的附录，从509页开始，详尽列出了克卢
修斯当时能得到的所有"前色雷斯"植物清单：欧银莲、毛茛属，除此之
外，还有郁金香——这些与西班牙并无关系。他还和布斯贝克保持着联系，
后者给他寄来了种子以及包括郁金香在内的鳞茎，以供其在维也纳花园种
植。土耳其出口贸易迅猛发展，布斯贝克仅是其中的一部分。在苏丹塞利

姆一世和苏丹穆拉德一世统治时期，土耳其、奥地利、和荷兰之间保持了密切的关系。

克卢修斯还与英国的园丁保持通信联系，并两次前往英国，拜访了菲利普·西德尼以及佛朗西斯·德雷克爵士。在1587年和1593年间，他常驻法兰克福，为黑森州兰德格雷夫的威廉四世拥有的花园提供建议，而花园是由坎莫里乌斯（1534—1598）在那里建立的。不过，与他保持联络的乔斯特·利普斯（1547—1606）最终说服了克卢修斯离开法兰克福，前往莱顿，为那里的新大学修建植物园。1593年10月19日，他抵达莱顿，使命就是在那里兴建自然植物园。他把自己在法兰克福花园培育的鳞茎都移植到了这里。

克卢修斯到达莱顿的时候已经六十七岁了，不过，他继续和自己广泛的国际关系网保持了联系（他精通多国语言）。跟随着他的信件，他提供的鳞茎也遍布了全欧洲。他在莱顿住下三年之后，一位年轻的挪威医生亨立克·霍耶到达那里攻读医学学位。当霍耶返回卑尔根的时候，他的行李中装有克卢修斯送给他的鳞茎，而且第二年，他收到了更多寄来的鳞茎。在郁金香传遍欧洲的过程中，克卢修斯的作用举足轻重。1588年，他的友人约阿希姆·坎莫里乌斯出版了《治愈花园》，当中描述了这一点。他俩初识于威滕伯格学生时期，之后二十年，克卢修斯写给坎莫里乌斯的一百九十五封信，记载了他们的友谊。在通信中，克卢修斯称赞坎莫里乌斯花园中郁金香的数量和种类，当中许多品种正是克卢修斯提供的。他给坎莫里乌斯寄去从土耳其新到的植物种子，提及布达佩斯的一位土耳其帕夏经常向他提供样本。他列出了多种来自君士坦丁堡的鳞茎名称，并给坎莫里乌斯送去，通常是经由巡回书商之手送达，还会附上详尽说明，如何以最好的方式照顾这些花朵。

克卢修斯前往莱顿的时候，郁金香迷约翰·霍格兰已经开始在该城种植郁金香了。他的鳞茎是从乔治·赖伊那里买来的，正是梅希林商人乔治·赖伊从不懂欣赏的安特卫普商人的花园中挽救了郁金香。克卢修斯非常宝贝自己这些稀罕物，"没人可以得到他们，甚至出大价钱也不行"。于是，有人想出了条诡计，在夜晚从他花园中把最好的植物盗走了，而且盗走了大半，这次打击令他失去了继续种植的勇气和欲望。不过，偷盗者一刻也没闲着，立即开始培育繁殖那些品种，这令郁金香鳞茎在十七个省份都有了足够的存货。克卢修斯到达莱顿之前，郁金香已经抵达了阿姆斯特丹。尼古拉斯·瓦瑟纳尔写道，他在阿姆斯特丹见到第一朵郁金香，生长在药剂师瓦里希·西维尔特斯的花园里，"令所有花匠都大为震惊"。

克卢修斯密切参与了将郁金香带入欧洲的过程，但他并不是第一位在书中描绘郁金香的人。这项荣誉要归于苏黎世医生、植物学家康拉德·格斯纳（1516—1565）。他于1559年4月，"在高贵的海因里希·赫尔瓦特的花园中"，留意到了在欧洲开放的第一朵郁金香。他描述了郁金香红色的花瓣和气味，说"是从君士坦丁堡带来的种子开出的花朵，也有人说种子来自卡帕多西亚。它开出独自一朵美丽的红花，很大，像是红色的百合。它由八个花瓣组成，四片在外边，四片在里面。它散发出非常甜美、柔和、微妙的气味，然后迅速消失在空气中"。

议员赫尔瓦特的花园位于巴伐利亚的奥格斯堡，这里是个铸银中心，富裕而重要。格斯纳在这里见到第一朵郁金香并不令人惊讶，但是，议员赫尔瓦特又是从哪里得到的郁金香呢？来自安特卫普还是维也纳？是布斯贝克还是贝隆送给他的？格斯纳描述说花朵有八片花瓣，而不是六片，是准确的吗？实际上，可能确实有八瓣，因为郁金香偶尔也会和大家做个游戏，不完全都是六片花瓣，而是有七片或八片花瓣。1565年，莱昂哈特·福克斯（1501—1566）出版了《药典手抄经》，当中有一幅郁金香的插图就是八片花瓣，但是格斯纳在这幅插图的介绍中，却称奥格斯堡的郁金香有六片花瓣。他还描述郁金香有香味，但布斯贝克以及贝隆都指出，郁金香没有香味——对比现在，花朵带有香气在当时是更令人着迷的特点。

格斯纳把这种郁金香称为"土耳其"（T. Turcarum）。它可能是某个广泛分布于土耳其的品种，比如亚美尼亚郁金香。不过，第一朵郁金香鳞茎离开君士坦丁堡前往欧洲的时候，土耳其人已经征服了大部分的巴尔干半岛以及黑海周边的国家。"土耳其"这个标签所包含的范围比现在定义上的土耳其国家涵盖的范围要广得多。"土耳其"同样可能是俄国品种。大家

康拉德·格斯纳（1516—1565），《卡斯帕利·克利诺药典》的作者，
书中首次描绘了欧洲出现的郁金香并附上第一幅郁金香插图

都知道，君士坦丁堡商人供应两种郁金香："咖啡拉蕾"和"卡瓦拉拉蕾"。1601年，在《珍稀植物史》中，克卢修斯也使用了"拉蕾"（lale）——土耳其语中对郁金香的正确叫法，来取代错误的"Tulipam"（土耳其语包头的意思），但为时已晚。"咖啡拉蕾"其实是来自乌克兰的科菲（现在的费奥多西亚），属于花季比较早的郁金香。而开花晚的"卡瓦拉拉蕾"可能源自巴尔干半岛马其顿地区的卡瓦拉，但也可能是准噶尔郁金香的变种，原产于克里米亚和外高加索的草原以及低山。

格斯纳还出版了第一幅欧洲郁金香插图，奥格斯堡的郁金香。那是一幅木版画，上面是一株健壮的郁金香，是从他自己或者助手的绘画中复制过来的。郁金香四周字迹潦草地记录着它的产地、叶子、以及其他信息。画中郁金香滚圆而低矮，宽度和高度一样，有六片顶部尖尖的花瓣，花瓣在底部是紧紧团在一起，到了顶部随意地向外翻开。格斯纳曾说，郁金香起源于"拜占庭"，并说德国博物学家、画家约翰·肯特曼（1518—1574）曾给他寄了一张这种郁金香的图片——肯特曼在1549年至1551年间居住在意大利。格斯纳最初使用的是水彩画，当中不仅展示了奥格斯堡郁金香——标注年份为1557年，而且还描绘了一种黄色郁金香——是一组系列画，描绘了花的前面、后面、以及侧面。尽管它被标注为"黄色水仙花"，但显然，它是现在人们称为"林生郁金香"（T. sylvestris）的品种——曾出现在很多早期有关郁金香论著中。书页中，郁金香排列精美，带有鳞茎和种子囊，还有三朵花。当中有两朵是七片花瓣，中间的一朵是八片，而"林生郁金香"比其他任何品种都更趋于产生多余的花瓣。描述中还提到了郁金香的气味，是这个品种的另一个相对不同寻常之处。

格斯纳之后，郁金香出现在各种书中，尽管使用的名称不总是正确的。1565年，意大利医师兼植物学家皮埃尔·安德烈亚·马蒂奥利（1501—1577）出版了他的《薯蓣类种类评论》。书中的插图精美（木版画由乌迪内的乔治欧·利伯雷尔以及德国人乌尔夫冈·迈耶佩克完成），但郁金香再次被错误标注为"水仙"。毫无疑问，那是一株郁金香，叶子宽阔而起伏不平，由花茎向上生长，比起格斯纳的插图中的叶子，更为典型。来

赫尔瓦特议员的郁金香（1557）
上面有康拉德·格斯纳的描述
埃朗根-纽伦堡大学图书馆

自梅赫伦的医师、植物学家伦伯特·多登斯也追随着马蒂奥利，出版了自己的书。书中七幅木刻插图是由范·德·波希特完成的，当中就有一株美丽的郁金香。但是，多登斯犹豫地陷入了命名学的雷区，他选择了当时广泛使用的标签"百合水仙"来命名郁金香，说它们来自色雷斯和卡帕多西亚。八年后，多登斯书中的一幅郁金香插图出现在马蒂亚斯·德·洛贝尔（或洛贝留斯 [1538—1616]）撰写的《植物物种历史》之中，并被标注为"百合水仙玉髓"。书中描述了三十七种郁金香，包括美丽的红色和白色的淑女郁金香。他还展示了一株看似黄色变种的多花郁金香（T. praestans），这个名字还没有那么拗口，要知道洛贝留斯给它起名"百合水仙黄色博诺尼思"。洛贝留斯留意到，这个品种一根茎上可以长出两朵或三朵花，而且闻上去如黄色桂竹香。1597年，英国医生约翰·杰拉德（1545—1612）在他所著的《植物史》中也使用了同一幅郁金香插图，把它称为纳博内斯郁金香（T. narbonensis）。这是分类学混乱的典型表现，直到瑞典植物学家卡尔·林奈（1707—1778）的命名学产生，才给植物命名带来了秩序。

和克卢修斯一样，洛贝留斯也曾在蒙彼利埃的罗德莱特门下学习。在罗德莱特去世之后，他继承了老师的所有手稿。他在安特卫普和代尔夫特行医，1566年前后前往英国。在伦敦，他曾短暂和来自佛兰芒的老乡同住，当中有詹姆斯·加勒特。但他很快回到了荷兰，成为"沉默威廉①"的医生。"沉默威廉"被暗杀之后，他永久定居英国，成为詹姆斯一世的官方植物学家。这个职位给他带来了威望，不过，还远远比不上他在哈尼克为祖奇勋爵监管建造的花园来得重要。这座位于牛津的植物园于1621年建成，此前，英国并没有类似欧洲在帕多瓦、维也纳或是莱顿那样的植物学中心。富有的贵族们收集了大量植物，当中最为重要的就是祖奇家族。洛贝留斯的哈尼克花园成了英国最优秀植物学家的聚集地，他为英国与欧洲大陆之间提供了重要的知识体系方面的联系。

---

① 即威廉一世（1533—1584），是八十年战争的领导者，荷兰独立的领导人，被称为"国父"。

郁金香

来自皮埃尔·安德烈亚·马蒂奥利的《薯蓣类种类评论》（1556）

　　洛贝留斯出生于佛兰德斯的里尔，他曾写道，早在十字军东征时期，佛兰芒人就已经开始对植物产生兴趣，尤其是在勃艮第公爵统治时期，植物学得到蓬勃发展。他宣称，佛兰芒人最先把黎凡特的植物带入欧洲，他们花园里拥有的珍贵植物品种比整个欧洲加起来还要多。大部分花园在十六世纪内战中被摧毁了，但洛贝留斯提及了几个佛兰芒郁金香种植者：卡洛勒斯·德·克洛伊、奇美王子、乔安娜·德·布兰西翁（后来，以她的名字命名了一种看似带着羽毛的郁金香，the Testament Brancion）、乔安妮斯·范·德尔·迪尔夫、乔治·赖伊、约翰尼斯·穆托努斯以及玛丽亚·德·布里默——她是孔拉尔迪·塞茨的妻子。

　　郁金香理所当然出现在了第一本植物绘本书当中，传统上人们把这归功于洛贝留斯，但现在，人们认为是普鲁士公爵的医生戈比留斯编写的。对佛兰芒印刷商克里斯托弗·普兰汀（1520—1589）来说，这完全是一次机会主义的冒险，从陈旧的木刻作品中再次得到回报。书中出现了二十三种郁金香，占了十个页面，包括了"早花白色"（T. praecox alba），"早花黄色"（T. praecox lutea），以及"早花红色"（T. praecox rubra）。在同一年出版的克卢修斯著作《数种稀有植物》中，普兰汀把这些图片又使用了一次。

　　最早的郁金香图案都是单色印刷的，而且名称变化非常之大，所以用现在的名称来鉴定它们，结果无法预测。书中的文字描述很少能提供足够的信息，让人可以把不同种类区别开来。而当中描绘性文字经常提及的信息包括开花的时期，"早花"（praecox），"中花"（media），还有花的颜色，最典型的是黄色和红色。有时会出现词组，比如"红色线条"或者"白色与红色相间"，这意味着混合颜色的郁金香出场了。最早对郁金香做出描述的是一本主要关于草药的著作，是用以识别植物的，还注明了它们在食品以及药物中的用途，甚至称郁金香也有实际用途：鳞茎可以使牛奶凝结。使用草药的主要是医生，而医生必然是园艺师，不过，他们不是园艺师出身。十七世纪初，狂热的植物收集者开始在园艺中扮演更加重要的角色，也满足了医生的需要。自1585年，格斯纳、马蒂奥利和洛贝留斯出版

三十五岁时的伦伯特·多登斯
来自《新物种历史》
安特卫普印刷（1553）

小郁金香（可能是塞斯亚纳郁金香）
来自伦伯特·多登斯《花朵与花冠》
安特卫普出版（1568）

金色早花郁金香

为克卢修斯图书准备的众多早期木版画作品之一

了多部著作之后，人们开始疯狂收藏"颜色混合"郁金香。克卢修斯谈到了狂热的植物收藏家乔安·德·霍格兰德，后者曾在1590年寄给他一篇关于"长满叶子的短小尖头"郁金香的新闻。

在林奈之前很久，克卢修斯曾在他的最后一本著作中，非常努力想把一直以来植物命名的混乱理出个头绪来。随着该署的新名字确立，他把之前书中的"百合水仙"改为"郁金香"（Tulipa）。克卢修斯把它们归为几个类型：八种"早花类型"（praecox），接着是"晚花的"（serotinas）和"介于中间的"（dubias）。当中的插画是大家熟悉的，最初是由普兰汀雇请画师完成，它们可能是印刷史上最勤劳的木刻插图了。郁金香的名称当然有所不同。1581年图示中出现的"白色百合水仙"改为"金色早花郁金香"。同一本书中的"菲尼克黄色百合水仙"改名为"大红背郁金香"。当中一个郁金香图例"白色开口闪亮坚实百合水仙"成为了克卢修斯著作精美扉页上的题图，是本书图片设计的重点，但看似郁金香图案放反了，两边是痛苦侧卧着的泰奥佛拉斯托斯①和迪奥斯克里德斯②。还有几株木刻郁金香（如"小塞罗提娜"和"普米里欧变种"）是新出现的，显示这些郁金香是新近出现在花园中的品种。

克卢修斯最后这部著作出版的时候，画家开始超越了插图画家。乔里斯·霍夫纳戈尔（1542—1600）是鲁道夫二世的宫廷画家，他弥合了手稿插画家和静物画家之间那道朦胧的分野。他笔下的郁金香丰腴而有腰身，尖尖的顶部花瓣向外翻转。他的作品比格斯纳的红色郁金香更精致，而且色彩愈加丰富。他作品中展示过美丽的黄色郁金香、精细的红色羽毛状花瓣的郁金香，还有一朵优雅的粉红色郁金香，旁边是一只梨，《爱丽丝梦游奇境》中的智虫像毛毛虫那样从梨的后面伸长了头，正仔细研究着花朵；在另一幅对开画纸上，两朵郁金香象征性地对称排列着，它们的茎缠绕在

---

① 泰奥佛拉斯托斯（前370—前287），古希腊哲学家和科学家，著有《植物志》。
② 迪奥斯克里德斯（约40—90），古罗马时期的希腊医生与药理学家，代表作《药物论》，成为后世各国现代药典的先驱。

一起。叶子是波浪形的，梨形的花朵，极富特色的尖顶花瓣盛开着；霍夫纳戈尔的作品强调郁金香花瓣后面延伸着的宽广中脉。在他的一幅作品中，一朵红色郁金香，另一朵是神秘的红色、蓝色和绿色组合色，但又不能完全确定。不过，人们称做绿蔷薇郁金香品种中，绿色耀斑正是其典型特征；也有可能，他在花瓣上使用的蓝色才是最初郁金香更为典型的色彩。奇特的是，后来老扬·勃鲁盖尔（1568—1625）的花卉研究中，也出现了完全相同的色彩。

那一时期，人们对植物的兴趣极其浓厚：在维也纳、整个德国、低地国家以及英格兰，有闲又有钱的人花费很多精力设计花园，里面种满探险家和植物学家，如贝隆、格斯纳以及劳沃夫，旅行带回来的珍贵物种。里昂哈德·劳沃夫是一位德国医生，与克卢修斯和格斯纳都曾有过通信，属于连接西欧学者庞大网络和信息交换的一分子。1573年，他离开了奥格斯堡家乡，原本希望在植物原产地方面进行研究，获得关于植物"清晰和独特的知识"。结果，他的植物采集研究把他带到了近东，并从那里带回了八百多种不同植物，其中有部分依然保存在莱顿的植物标本室。他在黎巴嫩山看到了原始的雪松，发现了野生的大黄，采集了一种带着黄色花纹的"漂亮郁金香"。像贝隆一样，他留意到土耳其人对各种化卉的喜爱。与贝隆一样，他也描述了人们习惯把花戴在包头上——这挺合他心意，因为可以"天天看到一株又一株飘来的精美植物"。

一经引入，郁金香迅速传播开来。1559年，在奥格斯堡，人们初次留意到郁金香现身欧洲；1562年，出现在安特卫普；1583年，出现在比利时其他地区；感谢克卢修斯，1590年，郁金香出现在莱顿；1596年，出现在米德伯格和卢塞恩；1598年，到达蒙彼利埃。到了十七世纪初，已经出现了对复瓣郁金香的描述。郁金香与时代精神及盛行的"好奇心"相得益彰。在园艺"珍奇屋"中，郁金香与各类罕见的珍稀花卉一起展出，犹如一颗珠宝。像克卢修斯和洛贝留斯这样的学者收集珍稀物种以推动他们的科学研究，而贵族王子和有权势的交易者希望它们成为自己的身份象征，因为

《郁金香与蛞蝓蝇》（1590）

来自《米拉书法纪念碑》

乔里斯·霍夫纳戈尔

只有富人才能负担得起园艺的乐趣。画家克里斯平·德·帕斯的作品中展示了他们建造的各类花园：小巧的，空间封闭的，划分为长方形网状结构的，按现代标准稀疏种植的，而当中包含了精美宝贝，如花贝母、刚刚从土耳其进口的鸢尾花、风信子，当然还有郁金香——十七世纪园丁可能拥有的最受追捧、最昂贵而享有盛誉的花。

　　随着许多人培育植物参加展示秀的新嗜好兴起，到了十七世纪早期，出版的植物图书的重点也逐渐发生变化。1612年，艾曼纽·斯威特在法兰克福出版了精美的手工上色绘本《关于花木》。第二年，《艾希施泰特花园》出版。这两本书主要是给园丁们使用的，包括产品目录和收藏记录。绚烂的"花园"郁金香出现了，羽毛花瓣和火焰花纹色彩华丽，比起较早前书中描绘的品种，郁金香种植明显得到了高度发展。技术层面的提高对此起到了推动作用。十七世纪初叶，铜版雕刻逐渐取代了木刻版画，令插图能捕捉到更多的细节。

　　《艾希施泰特花园》是为德国艾希施泰特采邑主教约翰·康拉德·冯·格明根专门出版的。这位主教拥有十七世纪初期最精美的花园，几乎种植了当时已知的所有灌木和花卉植物。当然，那里有大量郁金香以及新引进的美国灌木。花园建成之后，主教委托了植物学家、药剂师巴斯留斯·贝斯勒来制作一本书，记录下他花园里的植物，贝斯勒也是花园的设计者。这本书出版于1613年，三百六十七个页面中绘制了主教花园里的超过一千种植物。

　　在写给巴伐利亚公爵威廉五世的一封信里，主教解释说："花园中的植物是通过当地商人办公室从不同地方采购回来的，最主要是从荷兰，比如安特卫普、布鲁塞尔、阿姆斯特丹等地……"1611年5月17日，威廉五世的手下拜访了主教的花园，形容说，花园被分为八个区域，每一块上面"种植着来自不同国家的花卉；每一个区域种植的花卉各异，尤其是美丽的玫瑰、百合，以及郁金香"。每个星期，负责编辑图书的纽伦堡艺术家们都会收到一到两盒鲜花，以做绘画素材——这大约会让主教多花费三千弗罗林币。画上华丽的郁金香当中有短茎眼斑郁金香、风信子、能够一眼认出

《郁金香》来自《艾希施泰特花园》（1613）
记录了德国艾希施泰特采邑主教花园中生长的花卉。

来的林生郁金香（书中仍旧使用"博诺尼思百合水仙"这个名称）以及铃兰水仙。不过，大部分的郁金香是花园中的变种，有着炫目的条纹、花边以及明亮的色彩，但不是新品种。有些看上去不可思议地现代。鹦鹉郁金香"幻想"是二十世纪的产物，但在主教的书中，出现了几乎一模一样的花：怒放的覆盆子粉红郁金香，点缀着绿色花纹。他的"白紫色祈望郁金香"显示出奇特畸变，花瓣的颜色居然在茎下端的准叶上也出现了，我自己花园里的"蓝色旗帜"郁金香也出现过同样的怪异现象。

追随着格斯纳和马蒂奥利这些先锋人物的作品，《艾希施泰特花园》属于在十七世纪早期花卉图书大爆炸的一部分。主教的这本书是他收藏植物的记录。1612年，艾曼纽·斯威特出版的《关于花木》则是苗圃销售目录，也是欧洲看到的第一本花木目录。它没有文字，植物按照种类分组，很便利地排列在页面上。与之前的草药不同，斯威特对很多植物都是用纯装饰性的术语来描述的，而书中也包含了迷人的郁金香，花瓣错综复杂，颜色异乎寻常地多样丰富。

巴登-杜拉赫的藩侯堪称模范顾客，每年都从荷兰订购几千个鳞茎。每一季，他购买鳞茎的花费超过一千弗罗林币——这个数字是护士或洗衣女工一整年薪水的五十倍。到了1636年，他的花园目录清单上列出了四千七百九十六株郁金香。一些最珍稀的品种只有宝贵的一个鳞茎，而另一些较为常见的品种则是成千株地生长。这个藩侯从未失去对郁金香的品味。1715年，新的藩侯卡尔·威廉（1679—1738）在巴登-符腾堡的卡尔斯鲁厄重建了一个神话般的花园，新城堡的两翼环绕着赏心悦目的花园，当中是繁复的花坛。手绘的收藏植物目录当时依然存在，1730年的一份目录中，收录了两千三百二十九种郁金香。到了1733年，不同变种的郁金香增长到了三千八百六十八种。之后三年，目录中又增加了近一千种郁金香。藩侯从十七间不同的荷兰公司手中购买郁金香鳞茎，其中十五间在哈勒姆。像之前采邑主教的做法，他也请人为自己珍贵的花卉作画。这部水彩画著作由乔治·埃赫雷特（1708—1770）完成，总共二十卷，他画了五千株郁金香。

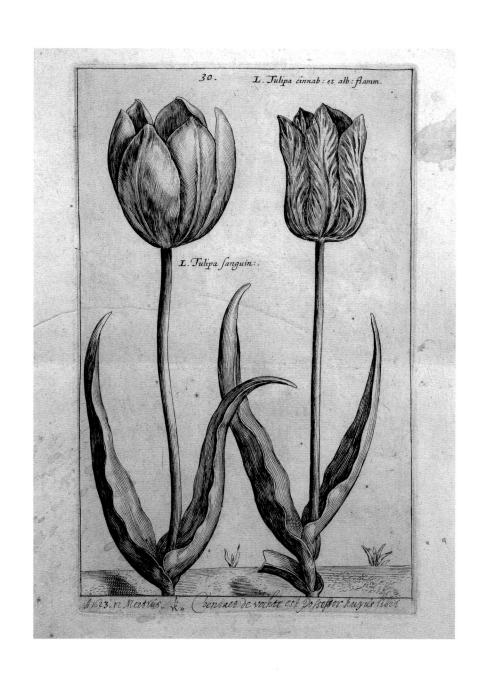

《郁金香》来自《花卉之园》(1614)

克里斯平·德·帕斯

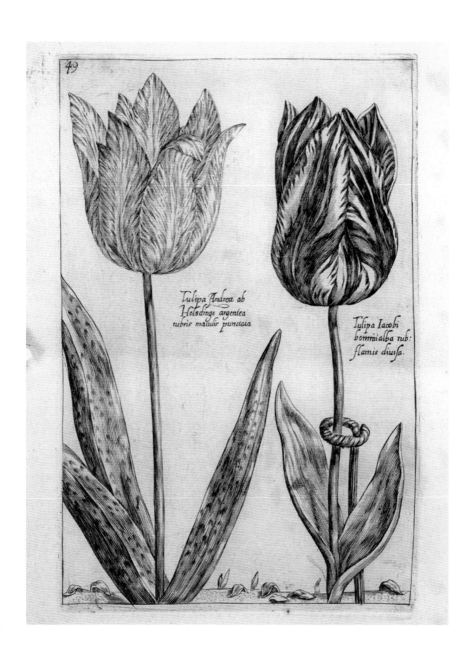

《郁金香》来自《花卉之园》（1614）

克里斯平·德·帕斯

○85

在艾德斯坦，画家约翰·雅各布·沃瑟尔（1600—1679）也为拿骚约翰伯爵完成了类似的花草目录。美因河畔法兰克福附近的城堡是在十七世纪初重建的，但到了三十年战争结束时，再次沦为一片废墟。流放结束之后，约翰伯爵开始修复工程，修建了带有避暑别墅和石窟的精美花园。沃瑟尔来到花园，绘制了罕见花卉品种，兼且展示了花园的繁华：整洁的花坛，种着花贝母和郁金香，精心修剪的花坛边界，大量的常绿植物，塑像和花园建筑，骄傲的主人和他的妻子、女儿在花园大摆姿势，牡丹花、鸢尾花、玫瑰、康乃馨，当然还有郁金香——很多带着华丽的条纹，颜色对比鲜明。一百年前霍夫纳戈尔笔下花瓣尖尖有腰身的郁金香早已发生变化，成了更丰厚的花朵，花瓣顶部更柔和圆润。后来认定的三种郁金香类型，"奇异怪人"、"玫瑰郁金香"，以及"比布鲁门"，特点也更清晰。"奇异怪人"黄色花瓣上有红色条纹，"玫瑰郁金香"白色花瓣上飘洒着明亮的红色；而"比布鲁门"白色花瓣上有丰富的紫色花纹。它们的叶子都呈明显的波浪形。

在十七世纪，巴登-杜拉赫藩侯以及拿骚伯爵对郁金香的迷恋绝非个别现象。意大利的塞尔蒙内塔公爵自夸说，他位于奇斯特纳塔的花园里，有一万五千株郁金香。至少在十六世纪中叶意大利人已经见识过郁金香。威尼斯人彼得·米歇尔负责打理重要的帕多瓦植物园，他离开那里之后，回到自己在威尼斯的花园，种植上等草药。《关于植物的五本书》当中就有林生郁金香以及眼斑郁金香的插图。1620年代，西班牙画家胡安·范德·哈曼·伊·利昂巨大的花卉代表作显示，郁金香也是伊比利亚半岛人们的最爱。他画笔下的郁金香主要是红色和黄色，犹如盾章般呆板，和向日葵、鸢尾花、剑兰一起，出现在几幅他重要的静物画当中，花朵通常被摆放在镶着金色花纹的玻璃花瓶中。

斯威特和德·帕斯绘制的植物目录帮助拓宽了郁金香的潜在市场，渐渐地，郁金香走出了宫廷，拥抱更多的狂热爱好者，尤其是在莱茵河下游的荷兰与德国城镇。到了1620年代，郁金香成了荷兰、德国西部以及佛兰德斯时尚花园中必备的花卉。而且，大量培育郁金香活动已经在这些地区

十七世纪初高级花园中的郁金香与其他珍稀花卉

来自《花卉之园》

克里斯平·德·帕斯

展开。佛兰芒艺术家扬·勃鲁盖尔的作品显示，自克卢修斯留意到的第一批带条纹的郁金香之后，这类花有了多么长足的发展。剑桥的菲茨威廉博物馆收藏了精美画作《瓶花》，上面显示郁金香花纹复杂而色彩对比鲜明，白底红纹，黄底红纹，红底黄纹（不过，当时还没有深紫色郁金香，而白色在稍后成了时尚。"色彩突变"貌似还没有发生）。勃鲁盖尔的《春天的寓言》创作于1616年，画面上出现了相似的郁金香，生长在花园边界。上面每个种类的花都只有一朵，当中包括了绚烂的双色、花瓣大张的郁金香，白色花瓣周边带着红色轮廓。四周陪伴着郁金香的是百合、牡丹、欧银莲、大贝母，以及凤尾兰。

十七世纪初，郁金香在法国已经广为人知，并在1611年，出现在普罗旺斯的皮雷斯花园。法国随后进入了疯狂郁金香时代，比后来众所周知席卷荷兰的郁金香狂潮更加奢华。有人把一家生意兴隆、价值三万法郎的啤酒厂交给了一位郁金香培育者，就为换得一个当时流行的变种"酒馆郁金香"。1608年，一位磨坊主用他的磨坊换来一个称作"棕色母亲"的郁金香鳞茎。后来，还出现过一位新郎收到了岳父送给女儿的嫁妆——一个郁金香鳞茎，而大喜过望。这位父亲还给郁金香取名"我女儿的婚礼"，倒还蛮恰当。时尚女性不戴上一朵名贵的郁金香简直没法出门，就如身上的珠宝装饰，而郁金香的价格并不比珠宝便宜。趁着这股热潮，皮埃尔·瓦莱（1575—1635）很是赚了一笔。法国亨利四世形容他为"绣匠"，他出版了一本花卉刺绣的书，包括郁金香，来自巴黎皮埃尔·罗宾苗圃花园里收藏的大量标本。法国的富裕人家开始用鲜花点缀房间以及花园。空荡荡的壁炉里盛满鲜花，重要的宴会，桌布上也撒满了鲜花。1680年的一个法国婚礼，餐桌上点缀着十九个鲜花篮，里面有欧银莲、风信子、茉莉花、橙子花，以及郁金香。1610年，普瓦捷的让·勒·罗伊·德拉·博瓦西耶尔制作了一本精美的花卉目录，展示了许多花园鲜花，包括了四十多种郁金香。尼古拉斯·罗伯特为路易十四的叔叔加斯顿·德·奥尔良绘制了一幅华丽的作品，显示了当时法国郁金香爱好者的口味。法国已经发明了与郁金香

《春天的寓言》（1616）细节

老扬·勃鲁盖尔（1568—1625）

《关于花木》的卷首作品

艾曼纽·斯威特出版社，阿姆斯特丹（1647）

（1612年首次出版于法兰克福）

《郁金香》

来自《关于花木》

约翰·雅各布·沃瑟尔（约 1600—1679）

相关的特别词汇，也被荷兰和英国的种植者采用。至少在十八世纪中叶前，这些法语术语在英国一直流行。到了英法战争开始，法国的一切时尚才在英国逐渐没落。

罗伯特出生于兰格斯，是个小旅馆老板的儿子，他以一本蚀刻版画的小书《花色各异》闻名于世。1640年这本书在罗马出版，不过，他的重要作品都是为他的重要赞助人加斯顿·德·奥尔良公爵而作的。他在羊皮纸上用水彩作画，苦心孤诣记录下了奥尔良公爵在布卢瓦花园以及饲养园里非凡的动物和植物收藏：有一朵彩色醒目的鹦鹉郁金香，红黄绿三色交替；几株红色郁金香，其中有"哈勒姆的贾斯珀"品种；呈喇叭状的黄色郁金香，带有淡雅的奶白色条纹，装点着粉红色花边；还有一朵深粉色郁金香，或许是现代百合花的前身，中部紧束，顶部向外张开，尖尖的花瓣顶端飘洒着绿色花纹。他以不同词汇来描绘郁金香种类，"凿子"、"鞭子"和"羽状"，这些术语都是用来形容当时最抢手的郁金香品种独特特征的，比如散落的斑点，火焰般的花纹，或是颜色"突变"。郁金香和布卢瓦花园其他珍贵物种混在一起，和谐地排在书中每一页：欧银莲、獐耳细辛、风信子、紫罗兰和风铃草。

这些珍稀花卉中很多是由巴黎园艺师皮埃尔·莫林提供的，他的客户遍布欧洲。英国日记作家约翰·伊夫林（1620—1706）更钟情树木，而不是花卉鳞茎。他的回忆录中提及了莫林收藏的珍贵贝壳和花卉，包括了一万枝郁金香。1651年，伊夫林拜访了莫林。也是在同一年，皮埃尔·莫林和他的兄弟雷诺出版了他们第一本交易目录，报道说，见到了成千上万株郁金香。同时，他出版了画册，一本"绘有他们收藏的所有花卉"的书。莫林兄弟还把郁金香鳞茎卖给约翰·特拉德斯坎特，后者拥有位于英格兰哈特菲尔德的大塞西尔花园。

在法国，郁金香售价居高不下。正如查尔斯·德·拉·切斯尼-蒙斯特尔描述的，它的确是"花中皇后和大自然最美丽的产物"。鉴于法国人对花卉的痴迷，整个世纪里，关于这种特别花卉的专著数量激增也就毫不出奇了。而它们的主要信息来源是《郁金香简明指南及其各类变种》——书名简洁是十七世纪的特点。1617年，这本书匿名在巴黎出版。之后一百年

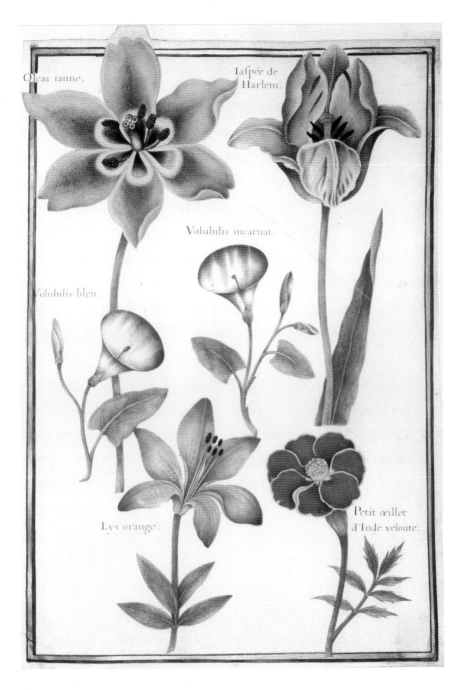

《郁金香》来自《国王的羊皮纸画册》
尼古拉斯·罗伯特（1614—1685）

里，它不断遭到无情剽窃。郁金香的价值赋予了它特别的光环，围绕着神秘的气息和魔幻的语言。培植者希望它看上去奇怪、高不可攀而又困难重重，因为这会更增加它的价值。蒙斯特尔表示，郁金香在花卉中就犹如人类在动物界的地位，犹如钻石在珍贵宝石中的地位。它的神秘与魅力很大程度上来自其神秘的"色彩突变"，一株单色郁金香可以变成绚烂的多色郁金香，羽毛或火焰般的图案与花瓣底色形成鲜明对比。用十七世纪的术语来说，这简直是魔术。蒙斯特尔的回应很具代表性："我想，是某种最高的权力为我辩护，不愿让神圣的秘密只为智者所知，以免被世俗亵渎……追随着这样的设计，我想对好奇的花匠说：

"如果您把母亲的美德发扬光大，用她的骨灰和她父亲的本质来滋养，那么，你将拥有应许之地，那里有盛满牛奶的湖泊、红酒以及许多颜色的酒精汇聚成的河流，几块金色岩石矗立其中，河床上铺满牡蛎，在沙滩吐出赤红，变幻出美丽的紫色；如果你想追随这时尚，池塘的牛奶将变幻为番红花的液体，那会令你担心。"①

这个谜语并不难破解，而围绕着郁金香，十七世纪的作家释放的烟幕，相较于最早期植物作家们的清晰、渴望去解释和指导的特点，可说是糟透了。不过，在庞然杂乱中，也有些实用的建议。蒙斯特尔曾解释说，白色、黄色和红色是郁金香最常见的颜色，但却是最不受珍视的。还有斑点郁金香，出现越来越多不同的颜色，但还没有把它们区分开，被当做贾斯珀一样混在一处。他提到了复瓣郁金香，有二十片甚至更多花瓣。像早先克卢修斯的做法，他把郁金香区分为三种：早花、中花以及晚花。他着眼于优质郁金香的特性：需要美好的花形以及良好的底部。当时极受青睐的郁金香是以最纯净的天蓝色为底色，像如今的村舍郁金香"雪莉"。花瓣上的色彩必须是均匀分布并具有光泽，花瓣内部和外部要同样漂亮。任何条纹或火焰图案应该由花瓣底部一直抵达顶部。郁金香的美不仅由特定的色彩构成，还在于它们的独特。他的推荐是，花瓣应该像钟一般朝外张开。

---

① 以上蒙斯特尔的两段话原文为法语。

《郁金香》来自《国王的羊皮纸画册》

尼古拉斯·罗伯特（1614—1685）

这纯粹是流行时尚不同，英国园艺师就顽固地偏爱半圆形郁金香。

最棒的条纹郁金香叫做皇冠，要么是红黄相间，要么是红白相间。比起皇冠来，帕托迪郁金香条纹更加细腻简洁。玛瑙郁金香条纹是两种颜色混合的，如果是三色混合，那就更受欢迎。马奎汀或者马奎特汀郁金香，花瓣上的条纹可能是四五种，有时甚至是更多颜色的混合。蒙斯特尔写道："这些是'好奇者'最为钟情的品种，被视为对他们的艺术与劳动的终极最高奖赏。"他还提及"另一种形状不同寻常的郁金香，几种颜色混合，看着恐怖，并因此被称为'怪物'"。这难道就是最早的鹦鹉郁金香吗？

蒙斯特尔还宣称，对于为什么郁金香种子能开出和上一代完全不同的花朵，老实说，自己也不了解。他得出的结论是，更多暴露于空气的种子会开出蓝色的花朵，如果种子常处于阴凉气候之中，花朵会是白色，而日晒时间最多的种子会开出红色的花。这类似于以形补形的教条了。他还支持一个迷人的观点，即"郁金香诞生的一刻，主导元素注入，已经决定了花的色彩"。像其他优秀园艺师一样，他敦促'好奇者'给自己最喜欢的品种做上标记，这样价格不菲的郁金香品种就不会丢失了。

至于郁金香种植，蒙斯特尔建议，在10月份就应完成种植，"把11月留给懒人，那也是懒人的终结"。还必须在夏天把鳞茎放入郁金香匣子里，并按照顺序把它们在花坛里放置好。像其他一些狂热的郁金香爱好者一样，蒙斯特尔也留意到，备受期待的条纹突变通常发生在弱小的郁金香上。一株普通郁金香变身模范郁金香，通常花朵会小一些。（"模范郁金香"是种植者对所有条纹郁金香不加区别使用的一个术语，而且认为，它们比其他郁金香更加珍贵。）模范郁金香的叶子靠得更近，花茎更细。其实他这是因果倒置了。他猜测，条纹郁金香不够强壮，无法把全部色彩都呈现在花瓣表面。而且，令人气恼的是，条纹郁金香产生的种子也比单色郁金香要少。郁金香狂热的种植者们终于发现，和其他郁金香种子不同，条纹郁金香鳞茎会产生小鳞茎，而这些小鳞茎总能开出和上一代相似特征的花。这成了增加郁金香珍贵品种数量的唯一途径。而马奎汀郁金香增产遇到特别的麻烦，"大多好奇的种植者把时间和思考主要放在了它身上，不惜工本要增加

"正午怀特"、"S. 皮埃特尔"以及"波特巴克尔海军上将"郁金香

来自雅各布·马雷尔（1614—1681）

阿姆斯特丹国家博物馆

这最美郁金香的数量"。

蒙斯特尔最喜欢的郁金香品种包括了"至尊郁金香"（来自拉丁语cede nulli），"一种纯净的紫罗兰色，与紫色截然不同"，还有"多里尔"以及"札布龙"，都属于紫色、紫罗兰色、和白色的混合品种。他喜欢黄褐色的郁金香"罗马玛瑙"，"加拉特"和"寡妇"郁金香，以及花瓣带有斑点的郁金香，比如"都德"和"哈林"。马奎特汀郁金香花瓣上有大面积的白色。而"梦幻郁金香"黄色的花瓣上有棕色的条纹，有时还飘洒着紫色线条。后来的英国园艺家非常钟情这一组合，称做"奇异郁金香"。蒙斯特尔留意到，尽管外观稍显浑浊，花匠们对"梦幻郁金香"情有独钟，不仅是因为它很罕见，还因为它变化无常。而这种无常给它的种植带来了额外的优势，而且，更加有可能变化成"梦幻亲吻"，击败其他所有"奇异郁金香"。他疲惫地写道："人类易变，永远追求新奇。"

他还指出，黄色郁金香最可能"保留来源地植物的味道"，而条纹郁金香通常来自"有两个喇叭或者马刺形状"的花蕾。在育种过程中，秘诀在于了解花朵的底部。白色或蓝色底色的郁金香远比黑色或黄色底色郁金香更可能产生令人满意的突变，不过，"梦幻郁金香"倒是来自黄色底色的花朵。"我们完成的艺术作品只是自然的折射"。在郁金香突变问题上，蒙斯特尔依然是两眼一抹黑，但他不愿承认这一点。因此，这个神秘的难题几乎染上了共济会的阴谋论色彩。他的意见是，"只有通晓而博学的园艺师，才应该掌握种植完美郁金香的奥秘"。他写道，除了那些他了解的、没有被世俗和庸常玷污了的人，他不会向其他任何人透露解开这个谜团的关键。也许他是从培根那里得到了暗示，因为培根认为，"人发现了秘密，就会降低他的价值"。在关于骨头、岩石与酒河的长篇大论之后，蒙斯特尔在结尾处写道，"那些有眼睛和耳朵的人终将会明白"。像后来在英格兰所发生的一样，郁金香成为富有阶层的超级时尚之花。随后，一帮种植者抓住了商机，出于个人利益考量，他们和业余郁金香爱好者保持了一定距离。蒙斯特尔向他的读者展示了一个可怕的例子，在鲁昂，一位种植爱好者在花坛土里混了鸽子粪，原以为会制造突变，结果毁掉了他所有的郁金香鳞茎。蒙斯特尔正言厉色地警告："因此，我不会把珍珠丢在猪面前。这宝藏应该只让有技巧的人通过文字沟通来了解，而不应通过印刷品。"

在他看来，真正的园丁和无知假冒者的区别在于，假冒者就像猪，"喜欢在我们的花园里乱拱，以他们擅长的肆无忌惮得到财富……听他们谈论郁金香简直是一种会杀死人的噪音"。他认为，佛兰芒人把郁金香介绍到了法国，法国人因此"成为了这尘世精灵的崇拜者"。同时，是谁把郁金香引进到欧洲这项荣誉，蒙斯特尔提出了另一位竞争者——那就是洛帕斯·桑帕约。葡萄牙航海家爱德华·巴波罗斯出版过一本书，讲述他在印度群岛上的航行。他写道，桑帕约是一位船长，在1530年，把郁金香带到了葡萄牙。桑帕约把郁金香呈现给了葡萄牙国王，国王评价说，它"比全世界的粪肥都珍贵"。郁金香在炎热的国度繁衍生息，名声迅速传播到了欧洲其他国家。

根据这一说法，佛兰芒商人"喜爱这美丽而大气的花朵"，并把它们从葡萄牙带到了低地国家"用以交换珍贵物品，还把它们带到佛兰德斯，精心种植。几年之后，次生鳞茎和种子的繁殖令郁金香开始装饰我们的法国，以及周边其他国家"。大约在1546年，郁金香从佛兰德斯抵达巴黎，这很可能要归功于坎比尔·德·伊尔先生。巴黎"此前从未见过这类花朵"，一见之下，全城倾倒。第一位从种子培植出优质郁金香的法国人是伦巴先生，他从一位名叫劳尔的园丁手中哀求到一个郁金香鳞茎，还不是特别好的品种。从伦巴的鳞茎培养出来的郁金香称为"涂油"，不过，色彩暗淡而阴沉，并不是种植者赞美的充满活力、色彩鲜艳且布满条纹的品种。伦巴从这没什么希望的花朵开始，培育出了法国前所未有的绚烂幼苗。他像劳尔先生那样小心翼翼护卫着自己的郁金香。不过，在他生命的尽头，有人说服他把部分鳞茎卖给了三位郁金香迷恋者，德瓦尔奈本人、德斯兰格奇斯先生和一位名叫卡布德的律师。他们付出了不菲的代价，不过，事实证明，他们的判断准确。从伦巴幼苗培植出了强大的佛兰芒"培育者"品种，之后，这一品种为今天的达尔文郁金香提供了基石。巴舍利尔爵士（也就是布斯贝克）从土耳其带回来一种简洁的、带着花边的郁金香，蒙斯特尔对它不屑一顾，断言其只适合装饰食物碟子。种植者很快发现，这些早花郁金香无法出现突变。

在郁金香种植的喧嚣氛围中，培育者皮埃尔·莫林增加了自己嘹亮的声音，而他是有充分的商业理由的。1678年，他在巴黎出版了《花卉培植要点》，出版商是毫无禁忌的查尔斯·德·塞尔希。但这其实是一本巧妙伪装成图书的苗圃目录，当中《花卉目录》占了很大一部分，列出了一百种郁金香。他写道，足够了，在郁金香世界"添上一块瓷砖，或填一块中等大小的板子"。他最喜欢的两种郁金香是黄色和棕色底色的"阿米多"和"埃利曼特"。英国园艺师约翰·雷在此之前几年曾出版过《植物》一书，表示了解"阿米多"，形容它是"漂亮花朵中的一种，色彩良好，法国人称为'奇异郁金香'，而我们称为'法国模式'"。莫林为自己的目录辩解称，这是为了"满足部分郁金香爱好者，他们远离此地，看不到画像而又渴望了解巴黎现在最受推崇的郁金香品种"。他的目录中第一次提及了叶子出现色彩突变，白色的"昂迪郁金香"的叶子"中间和边缘"也呈白色。他的大部分郁金香是晚花品种，比如"帕拉宫·达科斯塔"，混合着紫色和灰麻色的"帕纳奇"花。郁金香迷恋者只关注这种色彩组合是否最为时髦，紫色和白色的变异在早期的插画中从未出现过，现在成了郁金香时尚的必备条件。莫林的"布拉班孔"郁金香也是同样的色彩模式：紫色、奶白色，以及最微弱的红色痕迹。莫林说，荷兰人以海军上将和将军的名字为郁金香命名。而在巴黎，流行以国王或者省、城镇的名字来命名，比如"佛罗伦萨""拉·卢梭瓦斯"或"拉·图里诺瓦斯"。有一位种植者，给她所有的郁金香起了罗马名字；还有一位喜欢用画家的名字来命名郁金香。红衣主教黎塞留（1585—1642）则比较随意。他给郁金香起名字没有特别的主题，看似也没有什么关联，比如"让·西姆""加涅潘"，或是"校长"。

郁金香疯狂盛行的地方，讽刺作家从不甘落后。荷兰的狂热者遭到漫画家的无情嘲讽，比如科内利斯·丹科茨的"傻瓜的帽子"，而扬·勃鲁盖尔的"郁金香狂热寓言"描绘了一群猴子在摆弄鳞茎。英国花匠遭到《旁观者》杂志斯蒂尔的嘲讽。法国郁金香爱好者则需要应付拉布鲁耶尔。他

《玛瑙莫林郁金香》

玛丽亚·西比拉·梅里安（1647—1717）

阿姆斯特丹国家博物馆

说，富有而无所事事的人必须有热点和时尚来缓解他们生活的无聊。郁金香爱慕者"日出时，赶到他郊外的花园，直到睡前才回来；你看他，站在郁金香之间，仿如原地生根。还有'孤独郁金香'；他高兴地搓着两手；弯下腰亲吻她；他从未见过如此美丽的事物。他溜达到'寡妇'面前，再到'金色旗帜'，'玛瑙'，然后又回到'孤独'面前；他不会与她分离，不，为一千克朗也不会。而他是有头脑的人，他心地善良，他定期去教堂。"

拉布鲁耶尔的冷嘲热讽丝毫不能阻止路易十四，他在凡尔赛宫的大特里亚农宫种满了郁金香。1693年的种植计划显示，郁金香、白水仙和风信子严格地以ABABAC的排序轮换种在边界上，A是指郁金香，B指的是水仙，C则是风信子。到这个时候，除了稀有的郁金香，风信子的价格已经超过了所有其他品种，因此使用也比较谨慎。不过，大特里亚农宫的花坛里收集了大量的郁金香。它们为路易十四逃避现实的娱乐活动提供了恰当的背景，如1664年的魔法岛快乐和1668年的皇家大娱乐活动。如果你想在上层社会占有一席之地，这类聚会就是你需要参加的。利用邀请或是拒绝贵族们参加这类阿卡狄亚式盛宴，路易十四逐渐控制了法国贵族，令他们堕落到要颤抖着依赖他的喜爱的状态。但是，他的继任者路易十五是位伟大的植物学家。路易十四时期凡尔赛宫艳丽浮夸的花卉逐渐让位于更加严肃的植物收藏，尤其是异国情调的物种，郁金香也失去了花卉展览秀中的突出地位。

十八世纪初，法国的郁金香出口生意蓬勃发展。英国、荷兰和德国的买家四处搜寻玛瑙郁金香，如双色、短茎的"菲尼斯·达科斯塔玛瑙"、"皇家阿加特"、"东方玛瑙"等。玛瑙郁金香家族得名是因为它们看着就像玛瑙石，一种半宝石，带有条纹、色彩斑驳的玉髓。他们抢购新的紫罗兰——白色花瓣上带有紫色或淡紫色的痕迹。他们花费重金购买"法式长棍面包郁金香"，色彩对比强烈，白色花瓣上蔓延着大红大紫的花纹。它的花瓣既大且圆，花茎很粗而且特别长，有些达到八十厘米高。佛兰芒种植者最先培育出了这个品种，是十七世纪末和十八世纪初最受欢迎的郁金香之一。幻想郁金香有饱满的黄色花瓣，上面是羽毛状的红色、紫色或棕色线条，依旧吸引着特定的仰慕者。令人惊艳的马奎特汀属于晚花品种，深受蒙斯特尔的喜爱，其价格非常昂贵，很长一段时间都是法国花园中最时尚的郁金香。当时的人们特别相信，佛兰芒的种植者，尤其是在里尔附近的种植者，是培育和创造优秀突变郁金香的高手。秘密似乎在于，他们总是使用白底蓝边或是蓝底白边的郁金香。

安东尼-约瑟夫·德扎利耶-达根维尔（1680—1765）被视为那个时代的罗素·佩吉，他在为客户提供的花园计划和种植方案中，经常推荐郁金香。他的规划很正式——齐整的几何图案花坛——而且，德扎利耶的计划时常将两行郁金香并排放置在靠近花坛边界的地方。在里面的位置，交替种上风信子和水仙。他说，总体的效果是，应该"像珐琅器那样色彩缤纷"。他的设计很正式，呈网格状，在英国花匠的郁金香花园里，这种设计一直延续至今。德扎利耶建议为春天的花园种植各类早花郁金香，为夏季花园选择中花或是晚花郁金香，这样园丁们就可以幸运拥有很多持续开到5月过后的郁金香。

尽管郁金香交易逐渐转移去了荷兰（十八世纪的巴登-杜拉赫侯爵卡尔·威廉是从荷兰购买郁金香鳞茎，而不是法国），但是，法国文化的主导地位和法语在上流社会的普遍使用，令它长时期保持了郁金香知识之源的卓越地位——直到十八世纪中期还是如此。那个时期给郁金香的命名上很能反映这一点，例如"皇冠"，一种艳丽的双色郁金香，明亮的红色花瓣上有白色条纹，很像之前提及的"我女儿的婚礼郁金香"。1617年，第一部匿名的《郁金香简明指南》出版之后，法国涌现出大量关于郁金香的论文。1760年，阿维尼翁出版了阿登神父的《郁金香论述》，它既标志着当地大洪水结束，也成为法国国王宫廷里令人眼花缭乱的郁金香时代的终结。

像是要符合大家对他的期待，阿登神父就自己作品的原创性质有很虔诚的注释，把它与此前发表的邪恶抄袭的论文进行对比，以显示优势。不过，他的作品也大量借鉴了蒙斯特尔。所不同的是，他承认了这一点。这两本相距大约一百年出版的作品，似乎没有什么实质性的变化，除了郁金

《静物花卉》

让·米歇尔·皮卡特（1600—1682）

菲茨威廉博物馆，剑桥

香，在法国和英国，花匠和种植专家现在牢牢掌握着郁金香的培植。这很像在英格兰北部尽忠职守的菊花及韭菜种植者——在各类展示竞赛中，这些英国人继续显示着优秀的创造力，就像蒙斯特尔笔下描述的所有事物那样充满神秘。展示竞赛成了郁金香种植中的新元素。阿登内心也并非没有一丝致命的罪恶作祟，他承认，拥有郁金香带给他隐秘的兴奋，因为会引发所有观赏者的嫉妒。

尽管郁金香主要被视为花园种植花卉，但阿登神父留意到，在法国出现了看似野生的郁金香（尽管更有可能是移植过来的），主要生长在博戈涅和奥弗涅山脉之中。他写道，其他植物学家在靠近蒙彼利埃镇（指罗德莱特和他的学生吗？）和艾克斯附近也注意到了。阿登神父说，自己在几个地方见过野生郁金香，"非常小巧漂亮"。这些郁金香黄色点缀着红色，黄色点缀着灰色，有些是黄色带着红色花边。它们可能是眼斑郁金香、广布郁金香或者是一种被称做狄迪尔里郁金香的新品种。郁金香也在加蓬索瓦山脉中大量生长。

阿登神父表示，郁金香在人们忏悔时，提供了"一丝温柔"，在他工作过程中，提供了"某些安慰"。不过，和其他花匠的交往中，"温柔"和"安慰"却不大可能是最主要感受，倒是"恶意欺骗"成为日常。阿登神父在他书中包含的词汇显示，法国郁金香爱好者描述郁金香的语言已经非常发达和专业化了。郁金香可能"结霜了"（意思是花瓣背面颜色仿若水洗，比花瓣正面的颜色要浅），或者说"油漆了"，染色了，暗淡无光。贾斯珀（Jaspée）成为一个术语，描述某种特定的郁金香品种，比如罗伯特的"哈勒姆的贾斯珀"，花瓣上的颜色没有分开，而是混合在一起，更像是一种叫做贾斯珀的半宝石石英，红色、黄色或棕色混合着。当郁金香发生"突变"，人们期待它能处于整流器似的状态，可以将新变异的羽毛状或火焰状颜色稳定下来，令眼光极度挑剔的花店兄弟成员们也欣然接受。到现在，约克郡韦克菲尔德花匠们依然在使用整流器这个术语，这是留存下来的最后一批英国"郁金香狂热"者，保持着过去两个世纪的传统与花卉。

达登神父表示，奇异郁金香（黄色花瓣带着黑色、棕色或红色条纹）

《郁金香》

G. D. 埃赫雷特

画家签名并注明日期为 1744 年

当时的价格非常昂贵，而且花纹颜色越接近黑色越好。繁复的马奎特汀郁金香有四五种颜色，却已经不那么流行了。郁金香越来越精致，法国花匠意识到，"它之所以引人注目，与其说是因为色彩多变，倒不如说是因为它的光彩与活泼"。阿登说，纯黄色郁金香是最为低等的，不过，人们还是会把它们种在花园里或者放在剧场里。白色比黄色更受欢迎，而最受青睐的颜色是深红色、紫色、深紫色以及鲜红色。晚花品种比早花品种更受欢迎，因为它们更加多变。不过，阿登神父写道，他的一些2月开花的早花品种，因为可以用来"装饰祭坛"而需求量巨大。

　　阿登强调说，无论你种植哪类郁金香，非常重要的一点是妥善布置它们。这不仅能让种植者感到满意，还有个额外的好处，在其他花匠礼节性拜访时可以为你赢得钦佩与赞美。色彩突变的郁金香应该种植在单色郁金香旁边，这样就不会干扰其斑纹的复杂性。和德扎利耶一样，阿登也建议以严格的网络格式来种植郁金香，每个鳞茎之间以及前后相距五英寸。当你把所有鳞茎都放在花坛恰当的位置之后，就可以开始栽种了。这个时期，人们通常认为，如果用精美花束来做时尚装饰的话，郁金香太大太笨重，因此很少有人采摘。而再早上一百年，人们曾像佩戴珠宝一样佩戴郁金香。现在，上好的花坛里，郁金香依然吸引着花匠，因为"它们多变父织的色彩；叶子如缎子般光泽，金光闪闪"。不过，阿登神父的这本书标志着法国主导郁金香世界的地位终结。那时，法国革命已经远远显现，荷兰接管了郁金香秀场。

第三章

早期英国培育者

"近年来有一种花（我可以如此称呼它吗？出于敬意我还是称之为花吧，不过它有些名不正言不顺）叫Toolip，它令很多人对其倾注了爱意和喜欢；这Toolip是什么？是皮囊不错的恶臭，是用愉悦的颜色包裹着的不快。至于它在医学上的用途嘛，还没有医生提到过它，也没有希腊语或拉丁语的名字，迄今为止，作用微乎其微；然而，就是这种东西充斥着所有的花园。它的鳞茎被卖到了数百英镑的价格……"所以在托马斯·富勒位于伦敦的花园里你应该看不到郁金香，不过他的立场就像今天的园丁对牵牛花的抨击一样绝望。你说他摇摆、轻蔑、不屑一顾也好，他仍不失为一位逆潮流而上的勇士。郁金香自从东方传入后迅速席卷了欧洲大陆，它们很快成为十七世纪英国园丁的宠儿。郁金香征服欧洲之迅速和突然性可以从以下事实中得到证实：在任何地方，它都被以相同的（错误的）土耳其名字命名。英国园丁和植物学家称之为郁金香（tulip）的花被法国人称为tulipe，意大利人称之为tulipano，西班牙人（和丹麦人）称之为tulipan，葡萄牙人称之为tulipa，荷兰人和德国人称之为tulpe，瑞士人称之为 tulpan。富勒提到，这种花从未获得过"恰当的"希腊语或拉丁语标签，而它也从未被人起过通用名。虽然郁金香的某些物种，比如林生郁金香，在英国和欧洲其他地方都已经成为驯化植物。但词源学表明，郁金香生长的中心地带一定是在其他地方。

林生郁金香
选自柯蒂斯 1809 年的《植物学杂志》

郁金香很可能是在伊丽莎白一世（1558—1603）统治的早期偷偷潜入英国的。但也可能来得更早，是与从1540年代起因菲利普二世的迫害而被赶出自己家园的佛兰芒人、瓦隆人和法国难民一起来到英国的。它可能是由佛兰芒裔植物学家马蒂亚斯·德·洛贝尔（通常被称为洛贝留斯）带来的。洛贝留斯1570年来到伦敦，暂住在法国和低地诸国的新教难民已经在此生活了一段时间的聚居地。他家位于莱姆街，其中一位邻居药剂师詹姆斯·加勒特也是佛兰芒人（同时代的人称他来自"贝尔加"）。两人都是约翰·杰拉德的早期伙伴，杰拉德是医生、园丁和医学院药园的园长。他还曾负责伯利勋爵在斯特兰德的花园，和他位于赫特福德郡的西奥巴尔德的原宫的花园。杰拉德四十一岁时所画的一幅当代肖像画，描绘了一个警惕的、长着黄鼠狼脸的机会主义者，修剪整齐的尖胡子显得他的面容更具斧削感。斜纹裤和疯狂的长趾鞋，以及杰拉德手里拿着的那一束粉色花，无不让人联想到一个花花公子。

第一次在英语中提到郁金香是在亨利·莱特的《草药及植物通史》中，但他只是重复了多登斯的模糊说法，即郁金香是"从希腊和君士坦丁堡附近的国家带来的"。二十年后，杰拉德说得更具体些。他说他的郁金香来自叙利亚的阿勒颇，"加思大师，一位受人尊敬的绅士"的也一样。他还说，"他可爱的朋友詹姆斯·加勒特……一个对简单事物充满好奇的探索者，在伦敦完成药剂师学业的人"种植郁金香已有二十年。这表明加勒特至少从1577年起就开始种植郁金香，但他的郁金香是如何获得的？是否是在他到达伦敦后从洛贝留斯那里得到的？还是当他在佛兰德斯的时候就与洛贝留斯通信，并从他那里获得了种子？他自己也是佛兰芒人，对加勒特来说语言不是他们信息沟通的障碍。而特别是在植物学家之间，拉丁语也是当时的通用语言，因此，十七世纪的他们比在二十一世纪更容易相互交流。

洛贝留斯在低地诸国，一定听说过1559年奥格斯堡的约翰尼斯·海因里希·赫尔瓦特花园中郁金香盛放得极夸张的消息，也许是他把这个消息告诉了加勒特。杰拉德写道，加勒特曾"承诺如果可能的话，要用他自己繁殖和从海外的朋友那里得到的其他种子，通过辛勤的育种来发现无限的

（郁金香）种类。在二十年的时间里，他的这项工作始终没能到头，因为每一年都会出现他从未见过的各种颜色的新植物，所有这些要特别描述的植物都如西西弗斯推石头般永无止境，或是如想要数尽沙粒般徒劳"。

一株郁金香从种子到开花，鳞茎通常需要七年时间，这是一项旷日持久的工作，但杰拉德认为加勒特是英国最早和最成功的郁金香种植者之一。在他位于伦敦城墙的花园里，加勒特种植了黄色、白色、浅紫色和红色（最常见）的郁金香。杰拉德特别提到了一种郁金香，它是"比其他花更大的品种……有一英尺高或者更高，花梗上只挺拔地耸立着一朵花"。由此可得的推论是，当时种植的大多数郁金香都不到一英尺高。这表明，尽管可能不是真正的野生物种，但这些伊丽莎白时代的郁金香并没有与其低矮的野生品种母株有着太多不同。加勒特收集并培育自己的种子，但在杰拉德的记录中并没有明确说他曾对不同品种进行杂交授粉。

杰拉德的《草本志》现在非常有名，可它差点成为普里斯特的《草本志》，因为出版商约翰·诺顿最初是委托给植物学家罗伯特·普里斯特出版。这不是一部原创作品，而是对多登斯的另一本书《彭特德斯》的翻译。普里斯特尚未完成便已去世，杰拉德接手，将多登斯风格翻译成更接近于他朋友洛贝留斯的作品的样子。在书出版前洛贝留斯曾好心地悄悄纠正了一些最糟糕的错误。杰拉德是位好的公关人才，但不是学者。第一版包含了一千八百幅木刻插图，其中大部分是直接取自塔伯纳蒙塔努斯早期的荷兰药草本志（后来的版本有熟悉的普朗坦①木刻画）。书中有六种郁金香的插图，文中还描述了其他八种，但正如杰拉德所承认的，这一属的花很难确切地描述。"花朵中间的细蕊或细线，有些是黄的，有些是黑的或者是紫的，但常见的是一种主色压倒其他颜色。比起我知道的任何其他花，大自然似乎更喜欢把这种花染得五颜六色。"

他把郁金香描绘成"一种奇怪又有趣的花，是球茎类花中的一种，其种类繁杂，有些很不错，有些普通，正是因为种大胆的花卉所呈现出的卓

————————————

① 十六世纪佛兰芒的印刷家和出版商。

马蒂亚斯·德·洛贝尔（洛贝留斯）（1538—1616）

作者：弗朗索瓦·德拉拉姆，1615 年，版画

越的多样性，它成为所有勤奋刻苦的植物学家都希望更好去了解的对象"。根据通行的模式，他将郁金香分为三个不同的组别——早花、晚花和中花——描绘的文字包括"意式"、"法式"、"及时开花"、"晚花"或"胭脂色"。其中一种被繁琐地命名为"Tulipa media sanguinea albis oris"，杰拉德称之为"苹果花郁金香"。他的描述让人联想到淑女郁金香，但插图显示的样子在轮廓上与淑女郁金香那狭窄、贞洁的样子不同。他谈到郁金香"胡乱地长着条纹"的特性，这表明花式的羽毛纹和耀斑已经很普遍。他还提到一种郁金香："在我们伦敦的花园里，通体雪白，边缘略带一抹类似于'腮红'的颜色。"

　　与在欧洲大陆时一样，它的缺席和它的存在同时演绎着郁金香在英国的早期历史。早期手稿书中细节极臻精美的花卉插图中都没有出现过郁金香，也没有出现在十五世纪和十六世纪初的英国绘画作品中。如果那时已有郁金香，那你就会在小汉斯·霍尔拜因（1497—1543）于1526年绘制的托马斯·莫尔爵士及其家人的肖像中看到它们。当时所有有代表性的（也是昂贵的）鲜花都在画中，它们被摆放在家族成员身后的三个花瓶中。其中有巨大而艳丽的鸢尾花，一些美丽的石竹、水仙花、百合花，但没有郁金香。但郁金香确实出现在一幅奇怪的微型画中，是牛皮纸上的水彩画。名为《皮科特年轻女子》，可能是雅克·勒莫恩·德·莫尔盖斯（约1533—1588）在他晚年所画。除了腰间用链条悬挂着一把剑，这名女孩一丝不挂地站在那里。她身周的风景是荒芜的。在她身上像纹身一样对称地排列着鲜花：单瓣和双瓣的牡丹、冬青、心形花、重瓣的耧斗菜、百合、水仙花、矢车菊、玫瑰花、黄角罂粟和绚丽得不合时宜的黑花鸢尾，以及最近才引入英国的郁金香。两朵纯红色的郁金香装饰着她的膝盖处，两朵纯黄的郁金香缠绕着她的大腿。这是不是英国第一幅出现郁金香的绘画作品（有别于插图）？有意思的是，这幅画日期不可考。

　　作为和佛兰芒画家乔里斯·霍夫纳戈尔同时代的人，德·莫尔盖斯出生于迪耶普，这是一个以地图制图师和泥金装饰画师闻名的中心。大约三十岁时，他从勒阿弗尔起航，作为制图师和艺术家／记录员参加了勒内·德·劳东尼埃的前往佛罗里达的探索性探险。1565年9月，西班牙人占领了胡格诺派在佛罗里达的殖民地，但德·莫尔盖斯逃脱了，并回到了法国。大约在1580年，他与其他胡格诺派教徒一起在位于伦敦黑衣修士区的圣安妮教区定居，并于1581年5月12日被授予永驻权。1583年4月28日的一份黑衣修士区外国人登记表将他描述为"詹姆斯·勒·莫恩，别名摩根，在伦敦工作。纳税人，受法国政府的委托，和他的妻子作为法国教会的成员因宗教原因来此，已工作九年"。与乔里斯·霍夫纳戈尔一样，德·莫尔盖斯把握了插画正在演变为艺术的时机。住在布莱克弗里尔时，他创作了《关键领域》（1586），这是一本小型的植物木刻插画书，可能是由胡格诺派同胞、学术出版人托马斯·沃特罗利耶出版。德·莫尔盖斯有一些有权有势的赞助人：沃尔特·罗利爵士和玛丽·西德尼夫人，他们的儿子，菲利普爵士，在去英国的旅途中与克卢修斯有过接触。这是一幅令人难忘的图景，到了十六世纪下半叶，一个由植物爱好者组成的广泛的知识分子网络形成，包括了佛兰芒人、胡格诺人、英国人——克卢修斯、多登斯、杰拉德、格斯纳、霍夫纳戈尔、德·莫尔盖斯、洛贝留斯——出现在遥远的安特卫普、莱顿、伦敦、布拉格、斯特拉斯堡和维也纳等地。德·莫尔盖斯所画的郁金香可能是在他到英国之前就已经熟悉的。更有可能的是，他是在詹姆斯·加勒特位于伦敦城墙的花园或洛贝留斯位于莱姆街的花园里看到过它们，这两个地方离黑衣修士区都很近。加勒特也是克卢修斯的朋友，克卢修斯在他的最后一本书《植物学史》（1601）中至少九次提到他——总是带着赞扬和尊敬的口吻。也许正是他，而不是洛贝留斯，送给加勒特他的第一株郁金香。

当英国第一位郁金香爱好者加勒特于1610年去世时，郁金香已经俨然成为詹姆斯一世花园中最受欢迎的花卉，威廉·莎士比亚（1564—1616）在他的诗歌和戏剧中充满了各种其他花卉，但他直接忽视了郁金香。但在赫特福德郡的哈特菲尔德庄园，第一代索尔兹伯里伯爵只不过是十七世纪英格兰在自家花坛种植郁金香的有钱的地主之一。有钱人才能参与这种特殊爱好。1611年1月3日，伯爵的园丁约翰·特拉德斯坎特提交了用于购买

《皮科特年轻女子》

作者：胡格诺派艺术家雅克·勒莫恩·德·莫尔盖斯（约 1533—1588）

"小径、鲜花、种子、树木以及在荷兰为他购买植物"的账单。他的清单包括玫瑰、欧银莲、椴椋、两棵那不勒斯梅花树、黑花鸢尾，以及——从哈勒姆买的——八百颗郁金香鳞茎，每百个鳞茎十先令。仅郁金香的费用就相当于一个园丁半年的薪资。这笔开支并不像巴登-杜拉赫侯爵那样奢侈，但对于那些容易被老鼠和蛞蝓吃掉、在英国湿润的土壤中容易腐烂的植物来说，这仍然是一笔不小的开支。新奇玩意儿终还是占了上风。特拉德斯坎特可能还为哈特菲尔德带回了俄罗斯郁金香，因为1618年时他曾在阿尔汉格尔斯克，也清楚地知道，"在那里生长着郁金香和水仙"。

在杰拉德推出《草本志》之后三十年左右，药剂师约翰·帕金森出版了他的植物汇编巨作《阳光下的天堂》。这本书的标题一语双关，与《草本志》一起成为十七世纪植物学的支柱之一。与此同时，杰拉德的十四株郁金香在这些年已经在原来的基础上翻了十倍。杰拉德按照花期对它们进行了简单的分组。但帕金森不能如此不严谨。他的著作出版的时候，园丁和苗圃主已经开始给郁金香品种起名。由于郁金香有着出色的无政府主义特性，以及在下一年春天出土时与前一年外观完全不同的本事，这注定是一个无望的事业。但帕金森还是努力了，他的单子中包括了"姜黄"、"布兰西翁遗嘱"、"红色火烈鸟"、"紫色圣日"、"红色傻瓜外套"、"绿色瑞士佬"、"哥利亚"、"斯塔梅尔"、"光明之影"、"王子或布拉克尔"。他说："这些花有的开得早，有的开得晚，至少可以开整整三个月，把花园装点得如此光彩夺目，同一种花，能有如此丰富的种类，除了它没有其他……能做到。"

后来英国郁金香爱好者看重的首要标准是花形的纯洁性，但对于早期的种植者来说，这一点并不如明显的杂色和不寻常的斑纹来得重要。帕金森注意到了郁金香的"端庄的外形"，但"令人钦佩的色彩变化"才是它在令十七世纪园丁们赞叹不已的园艺珍品柜中的主要优点。按照十九世纪花匠的严格标准，这些郁金香有致命的缺陷：长长的花瓣，松散的花形，花瓣之间经常有空隙，整朵花很少形成整齐的杯形，整齐的杯形这在后来被认为才是英国花商郁金香完美巅峰的标准。但对早期的郁金香是极罕见的，因此也是珍贵的。

帕金森比杰拉德更有优势。《阳光下的天堂》不仅信息量更大，而且插图也更精美。郁金香赫然出现在带插图的扉页上，一朵长在伊甸园的中央，另一朵倚靠着一株菠萝。从帕金森的版画中可以看出，"突变"出杂色的郁金香成了人们热捧的类型，羽毛纹和耀斑像指纹般多种多样，而在帕金森和杰拉德之间的三十年间，郁金香得到了极大的推广。即便是想努力地给纷杂的郁金香贴上标签的帕金森，最后也不得不承认失败了。"但想要告诉你所有郁金香的种类（这是我在这点爱好上的引以为傲）……这超出了我的能力范围，我也不认为其他任何人有此能力。"他说，"这些花除了颜色上的丰富性之外，它们还凭借长期的勇敢大胆，呈现出如此端庄和令人愉快的形态……没有任何一位体面的女士或先生，会不被这种乐趣所吸引，或是欣赏着这些花而心生愉悦。"——除了托马斯·富勒。

帕金森所倡导的种植郁金香的方法是利用其颜色组合，形成类似于一幅奇特的针织作品或者画作。萨默塞特郡蒙塔库特庄园内的斯托克·伊迪丝挂毯显示了当时流行的风格：郁金香沿着菱形花坛的边缘种植，每个花坛中心都有一个喷泉。一般种成双排，康乃馨也一样，种在草地边另一条狭窄的花坛中。沿着人行道，隔一段距离就有整齐地修剪成球形或锥形的常青黄杨或紫杉，攀扎成扇形的果树则靠着构成了这织锦花园边界的红砖墙展开。卡佩尔家族的群像画像中也明显有着此般仪式感（阿瑟·卡佩尔，第一任哈德姆男爵 [1604—1649]，伊丽莎白，卡佩尔夫人和他们的五个孩子），由科尼利厄斯·约翰逊于 1640 年绘制。卡佩尔一家的肖像绘制安排在赫特福德郡小哈德姆的几何花园中。他们身后的花园有宽阔的碎石路，弯曲的四边形花坛中央有喷泉。栏杆上装饰着石质花瓮。伊丽莎白身后的两个瓮中插满了蓝色（不太可能）、白色、黄色和橙色的郁金香。

当帕金森出版他的《天堂》时，"花匠"这个词已经被用来描述某一些花卉的栽培者和欣赏者。这些花包括欧银莲、金鸡菊、康乃馨、黄花九轮草、多肉植物和毛茛，以及郁金香。后来，石竹和三色堇也加入了这个系列。到了十七世纪中叶，这些花中的四种——欧银莲、康乃馨、毛茛和郁金香——已经被广泛采集和培育。所有花匠培植的花都是最适合近距离

选自约翰·帕金森《阳光下的天堂》（1629）

观赏的花卉，也都可以通过耐心的杂交得以开发出多样性。尽管帕金森在《天堂》一书中对郁金香文化的评价是针对"女性的乐趣"，但从十七世纪中叶开始出现的花匠协会几乎都是男性的专属之地。然而，一些女性，例如玛丽·卡佩尔（在约翰逊的群像中手持玫瑰），也成为了杰出的园艺家。在与博福特公爵结婚后改名为玛丽·萨默塞特的她在巴德明顿和切尔西建造植物园，她的花园因有着来自地球各个角落且品质卓越的植物而广受赞誉。位于切尔西博福特宫的花园有着"郁金香花田和矢车菊花田"。花园中还有一条被垫高的步道，称为"山路"，通向两侧种植了郁金香的宴会厅。许多已被命名的金鸡菊和郁金香出现在《干花花园》中，这都是由博福特公爵夫人种植的花卉制成，她还请人绘制了一套重要的花卉图录来记录她的收藏。

　　亚历山大·马歇尔（约1625—1682）足够富有，能够以自娱的目的而不是收取费用为人画画。他的花卉画册，大约1659年起开始积累，是那个时代的奇迹之一，相当于尼古拉斯·罗伯特为奥尔良公爵创作的作品的英国版本。1682年8月1日，当马歇尔在伦敦的富勒姆宫与康普顿主教一起小住时，约翰·伊夫林看到了他的作品。这位叛变的圆颅党将军从自己在兰伯特温布尔登花园中寄来了一株柯勒西百合请他作画。皇家园丁约翰·特拉德斯坎特恳求他"用牛皮纸绘制"他在兰贝斯花园中的一些植物。同一页纸上，他描绘了三株精美的红白色郁金香搭配着野生三色堇、雪片莲和重瓣粉色欧银莲。马歇尔将那三株郁金香标记为寡居的兰斯尔夫人所有。马歇尔画的大多数郁金香都有法国名字，虽然名字听起来像是荷兰语，或者是佛兰芒语，比如他那精致的"刺李"，白底有细密的红色羽毛纹，还有斑纹更随意的"阿加特罗宾"，也许是以法国育苗师皮埃尔·罗宾或法国国王的园林植物学家维斯帕斯·罗宾的名字命名的。马歇尔还将一种有红色细条纹的黄色郁金香称为"驼绒"。这个名字可能来自一个阿拉伯语词，用来描述天鹅绒上的细绒。郁金香花瓣的质地也是其魅力的一个重要部分。

　　不过，那时候人们对于鳞茎还很陌生，可能被误用。帕金森曾写道："朋友从海那边寄来各种球茎，误以为是洋葱，把它们当做洋葱放在炖菜或

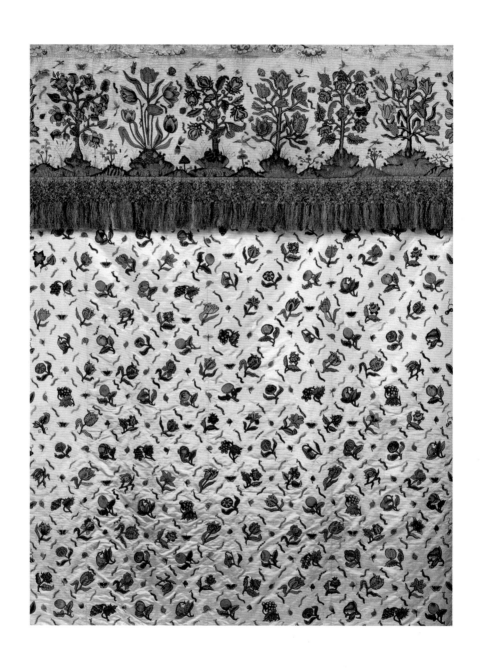

刺绣窗帘（局部），丝绸刺绣缎面
十七世纪中叶，英国
伦敦维多利亚和阿尔伯特博物馆

者肉汤里，并且也没有觉得不喜欢，或者是吃了有什么不良后果，因此被认定是甜洋葱。"与克卢修斯一样，帕金森也试着吃了吃；他把鳞茎用糖腌制，觉得味道不错，不过就是不值得这么麻烦。在诺福克，人们就不会犯这样的错误，因为那里自十六世纪中期以来就有精通球茎栽培的佛兰芒难民。他们带来了紫罗兰花、普罗旺斯玫瑰和康乃馨，以及郁金香。他们中不少人是织工，其中有些在诺里奇定居，十七世纪初，第一次花匠盛宴在那里举行。东英吉利（荷兰工程师从沃施湾①中拯救出来）那轻质、排水良好的土壤很适合种郁金香一类的球茎植物。露丝·杜斯关于花匠协会的开创性研究工作（1988年发表）指示第一次花匠盛宴于1631年5月3日在诺里奇举行，并以拉尔夫·克内维特的戏剧《玫瑰与鸢尾花》款待宾客。这出戏是献给吉林汉姆的尼古拉斯·培根的，据说他"狂热地沉迷于所有与花卉的优点和美感有关的交易"。虽然没有具体提到郁金香，不过这个日期（相当于现行日历中的5月14日）正好赶上郁金香花期最旺时。克内维特在剧本序言中写道是给"他备受尊敬的花匠协会的朋友"，并提到了"由这样一群天生的绅士举行的盛宴，（我认为）你们所有的城市的商业繁荣得部分归功于他们"。这场宴会为花匠们惹来诺里奇清教徒的不快，他们不赞成这种狂欢，其中一部分原因是他们认为花卉是献给异教女神弗洛拉的。1632年诺里奇主教治下的教士威廉·斯特罗德在《关于诺里奇花匠盛宴之戴花冠的序言》中试图为此事正名。但对于那些在美丽而非实用的祭坛前崇拜的人来说，这是个艰难的时代。帕金森出名的作品《天堂》正是在议会首次反对国王的那一年出版的。

斯特罗德的《序言》提到了郁金香。马修·史蒂文森在《诺里奇的花匠盛宴》中也提到了郁金香。十四年后同一个花匠协会纪念的也是戴花冠的弗洛拉。"如果你们是在城中郁金香开放的时候来，"他写道，"她会给你们都冠上花冠。"诺里奇的花匠们似乎并没有被清教徒吓倒，不过当英联邦成立时，许多保皇党人逃到国外或悄悄溜到自己的乡村庄园，低头躲在篱

---

① 靠英国英格兰东部。

笆下耕种着花园，就像弗林特郡贝蒂斯菲尔德的托马斯·汉默爵士那样。但是，即便是那些爱好花卉的清教徒也对他们的主人有所不满。克伦威尔的一位指挥官兰伯特将军，在1657年拒绝向圆颅党领袖宣誓效忠，被迫退居到温布尔登的庄园。他在那儿忙着种植郁金香和紫罗兰花。在保皇党的扑克牌中，他被讽刺地称为"兰伯特，金郁金香骑士"。小西奥巴尔德的卡佩尔勋爵实际上是长期议会的成员，但被议会中的暴力观点震惊，从而成为国王的忠实支持者。他于1646年护送亨利埃塔·玛丽亚皇后前往法国，并于1647年帮助查尔斯短暂逃脱，不过他于1648年在科尔切斯特被俘，并被囚禁在伦敦塔中。

一些保皇党人失去了全部财产。四十年前约翰·杰拉德曾在那里做过园丁的西奥巴尔德庄园，是塞西尔家族在赫特福德郡的旧居，这里（就像兰伯特的温布尔登庄园一样）也是被议会党人接管的大宅之一。拉斐尔·鲍德温于1650年4月对西奥巴尔德进行了勘查，发现除此之外还有"花园四周围绕着篱笆灌木，花园中间有一个样式形状完全符合潮流的方形结纹迷园，有三处高台，边缘种植了郁金香、百合、扁桃和其他各种花卉"。

托马斯·汉默爵士在1640年代曾小心翼翼地出过几次国，但在1646年内战结束时，他退休后回到了位于弗林特郡贝蒂斯菲尔德的庄园，这庄园（与温布尔登庄园和西奥巴尔德庄园不同）离市中心太远，其价值未能引起议会党人的兴趣。汉默与法国宫廷画家尼古拉斯·罗伯特几乎是同时代人。当罗伯特在为国王路易十四的叔叔奥尔良公爵画着绚烂的郁金香，诸如"哈勒姆的贾斯珀"和"三彩鹦鹉"时，汉默则在弗林特郡种植着郁金香。到了王朝复辟时，汉默被公认为是这个国家中最出色的园艺家之一，特别是郁金香方面的专家。而且，与他在荷兰的同行不同，郁金香并没有毁了他。1634年至1637年间，"郁金香狂热"席卷荷兰，达到了一种现在看来难以理解的程度。内战带来的一个好处就是圆颅党人和骑士党人都太忙了，以至于无暇来赌鳞茎的价值。汉默对园艺的热爱远胜于政治。1655年6月，正如他在自己的笔记中所记述的，他给温布尔登的兰伯特将军寄

英国锡制盘，约 1662

去了"一颗非常大的'玛瑙汉默'的母鳞茎"。这是他最优良的郁金香品种之一，据什罗普郡金莱特的苗农约翰·瑞亚描述，它为"灰紫色，深红色和纯白色"。瑞亚写道："这朵华丽的郁金香的名字来自于对这些珍稀品种独具匠心的爱好者托马斯·汉默爵士，是他最早将其带到英国。我和其他人都是拜他的慷慨所赐，才享受着这高贵的花卉所带来的乐趣。"约翰·伊夫林也有"玛瑙汉默"，是汉默于1671年8月21日寄往他位于德普特福德的赛亚园内花园的。

汉默的《花园书》（1659年手稿完成，但直到1933年才出版）清楚地描绘了十七世纪中期典型的绅士花园。世纪的典型绅士花园：花坛之间以铺满了彩色砾石的小道相隔，分区花坛和草地围边都种上花，修剪得当的常青树，也许还有为爱花之人准备的，像汉默本人拥有的"小型私人花园，可以保证那些珍奇品种不会暴露在大众的视野中"。汉默种植了熊耳、欧银莲、报春花、牛膝花和紫罗兰花，但他最喜欢的是郁金香，"郁金香是球茎植物中的皇后，它花形之优美、颜色之丰富令人赞叹，而且斑纹变化繁多，极为精妙"。

在汉默这房屋右侧的花坛中，种植着每一列四朵共十三列郁金香。在离房子最远的左侧缀了边的花坛里中，又种了另一组十三列每列四朵郁金香。而在西墙下通往内院的门边的围边内则种了各种各样的郁金香和欧银莲。1660年，贝蒂斯菲尔德花园的植物目录几乎主要都是郁金香。每张畦床都被具体提到，每一列鳞茎都被单独记录并命名："佩鲁乔特"、"恩奎森上将"。"天使"，"科米塞塔"，"预言"，"戴安娜"，这些都是1654年汉默送给他的朋友约翰·特雷弗爵士的其中一些"质量极好的、用于繁殖的母鳞茎"。

他还留下了关于郁金香种植方法的详细说明，建议在9月满月时种下郁金香，埋入四英寸深的土中，并保持等距间隔。而像他自己那样经验老到的郁金香种植者，已经知道如何选取最适合用种子繁殖的郁金香品种，即最有可能"脱颖而出"或者是产生突变杂色的品种。他写道："留下健壮的老根以育种，"他说，"比如蓝色花杯和紫色花蕊，并有纯白色和粉色的条纹，或是灰紫色和深紫红色的品种。如果母鳞茎足够老的话，那些有着纯色蓝色花杯或基部和有着紫色花蕊的品种大部分能够突变或者生出条纹，而且能两年不变异。"这些知识可能是在他前往法国和佛兰德斯的旅行中获得的，那时那里的郁金香种植比英国先进。汉默提到的那些基部蓝色的单色郁金香后来被十八世纪末的英国花匠用作育种，他们从这些郁金香中突变出了美丽的带羽毛纹和耀斑的的比布鲁门种和玫瑰种郁金香，这些郁金香在全国各地的比赛中都有出现。杂色漂亮的品种转手时能卖出极高的价格。

瑞亚自己的书《花卉及鲜花文化》于1665年出版，其中郁金香——有一百九十种不同的品种——被重点介绍。突变的郁金香已经广为人知，不过瑞亚也描述了锯齿状花瓣的鹦鹉群郁金香，"在时尚品位和颜色上都颇为奇特，且与其他所有植物都不一样"。瑞亚的书献给了他的朋友，"真正高尚和完美的奇巧爱好者"托马斯·汉默爵士。扉页上装点着女神弗洛拉、瑟雷斯和波莫纳，弗洛拉在中心位置，手持一束鲜花，包括一朵郁金香和一朵玫瑰。她身边的花瓶中也摆放着郁金香，以及牡丹和冠花贝母。

瑞亚的赞助人之一是斯塔福德郡杰拉德布罗姆利的杰拉德男爵，他在那里为他的妻子建造了花园。显然，瑞亚认为献词中也理应包括她。他以一首长长的赞美诗报之。这首诗和另一首卷首诗，《致女士们的花》，充满了对花，特别是郁金香的暗喻。当然，"玛瑙汉默"也在其中，是"愉悦之女王"，她：

> 灰紫，猩红和白色
> 就这么交织，这么安放
> 令其他所有的花都自惭形秽。

这首诗清楚地表明，"骨螺紫和细白色"的郁金香远比红色和黄色的郁金香更珍贵。

> 你能看到最卑微的

身着猩红，镶着金边。

瑞亚建议设计一种相对较小的花园，其中约四十平方码用作果园，二十平方码用作花坛。他建议在花园四周建一堵至少九英尺高的砖砌围墙，再建一堵约五英尺高的围墙将果园和花圃分开。他还提到用涂漆的木质栏杆围住花坛，或者以黄杨灌木或栅栏围住矮形的果树，他建议在花坛的角落里种上冠花贝母、欧洲百合和牡丹。"最好的郁金香要种在笔直的花坛中，这样可以确保对得上数。毛茛和欧银莲也需要特别的花坛——其余的可以和普通品种的郁金香混种……"。他还认为理想的花园应该有"一个漂亮的八角形带屋顶的夏屋，墙上画着精致的风景画和其他奇景，周围有座位，中间有一张桌子，这桌子不仅是为了娱乐所用，而且有着其他必不可少的实用用途，比如在绘制郁金香和其他花卉时可以把球茎放在上面"。

瑞亚的描述表明，在这个时期，哪怕是在较小些的花园中，人们对球茎花卉的培植，特别是郁金香也倾注了极大的关注。从在奥格斯堡出现第一朵郁金香之后的短短一百多年，已知的品种数量已经增加到一百九十种。最优质的品种和普通品种之间已经出现了区别。尽管这一世纪的最大特点是政治动荡，但是在欧洲大陆和英国，这种花还是被众所周知并广泛种植。不过郁金香仍然被认为是一种外国花——"法国花"，瑞亚在他关于"花园"的开篇段落中称其为"法国花"。在这一时期，在引进郁金香、发挥出其潜力同时提高其市场价值方面，法国和佛兰芒的花匠、种植者和育种者比荷兰人发挥的作用更为重要。瑞亚写道，花园应该是"以柜子的形式，放上盒子，以便接收并安全地保存大自然最优秀的珍宝"。其中最主要的就是郁金香，有各种"混色的、镶边的、花园的、狂野的、大理石纹的、碎片状的、有斑点的"。描述性的词汇不断被发明出来，以便能跟上郁金香以它那天然超级明星的懒散、悠闲的优雅所翻出的新花样。

瑞亚描述了几种在"郁金香狂热"的高峰期荷兰人中有着巨大破坏力的郁金香。最臭名昭著的是"总督"和"永远的奥古斯都"。他写道："'总督'是一种古老的紫罗兰色花，镶边，带羽毛纹和白色条纹，基部和雄蕊

选自沃里克城堡的桌子

英国，1675

伦敦维多利亚和阿尔伯特博物馆

是黄绿色的；提到这种花的名字的时候，总是要加入模范二字，好像它是一种独特物种，但其实不过是同一种花，只不过比一般的郁金香的斑纹更有特点。"永远的奥古斯都"在花季中期开花。瑞亚说："以前这种郁金香一直是备受推崇的。"似乎得出的推论就是它已经被更好的类型所取代了。花朵本身并不是很大，但它那深红色和淡黄色的脉络和条纹非常漂亮，衬托着深紫色的基部和花蕊。

瑞亚也照杰拉德那样将郁金香分为三个组别，即早花、中花和晚花。在他提到的三十一种早花（Praecox）郁金香中，瑞亚认为"监理"是最好的之一。它比通常的品种都高，花朵较大，为浅色，有漂亮的紫罗兰色和白色斑纹。基部和花蕊为淡黄色。晚花品种（Serotinas）只列出了九种。到目前为止，最多的一组是中花品种（Media），从名字看得出大多来自国外而不是源自英国本土。瑞亚特别热衷于一种叫做"布莱克本模范"的郁金香，这是一种高大型，花朵淡色，叶子（花瓣）宽大但具尖顶，呈淡淡的康乃馨色，有一些深红色的斑纹，有白色的耀斑和条纹；基部和花蕊为蓝色。这是由斯特兰德的约克宫花园的前任管理员汉弗莱·布莱克本先生培植的。他给我这鳞茎时告诉我，这是用"通过奥迪那德"的种子培育的。瑞亚还推荐了"里基特小斑"，这是一种美丽的郁金香，"有条纹和斑点，以及各种玫瑰色、深红色和白色的斑纹。"据推测，这是由乔治·里基特（1660—1706）培育的，他是伦敦肖尔迪奇区霍克斯顿的一名苗圃主。他是，被瑞亚称为的，"目前伦敦最好、最诚实的花匠"。

他并不总是如此夸人。"这是全伦敦卖花的人都经常使用的伎俩，"他抱怨说，"只要有了不错的斑纹，那么在任何普通品种的花名后面加上'模范'二字，就可以卖出三倍的价格。"瑞亚的郁金香每株的价格在一便士到五英镑之间。"围边花"，这是种早花品种，不像有条纹、有羽毛纹和有耀斑的品种那样受到追捧，但"冬公爵"被认为是有用的，因为它在3月10日前就会开花。公爵或鸭子（拼写不同，取决于作者是从哪一种语言抄来的名字）是一种独特的郁金香品种，现在仍能看到的是"范·图公爵"或者类似的单瓣早花郁金香。它们是矮生品种，通常花瓣有一圈清晰、整齐的对比色边缘。最常见的类型是红色镶黄边。

作为一名苗圃主，瑞亚对他所描述的花卉细节有着敏锐的洞察力。与后来的花匠一样，他非常注重郁金香内部的美，基底斑点的大小、形状和颜色之间的差异，雄蕊的各种颜色，花瓣内外质地的区别，内侧表面往往比外侧表面更有光泽。他注意到一些有羽毛边和耀斑的花朵不同的颜色在阳光下会渐渐融合到一起。这也是一直困扰着后世花匠的问题。但他也注意到，太阳有时会把淡黄色的底色漂白成更为理想的（更被人喜欢的，因此也更昂贵的）白色。他关于郁金香的笔记，比如谈到"布莱克本模范"，清楚地表明有组织的郁金香育种工作在当时的英国已较为普遍，种植者对他们的新苗品种的亲缘关系进行了记录，郁金香育种簿的雏形也正在形成。一些新的郁金香品种是偶然从其他更成熟的品种中裂变出来的，但也有一些幼苗，比如"布莱克本模范"是被从特定组别的郁金香中确定最好的培育出来的。瑞亚还指出了郁金香被商业育苗者如此热情地接受的另一个原因。它"（考虑到季节因素）方便运送到很远的地方"。

到1676年瑞亚作品的新版本出版时，人们对郁金香和其他花匠花卉的品位已经从贵族和乡绅那里流传开来，深入到各种类型的园艺师中。最好的鳞茎可能很昂贵，但种子可以是免费的，如果你有一个在附近大庄园做园丁的朋友，就不难得到。当社区比较小，园丁们都很忙，人们大都这么做。那些不富裕的人不得不耐心等待七年时间才从一荚郁金香种子中培育出开花大小的鳞茎。瑞亚的书第二版中列出的郁金香数量已经增加到了三百种，反映了对郁金香需求的不断增长，并在1680年至1710年间达到了流行的顶峰。瑞亚1677年去世，仅一年后托马斯·汉默爵士也去世了。随着他们的逝去，郁金香种植的第一个开拓性篇章也就这样结束了，也正是这种花卉开始爆炸性地受到普遍追捧的开始。

瑞亚把他的植物留给了娶了他女儿米纳瓦的塞缪尔·吉尔伯特。吉尔伯特是什罗普郡夸特的教区长，也是瑞亚在书的序言中感谢过的第四任杰拉德男爵查尔斯的妻子的神父。吉尔伯特比他的岳父更有条件利用这股新的热潮，他的《花匠指南》(1682) 获得了巨大的成功。他推荐了一种郁金香花园设计，将花坛分成几个方块，每个方块种植一个品种。他是当时唯一推荐种上其他植物（马齿苋、紫茉莉和金莲花）填补郁金香开完花后留下的空隙的作者。十七世纪的花园通常在春季和初夏花开得最旺盛；相对来说很少有植物能在之后的季节开花。

诗人安德鲁·马维尔是许多哀叹内战前的和平时代的人之一。他问道："我们是否将不再/重建那可爱的军队，"

当花园里只剩塔楼
驻军只是花？
几种颜色的郁金香被禁
守卫我们的是瑞士人

随着查理二世的复辟，安定时期短暂地回归（直到詹姆斯党叛乱），苗圃主们获益良多。罗杰·罗克在哈特菲尔德庄园开始了他的园丁生涯，后来他发现在伦敦场的圣马丁建个苗圃更有利可图。1684年9月，他以两英镑的价格向朗利特的巴斯侯爵提供了四千株番红花，一千株最好的混合郁金香卖了五英镑，两千株次佳混合郁金香卖了两英镑十先令。曾培育出"里基特小斑"的霍克斯顿的苗圃主乔治·里基特也很忙。1689年，他为威斯特摩兰的莱文斯提供了桑葚树和苹果树、云杉和柏树。订单中还包括了"一百株君士坦丁堡百合花（白色），五十株风铃草，两百株上等混合郁金香，一百株波斯毛茛"。百合花是十二先令，风铃草是四先令，郁金香是十四先令，波斯毛茛是一先令。在这个阶段，百合和郁金香的价格大致相当，而波斯毛茛是一种非常受欢迎的花匠花卉，则要贵一些。同一订单中的三十棵黑樱桃树只花了十先令。里基特的苗圃是当时霍克斯顿的三家苗圃之一，提供的植物种类非常广泛。他的1688年目录分为几个部分："冬季室内植物"；"花树"；"冬季绿植"；"其他观赏植物"。"花卉和精选植物"，其中"品种繁多的郁金香"被包括在这一分类中。花匠数量也在蓬勃增长。

英国代尔夫特瓷器郁金香主盘

伦敦，1661

伦敦花匠盛宴也是这一时期开始了，由托马斯·温奇（1630—1728）发起，他是富勒姆地区熊耳花的种植者和育苗者。

苗圃主们生意兴隆。其中一些人，如乔治·伦敦，生意做得相当大。1680年代伦敦与罗杰·罗克等人合作在肯辛顿创办了著名的布朗普顿公园苗圃，但到了1694年，他买下了其他人的股份，亨利·怀斯成为他唯一的合伙人。他的女儿亨丽埃塔也为博福特公爵夫人收藏的植物图谱画了一部分画。乔治·伦敦参与设计和建造了许多当时最好的花园，包括博福特家族在巴德明顿的花园和德文郡公爵在查茨沃斯的庄园。他们的花坛中的郁金香都是是按照德扎利耶-达根维尔在法国倡导的中规中矩的、网格状的方式种植的。

伦敦和怀斯建议园丁"首先应该在围栏内画出定点线，纵向和横向行距都是四英寸，这样设计的围栏就可以呈篦排状"。这种方法虽然死板，但有实际的好处。网格状提供了一种简单的方式用来记录哪一个品种种在哪个位置。在掘起时（所有的郁金香鳞茎在开完花后被掘起并晾干，以备第二年秋天重新种植），鳞茎看起来每个都一模一样。但把鳞茎区分开来这一点至关重要，因为明星品种和次等品种之间的价格差别很大。极珍贵品种的小鳞茎被小心地囤了起来，因为它们是增加有名气的郁金香库存唯一可靠的方法。著名的约翰·伊夫林在网格种植方面又更进一步。在他未出版的手稿《英式乐园》中，有一幅插图显示一个提前制成的格架，可用来按压土壤，即可画出种植郁金香和其他球茎植物的网格。伊夫林认为是疯狂的法国人发明了这种六英尺长、三英尺宽装置，每个方格就是"种植球茎合适的行距"。使用这种方法，园丁可以"避免频繁地拆除定点量线"。

当散文家和戏剧家理查德·斯蒂尔爵士（1672—1729）在《尚流》（1710年8月31日）上发表关于郁金香的调侃文章时，风信子的流行程度已经超过了郁金香。但斯蒂尔知道他的读者会读懂关于郁金香的笑话，即使这些笑话调侃的正是他们自己。这种花已经成为全国性的现象，出现在家具和织物、银器，以及从斯塔福德郡的铅釉仿品小壶到南华克的锡釉盘子

斯托克·伊迪丝挂毯（现在在萨默塞特的蒙塔库特）
展示了十七世纪后期以典型正规方式种植的郁金香

等各种物品上。"我请求成为他们中一员,"斯蒂尔写道,"庄园里的先生告诉我,如果我喜欢花,那这精力花得就值得;为了证明他可以给我看一束在全国任何地方都找不到能与之匹敌的郁金香。我接受了提议,这才发现他们一直在谈论的是园艺。他们所提到的国王和将军们只不过是郁金香的名字,按照他们的习惯,赋予了这些郁金香如此之高的荣誉和称号……我无意中称赞了一朵郁金香,说是我见过的最好的郁金香之一,然后他们告诉我,这只不过是一株极普通的'傻瓜外套'……他告诉我说,他认为我们面前那长度不超过二十码、宽度不超过二码的花坛比英国最好的一百英亩土地还值钱。"花匠们和他们给自己的花起的浮夸的名字是讽刺作者最喜欢的目标。斯蒂尔说,鉴于目前郁金香的价格,种植者们一定是患了一种病,瘟疫似的,影响了他们的思考能力和判断力。

园丁们依然在不屈不挠地继续种植。在兰开夏郡西南部的小克罗斯比庄园内,尼古拉斯·布伦德尔在他庄园餐厅窗前开始建造的结纹花园中,种有"欧银莲、晚香玉、紫罗兰花、毛茛和郁金香"。布伦德尔于1702年继承了庄园的领主地位,当时他才三十二岁,同时也开始写日记,即他的《大日记》,一直写了二十五年。他提到了"普通郁金香",指的可能是较便宜的早花品种,以及"外国或者是约克"郁金香。当时约克已经确立了自己北方种植者供货中心的地位,那里有不少很好的苗圃主,比如塞缪尔·史密斯,1730年4月7日和14日他在《约克报》上刊登了广告,介绍他的花圃对外开放,有"精选的金鸡菊、欧银莲、毛茛、郁金香和其他花卉",现货可售,价格公道。

这"外国"的郁金香来自佛兰德斯,这是布伦德尔熟悉的地方,他曾是圣奥马尔耶稣会学院的学生。在詹姆斯党叛乱发生后,他于1716年逃回了佛兰德斯,还去了根特、布鲁日、布鲁塞尔和列日。1717年之后,他经常去佛兰德斯,因为他的女儿们也在那里上学。他在日记中记录了从旅行中带回的各种鳞茎。1717年10月21日,他种下了"我从佛兰德斯带出来的欧银莲、毛茛和郁金香"。1720年4月28日,他记录了自己有三十三种不同的郁金香在开花,同年7月在他的苗圃中埋下一千五百个郁金香鳞茎和小鳞茎。种植和掘起的时间大多与现代的日期差不多，虽然在 1715 年 7 月 22 日，他"在结纹花园里种了两张花床……这算是早了好几个月"。1727 年，10 月 30 日的种植时间就比较准确，将"郁金香种在结纹花园四角的花坛中和人工河边上的新花盆里"。

接下来的三十年见证了郁金香和花园缓慢地渐行渐远。问题不在于人们对风信子的热衷，因为这些风信子的用途与郁金香差不多，都是中规中矩地等距栽种，或者用来装饰结纹花园。真正的问题是花园设计品位的变化，尤其是从 1730 年代开始，反映并鼓励一种不同的种植风格。玻璃温室越来越被人痴迷，同时还有可以种在温室中的娇贵植物。来自美国的树木和灌木也开始被大规模进口。最重要的是，种满鲜花的花坛和结纹花园逐渐被人放弃，人们更倾向于布朗式绿化带的"功能性"，这种绿化带出现在佩特沃斯和伯恩斯坦等庄园的墙画上。花园和它所模仿的景观之间的顺利过渡令人啼笑皆非。例如瑞亚 1665 年时建议画在花园"夏屋"，那作用为郁金香鳞茎夏季存储的房子墙上的"风景画"，现在取代了花园本身。伟大的树艺学家弗朗西斯·培根（1561—1626）早在一百年前就预言了这一巨变。诗人弥尔顿（1608—1674）也曾预言过，而之后是亚历山大·蒲柏（1688—1744）的诗歌以及建筑师、画家和花园设计师威廉·肯特（约 1685—1748）的作品颂扬了一种与郁金香等花卉关系不大，但是重塑了昔日古典场景的风格。萨里郡的克莱蒙特、伦敦西郊的奇斯威克宫所布置的新花园就是这种风格的典范，还有白金汉郡的斯托和格洛斯特郡的巴德明顿等，就是在这里，十七世纪末的博福特公爵夫人收集了如此精美的花卉集萃。

老派花园也并没有全都被摈弃。坎布里亚的利文庄园保存了当年风格的精髓，也就是被那些将自家园子投身景观运动的人所唾弃的特点。而还有一些园丁，如泰恩河畔纽卡斯尔附近盖茨黑德公园的亨利·埃里森则继续种植郁金香。1729 年 10 月 18 日，他从米德尔塞克斯郡格林河畔的苗圃主亨利·伍德曼那里买了樱桃树和杏树，大马士革玫瑰和波斯茉莉花，"一百朵普通毛茛（五先令）和一百朵上好的混合郁金香（七先令六便士）"，所

《荷兰园丁》卷首画

亨利·范·奥斯坦

1703 年出版于伦敦

以到了这个时候，郁金香的价格已经超过了毛茛。四十株有条纹的百合花可以卖到两英镑。在1735年的古德伍德，东南墙下的围边花坛中郁金香为第三行，其他的花还包括长寿水仙、须苞石竹、芝麻菜和楼斗菜。第一任马格斯菲特伯爵托马斯·帕克爵士（约1666—1732）也不惧宣称自己是郁金香爱好者，尽管他买花的时间比埃里森还要早，而当时鳞茎还没有过时。1710年被任命为首席大法官的帕克从米德尔塞克斯郡的布伦特福德苗圃主和园丁托马斯·格林宁手中购买了许多鳞茎。帕克想为自己在牛津郡的希尔本城堡建个花园种植郁金香，一小畦郁金香他付了二十英镑。这笔交易不是由帕克（或格林宁）记录下来的，而是由乔治·哈宾牧师记录的，他当过神父，后来又做了朗利特庄园的第一任韦茅斯子爵的图书管理员，他那记录了1716年至1723年间内容的手稿《园艺回忆录》就存放在那里。

"肯辛顿教区的克朗克先生在栽培康乃馨和毛茛方面非常有兴趣"，他在1716年11月2日记录。"他告诉我有一位格林希尔先生［笔误——哈宾在后面的手稿中正名为格林宁］和他有着一样的园艺爱好，他主要喜欢种植郁金香。他花了超过三十年的时间，终达完美境界。他的收藏肯定是英国最好的，而且有时候十英镑都不肯卖他的一株鳞茎……大约在11月初，他为郁金香准备好了畦床，并种下鳞茎。这些畦床是由海沙（其中的盐分非常有益）和肥沃的新鲜壤土或泥土的混合物组成……当一株郁金香产生突变时（即一个普通的种苗上第一次出现杂色斑纹），如果它不能保持这种颜色至少三年，那就没有什么价值了。"哈宾写道，最好的郁金香是来自荷兰的"种苗"，"种苗"是指那些偶尔会产生"突变"的纯色花朵，即郁金香爱好者极欣赏的有着精美羽毛纹和耀斑的品种。"格林宁先生最推崇的那些就是由普通的奶黄色花培植而成的。那种纯色的桃色郁金香被荷兰人称为'初代巴格特'。我们的园丁们现在卖的自己培育的种苗也都一样优秀，就像我们以前去荷兰买的一样。那种叶片［花瓣］顶端尖尖的郁金香，比如你们的'寡妇'和'傻瓜外套'，现在不时新了。最值钱的是那些花瓣顶部宽而圆，开出的白色花杯形完美，而基部（内侧）为紫罗兰色的。"

哈宾的回忆录说明，这种花现在是多么稳定地被掌握在对其进行包装和粉饰、使其适应一套越来越严格的规则的花匠们手中。具尖端的花瓣是最初从东方引进的郁金香的一个显著特征。现在却不如那些经过近二百年来的耐心培育和选择所形成的圆润的花瓣更受欢迎。白色基部比黄色或黑色更受推荐，这一原则在少数眼光敏锐的到二十一世纪还在培育英国花匠郁金香的花匠中仍然有效。当哈宾写回忆录的时候，花匠包括了大量的花圃苗农。可后来，越来越多的人将郁金香视为一种标本，就像飞蛾或海贝壳一样，是一个独立的个体，可以单独种植和展示，而不一定要种在花园里。在此之前，郁金香从来未被用这种方式分离出来，郁金香是作为珍贵的花卉之一种植在精心设计过的橱柜式花园中展示。现在，郁金香也失去了它的外来性。荷兰国王威廉和他的玛丽王后登上了英国王位，当然也促进了荷兰与英国之间的贸易。但正如哈宾所指出的，在与荷兰人的战争中，英国的郁金香培育者越来越看好本土栽培花卉的价值，他们相信自家培育的花和任何舶来品一样优秀。

报纸的增长和普及在很大程度上助力了花匠协会的发展和流行。从十八世纪初开始，各协会就在报纸上为他们的会议和秀展做广告，而报纸也报道协会的活动。诺里奇是英格兰第一批拥有自己报纸的省级城镇之一，《诺里奇公报》在1707年6月28日和7月5日刊登了"花匠盛宴，花卉和花园爱好者的娱乐活动"的细节。该活动将于"明年7月8日星期二在圣斯威辛巷的托马斯·里格斯先生处举行"。门票价格为半克朗，因此里格斯先生显然期待着一些富裕的花匠出席。1724年6月29日，《格洛斯特日报》刊登了花匠和园丁协会大会的广告，时间是下周"上午10点，地点是在罗斯展鹰酒店的威廉·鲍尔处"。

这个时代以对知识，特别是科学知识的巨大渴求而著称，这一特点表现在俱乐部和社团的爆炸性增长，成员们聚集在一起讨论着从天体运动到血液循环的任何问题。慢慢地，人们也试图对自然界进行分类、整理和理解。有些社团规模相当庞大，如伦敦植物学会每周在瓦特林街的彩虹咖啡馆开会。学会有着一些杰出的成员：约翰·雅各布·迪勒纽斯是牛津大学的第一位舍勒德植物学教授。还有切尔西草药园的策展人菲利普·米勒，他是学会的主席，同时也是皇家学会的研究员，他在那里发表了一篇题为"论郁金香和其他球茎植物装入瓶中提早开花比较"的论文。他发现了我们现在认为理所当然的事情，即这种方法对于风信子和水仙的效果比对于郁金香更好。但这种活动并不仅仅局限在伦敦。社团像报纸一样在全国各地的省级城镇兴起。在林肯郡，斯伯丁绅士协会成立于1710年。这并不是一个专门的花匠协会，但郁金香、欧银莲、毛茛和康乃馨是他们聚会时展出的奇珍异宝之一。会议常常清醒地以茶或咖啡开始，不过到后来就得送上一夸脱罐装麦芽酒，一管烟斗、尿壶和一本拉丁文字典了。

当时盛行的风气——科学、探究——影响了这一时期人们对郁金香等花卉的认知。它们当然仍是美丽的标志，但人们提及它们的方式反映了大家对其栽培和繁殖的实用细节也有了广泛和日益增长的兴趣。越来越多的园丁、苗农和花匠开始问"为什么"。为什么郁金香种在某些位置比在其他位置更好？为什么鳞茎必须每年都要掘起？而最大的问题就是，为什么郁金香有时会突变出杂色，而有时却没有？

菲利普·米勒在他的《园丁与花匠字典》中体现了这种新的、探究性的方法。这本书于1724年出版，是伟大的《园丁词典》的前身，它的第一版于七年后问世。将花匠从后来的标题中删除是米勒的出版商的明智之举，他们不希望有一丝一毫过时的东西与这一昂贵的、并旨在营利的项目扯上关联。凭借丰富的知识，米勒将从欧洲最好的郁金香种植者那里收集到的技巧传递给读者："布鲁塞尔的花商弗朗索瓦·贝林克斯育种培植出了不少卓越的奇异种郁金香"，荷兰的一位"我认识的绅士"，他比大多数人都更了解突变的问题。重点已不再是郁金香在花园种植中的应用，而是如何栽培。约翰·瑞亚将他的郁金香分为三类：早花、中花和晚花，这样分类对园丁很有帮助。出于郁金香已经成为花匠标本的全新地位的考量，米勒则采用了三种不同的分类。他提到了奇异种（拼法为"Bisards"或是后来定下来的"Bizarres"），比如"黑天使"、"希波吕忒"、"伊菲革涅亚"、"美丽的哥伦拜恩"、"路西法"、"沙米拉姆"。这些都是黄色的郁金香，上面带有红色、棕色或——如果幸运的话——接近黑色的羽毛纹或耀斑。这是郁金香的三类花之一，花匠栽培郁金香都必须归入这三种分类中。另外两类是玫瑰种，白色的花朵上有粉红色和红色的羽毛纹和耀斑，以及比布鲁门种，白色的花朵上有淡紫色、紫色或黑色的斑纹。

这一分类法和背后的规则是花匠协会逐渐发展起来之后的必然结果。起初，宴会似乎才是花匠们聚会的主要目的。但后来竞争的一面占据主导。花匠们不再只是带着供其他会员赏鉴的花前来会友，而是互相之间开始竞争，争夺三个类别中各评出的一名最佳奖项。在郁金香和其他花匠栽培花卉达到1720年代的高度发展状态之前，这种事情是不可能发生的。1729年4月16日的《工匠报》报道了"被称为花匠的园丁们的盛宴"，在伦敦附近的里士满山的狗餐厅举行，大约有一百三十名花匠参加。晚餐后，"有几位展示了他们的花（其中大部分是熊耳花），五位年长睿智的园丁担任评委，评定谁的花更出色"。到了1738年。《约克报》宣布在即将举行的宴会上为"开得最好的康乃馨"提供一个金戒指作为奖励。在这个阶段，出现在比赛中的熊耳花和康乃馨比郁金香更普遍，不过后来郁金香秀展的广告出现了，例如1748年5月7日和14日在《伊普斯维奇日报》上刊登的广告，宣传了5月17日在伯里·圣埃德蒙兹的旭日酒店的会议和第二天在尼德姆市场的天鹅酒店举行的会议。这种活动被当作是秀展，而不是盛宴。

英国花匠虽然越来越以培植自己的花卉为主，但仍然在很大程度上仿效法国和佛兰芒的同行。但是，是否真的如考威尔（1690—1730）的法国搭档贝兰丁所说的那样法国的流行风尚是将郁金香的颜色编码在它的名字中，即"Bonne Veuve"就是白色和紫色？因在伦敦霍克斯顿的苗圃中种植巨大的芦荟而出名的苗圃主约翰·考威尔就认为是这样的。考威尔最喜欢的郁金香是"灰紫色"（托马斯·汉默爵士的获奖郁金香"汉默玛瑙"的颜色之一）、紫色、紫罗兰色或肉色。他说，最好的种苗便出自其中。

就像同为苗圃主的约翰·瑞亚一样，考威尔对花有着学术上的好奇心。他注意到，花瓣较窄的郁金香比其他的更容易裂变。他还努力解决异花授粉的问题。他的一个朋友播下了"初代巴格莱特"的种子，这是一种明显比一般花高大的紫色郁金香，"从它那儿，"考威尔写道，"突变出了许

THE NATURALIST'S VISIT TO THE FLORIST.

A Gentleman who was remarkably fond of raising fine Tulips, shewing his Collection to a Friend who was equally curious in Butterflies, a scarce Fly called the Emperor of Morocco presenting itself to our Naturalist on one of the Tulips, He without any hesitation made his way over the whole Bed to seize the prize, crying out regardless of his Friends entreaties, an Emperor! an Emperor! an Emperor! by all thats lucky.

Published 24th May 1798, by LAURIE & WHITTLE, 53 Fleet Street, London.

利益冲突
如 1798 年的卡通画《博物学家拜访花店》所示

多值钱的不同的颜色的花，或者是带了条纹，珍贵到可以卖到一千荷兰盾一朵的价格。同样的种子培植出来的花第一次开放时就能开出多种不同颜色。但根据我们这个时代的哲学，关于植物通过相互结合而产生新一代品种一事，可能从源头就出现了问题，这些种苗才会有如此的多样性。我希望有些好奇的人可以试试鹦鹉郁金香，把黄色和红色的品种种在一起，并把它们的种子保存下来，然后播种……如果稍加关照这样的配种就可能会生出一些稀有品种来。"

与当时所有的种植者一样，考威尔主要关注的是郁金香的"突变"问题。种植者们已经意识到，有些品种的郁金香似乎比其他品种更容易裂变，而且某些颜色的郁金香突变效果特别好。塞缪尔·特罗威尔是伦敦内殿律师学院的长老会财产管理人，曾用"欧洲的胜利"的郁金香种子培植出了一些极具潜力的郁金香。这是一种紫色和白色的花，有细密羽毛纹，被公认为当时所有郁金香中斑纹和颜色最稳定的品种。考威尔认为，它的稳定性是由于它的紫色条纹是在花瓣的外侧而不是内侧。

苗圃主詹姆斯·马多克在1742年的目录大全中最终将郁金香标为专业种植者的花卉，就像今天对待秀展菊花一样。目录列出了六百六十五种不同的郁金香，其中最昂贵的要七十五弗罗林一株鳞茎。马多克的沃尔沃斯苗圃是1770年左右当他从兰开夏郡的沃灵顿南迁后建起来的，后来成为郁金香爱好者的圣地。十六世纪时的郁金香，曾以其陌生感和新奇性吸引了植物学家和药剂师，然后被贵族和乡绅们热情地接受，花巨资购买新品种展示在花坛和草地围边里。现在，它已经演变成了一种业余爱好者的花卉，不过谁都没有爱丁堡法庭的首席书记官詹姆斯·贾斯蒂斯（1698—1763）（也是郁金香的狂热爱好者）早，他成功地以十七世纪的常规风格令自己因为这一项爱好而破产。

贾斯蒂斯与菲利普·米勒同为英国皇家学会的会员，他脾气暴躁，自以为是，对金钱不计后果，夸夸其谈，但终究算是个可爱的人。他在爱丁堡外三英里处的中洛锡安郡的克雷顿建造了他的第一个花园，并维护超过三十年之久。它被认为是当时苏格兰最好的花园之一。他是第一个在苏格兰种植并收获菠萝的人（也许是有史以来最昂贵的菠萝），他曾多次去荷兰研究球茎的栽培，和佛兰芒种植者弗朗索瓦·贝林克斯熟识，考威尔曾将贝林克斯作为郁金香的权威引述，贾斯蒂斯还在哈勒姆的富海姆斯及范崇佩尔两家苗圃砸下了巨额金钱。他们"总是以诚相待"，贾斯蒂斯无怨无悔地说道，尽管有时为一株郁金香鳞茎他就要付出五十英镑。他种植了多种神奇的比布鲁门郁金香，如，"印度皇帝"、"无与伦比布鲁诺"、"路易大帝"、"刚果女王"、"里尔凯旋门"、"红色鹦鹉"和"泰王"。他还为曾经风靡一时的法国郁金香"巴格莱特·里高德"而疯狂，这是一种白底的玫瑰紫郁金香。"很美的大花，非常强壮，而且有些花是如此之大，以至于完全绽放时，那巨大的花瓣中能盛装下一品脱的酒。"

实践性实验也是贾斯蒂斯的园艺方式中重要的一环。实验的原动力可能是出于竞争心理，而不是利他性的，但无论动机如何，这些实验都有了成果。他花了很长时间为他心爱的球茎配制一种最好的堆肥。"为风信子、郁金香、毛茛和欧银莲配制出一种……同等质量的土壤，能让它们像在荷兰那样开花和繁殖，这对我们大多数英国园丁来说，还是一门很少人知道的学问"。对于他的堆肥，贾斯蒂斯给出的步骤就像精美水果蛋糕食谱一样精确。其成分包括三分之一的腐烂的树叶，在那之前，人们还没有想到过用它作为覆盖物或堆肥。他也像其他人一样，担心郁金香的突变问题，他也坚信答案必在土壤之中。他的解决办法，非常昂贵的解决办法，不仅是从荷兰进口郁金香鳞茎，而且还从荷兰进口了一船土壤。

1757年6月，詹姆斯·贾斯蒂斯的财务问题已经很严重了，他因为没有支付年费而被皇家学会开除。他并不气馁，继续在自己的名字后面加上有魔力的FRS（皇家学会会员）字样，并愉快地与圈中其他植物爱好者保持着大量的通信。1758年，他答应给弥尔顿勋爵一些郁金香和毛茛，并在信中附上详细说明了如何准备花坛。"在你的郁金香中，会有一些国王、王后和其他伟大的人物，我希望你能给这些伟大的人物提供合适的花坛。"五年后，当他去世时，他已经失去了房子以及无法和他在园林花卉上花费的心血相匹敌的财富，这些毁了詹姆斯·贾斯蒂斯的花卉被摆上拍卖桌："全部为曾在英国和外国的目录中出现过的最好品种的毛茛、风信子、球茎鸢尾和郁金香，都将在莱斯的贾斯蒂斯夫人的花园里进行拍卖，大包或小包，随君挑选。"大部分的花都是由当地的种子商德鲁蒙德公司购买，他在爱丁堡的劳恩市场的利伯顿的温德街对面有一家店面。一个月后，《喀里多尼亚水星报》刊登了德鲁蒙德公司有贾斯蒂斯家花木出售的广告。四年后，这家公司仍然在做广告："郁金香、重瓣意大利九轮草、水仙……"但最后一个老派的、伟大的郁金香种植者早就以不屈不挠的姿态倒下了。如果有什么东西值得让自己付出破产的代价，那么郁金香就是。

第四章

荷兰及郁金香热

尽管荷兰之于郁金香现在就像美国之于汉堡包一样，但在欧洲的郁金香故事中，荷兰人可没资格声称拥有第一的地位。第一批鳞茎可能是由一名法国人引进的。1562年鳞茎便从君士坦丁堡运抵安特卫普，远远早于运到阿姆斯特丹的时间。第一朵已知的郁金香出现在巴伐利亚的奥格斯堡一位商人的花园中，并由瑞士植物学家和医生康拉德·格斯纳记录下来。不过，郁金香一经引进，就迅速在西属尼德兰十七省蔓延开来，尽管不久之后内战就开始爆发。战争导致荷兰共和国在北部七省成立，也就是在那里，荷兰早期的郁金香种植在哈勒姆周围开始了。到了这个时候佛兰芒的育种者早已经将这种花培植到了一个远胜于行政法院委员长赫瓦尔特那些普通的红色品种的水平。佛兰芒出产的花卉滋养了法国的"郁金香狂热"，而这比荷兰人被自己的"郁金香狂热"搞垮早了二十年。但荷兰人是留守者。通过种植和销售鳞茎的工业化及应用性，荷兰人确保了自己郁金香贸易中最后胜利者的地位。

第一批郁金香种植者在十七世纪初哈勒姆南部沿着瓦赫涅赫街和小路桥一带建起了苗圃。在十七世纪的前二十年中，郁金香多是以大单位出售的。花用于花坛中整铺畦床的行列种植，并以昂贵的价格落入庄园主及其园丁的手中。随着最初库存的增加，市场也随之扩大，所以到了十七世纪二十年代，顾客就能以十二弗罗林一磅或者一篮子的价格买到便宜的单色品种。但是，新的"裂变"品种，那些双色的有着精致的羽毛纹和耀斑的

自画像

小克里斯平·德·帕斯（1594—1670）

品种，从一开始就开出了无以伦比的价格。十七世纪三十年代中期的荷兰"郁金香狂热"只是整个历程中的高潮，这一历程自从第一批郁金香从克卢修斯的花园中被盗起就已经开始了。

埃马纽埃尔·斯韦特（约1552—1612）只是那些在阿姆斯特丹销售奇珍异宝：贝壳和填充鸟类标本以及郁金香鳞茎和种子——的商人中的一个。荷兰商人已经试图占领郁金香市场，他们从佛兰德斯和法国购入郁金香鳞茎，然后转手卖给有钱的顾客。斯韦特自称是鲁道夫二世的园丁，也向维也纳和布拉格的宫廷以及荷兰的园艺师提供植物。他的苗圃目录——1612年的《花卉》，沿用了早期草药书的做法，给每株郁金香贴上了长长的拉丁文标签；拉丁文可以确认地位，加强尊崇感。他的红黄相间的郁金香标上了"Tulipa lutea rubris flamulis latis"之类的名字，不过很快就有了更让人舒服的品种名——"莱金之彩"或"范·霍恩海军上将"。郁金香是最早得以如此命名的花卉。在荷兰，皇室已经不受欢迎，因此这些法国来的郁金香通常被命名为海军上将和将军，而不是国王和王后。这些名字并不是为了纪念真正的海军上将和将军。"波尔将军"是以哈勒姆的郁金香种植者彼得·波尔的名字命名的，而"波特巴克尔海军上将"则是对高德的普通人亨利克·波特巴克尔的溢美之称。新的育种苗木品种常常被冠以"征服"，如"征服的范罗伊恩"。

早在1614年，作者们就在取笑那些斥巨资购买像斯韦特这样的商人提供的郁金香鳞茎的人。"傻瓜和他的钱很快就会分开"。这是那一年在阿姆斯特丹出版的罗默·维舍尔的《符号书》中克莱斯·扬斯画有两株郁金香的版画上面的格言。但昂贵新玩意儿的目录仍在继续印制，与之对抗的是更多的道德教育小册子抨击放纵俗欲的危险。而俗欲却是1614年小克里斯平·德·帕斯（1594—1670）的《花卉之园》的主要内容。此书是一本普通花园植物的图集，供苗圃主们用来刺激顾客购买自己商品的胃口。实际上，这些都是经典的广告，就像现在的营销人员所说的对点销售的材料。在10月和11月的黑暗日子里，潜在客户需要知道德·帕斯提供给他们的这些不可思议的外国鳞茎中究竟是什么。以十七世纪的标准来说，这本汇

47

Tulipa mayor De Jacobi
Bommÿ lutei Coloris rubris
flammis destincta

雅各布·博姆的郁金香
选自克里斯平·德·帕斯 1614 年的《花卉之园》

编是畅销书。1617年左右，又在原选集的基础上增加了十二页的补编，其中有二十种郁金香极尽精美的插图。其中一种郁金香，岩生郁金香，出现在大多为带条纹和斑点的郁金香的插图中，这是一种最早从土耳其进口仍然具有尖锐花瓣特征的郁金香。德·帕斯还选了重瓣郁金香"伊亚科比·邦米"；一个和现代的链桩非常相似的装置，能使花朵保持直立，能够在一只如神风特攻队飞行员般集中攻击的蜜蜂俯冲下来时支撑住花朵。他的作品中，德·帕斯还列出了遍布北欧的郁金香种植者的名字：亚伯拉罕·迪·高亚、沃尔克特·库尔赫特以及阿姆斯特丹的另外九个人，再加上来自代尔夫特、鹿特丹、海牙（来自海牙的画家和绘图师雅克·德·盖恩出现在德·帕斯的名单上）、高德，乌得勒支和哈勒姆的其他人。名单上人数最多的一组种植者是在布鲁塞尔，再远一些的安特卫普、法兰克福（雕刻家和出版商约翰尼斯·德·布莱的故乡）和瓦朗谢讷、布拉格和斯特拉斯堡都有种植者。德·拉普斯金伯爵是德·帕斯的联系人之一。

这本脚注冗长的小册子无法与德·帕斯推出的宝石般炫目诱人的美物相比，但道德家们却以雷霆之势砸了下来：

这些傻瓜只想要郁金香鳞茎
满脑满心都只有一个愿望
试试吃掉它们吧；会让我们笑着发现
它做成菜有多苦。

这就是泽兰省特纽森的会众从佩特鲁斯·洪迪乌斯（1578—1621）担任牧师的讲坛上会听到的那种东西。只有羊群中最虔诚的人们才可能挣扎着听完那共有一万六千节的诗。

尽管有这样的谴责，但郁金香的价格仍以不可阻挡之势上升。到了1623年传说中的花"永远的奥古斯都"已经卖到了每个鳞茎一千弗罗林的价格（当时平均年收入约为一百五十弗罗林）。这些库存被阿姆斯特丹靠养老金过活的阿德里安·阿姆斯特朗博士眼红妒忌地保护着，在他位于赫

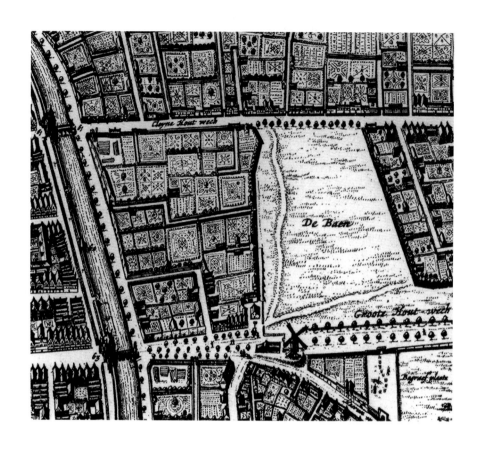

哈勒姆的郁金香花田

选自 J. 威尔的哈勒姆地图 (1646)

德的庄园里只种了"永远的奥古斯都"。编年史家尼古拉斯·瓦森纳写道："……众多昂贵品种中因其美丽而被命名为'永远的奥古斯都'是今年最值得一提的。它底色为白色,蓝色的基部,上有一层胭脂红,一束束不间断的耀斑直通到花瓣顶端。花匠们从未见过比这更漂亮的……""永远的奥古斯都"在很长一段时间内的价格居高不下,所以它一定是一种裂变产生,而生出小鳞茎缓慢的品种。在1624年,这一品种只有十二个鳞茎,每个价值一千二百弗罗林;到1625年,报价已经翻了一番。但到了1633年,每个鳞茎的估价为五千五百弗罗林,在"郁金香狂热"的高峰期,几乎又翻了一番,达到一万弗罗林。"永远的奥古斯都"有史以来的最高价格是在1838年的《荷兰杂志》上,作者报出了一万三千弗罗林的价格。比阿姆斯特丹市中心运河边上最贵的房子价格还高。在十七世纪中期,可以以大约一万弗罗林的价格买到这样一座配有花园和马车棚的房子。

从十七世纪初开始,郁金香不仅仅是在花园中盛放,而且还出现在家具、刺绣,特别是瓷砖上。在荷兰这样一个地势低洼的国家,潮湿是一个永久的问题,石灰石膏很快会变质,而瓷砖就成了更实用的墙面材料。十五世纪下半叶由奥斯曼帝国制造商在伊兹尼克首次开发的瓷砖制造技术,逐步西进,通过西班牙和意大利进入荷兰,而奥斯曼帝国整本整本的图案书,还有着风格化的水果,如石榴和葡萄,以及同样风格化的花卉(最常见的是康乃馨和郁金香)也随之向西流传开去。

代尔夫特只是荷兰北部地区瓷砖制造业繁荣的城市之一;阿姆斯特丹、高德、哈林根、霍恩、马库姆、米德尔堡、鹿特丹和乌得勒支都自己生产瓷砖,不过几大中心使用的图案和设计都相类似。郁金香首次出现在瓷砖上是1610年左右,伴随着郁金香的还有石榴和葡萄等水果。到了1620年,瓷砖制造商也许是受到了诸如克里斯平·德·帕斯的《花卉之园》等书中的插图的影响,郁金香已经被当作独立的图案使用。渐渐地,一种标准的三朵郁金香的设计出现了,一直沿用到十九世纪。有时,郁金香以横切面的形式出现,带有风格化的雄蕊和雌蕊,这是从植物学书籍的插图作者那里借鉴的另一个技巧。至于色彩,瓷砖制造商则比插图画家更受限制,

《郁金香春种》

阿贝尔·格里默（1570—1619）

本身可调用的颜色就较少，而且瓷砖烧制后颜色会发生变化。尽管如此，还是展现了不少奇迹般的精妙效果，瓷砖制造商有时会制作出覆盖两块瓷砖的多色、实物尺寸的郁金香。这些花反映了当时最受欢迎的颜色组合：棕色配白色，芥末色配棕色和白色，紫色配棕色和白色，暗红色配白色以及黄色配棕色和白色。渐渐地，这些多色瓷砖让位于更简洁的蓝白色青花款，模仿当时由荷兰东印度公司等进口的中国瓷器。在这些仍以郁金香和康乃馨为主的青花图案上，增加了不少中国元素的纹样。带耀斑和羽毛纹的郁金香远远超出了普通人的承受能力；瓷砖上的郁金香不失为一种更廉价的选择。

安布罗休斯·博斯查尔特（1573—1621）、扬·勃鲁盖尔和罗兰特·萨维里等大师的花卉画作品中也有郁金香。名副其实的花卉画中至少都得有三朵郁金香，周围有少见的楼斗菜、鸢尾花、金鸡菊和金雀花。即使你出高价购得顶尖艺术家作品，获得这样一束画布上鲜花的价格相比较在花园里种上同样的真花的价格真的所费不多。荷兰和佛兰芒画家在十七世纪蓬勃发展的原因就是因为富裕的市民和商人能够买得起他们的作品。对于有钱人来说，这是荷兰的一个黄金时期，就像伯里克利时代的雅典或是美第奇时代的意大利。在那些因贸易而发家的人的赞助下，艺术开花结果。"绘画无处不在：在市政厅和其他公共场所，在孤儿院和办公室、贵族和平民的家中都有绘画。"花卉画的流行反映了人们对园艺日渐浓厚的兴趣，而郁金香贸易的蓬勃发展又进一步刺激了这种兴趣。花卉之于普通人的生活从未像十七世纪头几十年的荷兰那样占有重要地位。

保罗·泰勒博士是研究这一时期荷兰花卉画的权威，他描绘了花卉画发展的四个时期。第一个时期（1600—1620）包括的艺术家有雅克·德·盖恩、安布罗休斯·博斯查尔特、扬·勃鲁盖尔和罗兰特·萨维里。他们将花束放在画面的中心位置。画面对称、详细、精确，几乎是科学的。花都非常完美，每一朵花都描绘得非常清楚。这些都是档案，十七世纪早期的回忆录，是那些曾经非常贵重的花卉的记录。第二个时代（1620—1650）包括的艺术家如博斯查尔特的姐夫巴尔塔萨·范·德·阿斯特、雅各布·马雷尔和安东尼·克莱斯。在经历了"郁金香狂热"症的创伤后，鲜花就常被视为人类虚荣心和所有尘世欢愉之转瞬即逝的象征。这一过渡时期之后迎来了西蒙·韦勒斯特、瑞秋·鲁伊施和扬·戴维兹·德·海姆的时代（1650—1720），他们擅长将插花放置在极富戏剧性的黑暗背景前。最后这一时代来临（1720—1750），扬·范·怀苏姆那精心繁复的创作将黄金时代的花卉画推向了完美的巅峰。

这是艺术史学家的分析，郁金香通常是这些花卉画作品中的关键元素，但郁金香爱好者可以根据郁金香自身的变化描绘出一个不同的发展过程。安布罗休斯·博斯查尔特的画作，如《樽中的鲜花》《四朵郁金香的玻璃花瓶》和《花卉画件》展示了秀气的球茎形郁金香，花瓣很尖，就像斯韦特《花卉》目录中的花朵一样，不过看上去更加真实可信。花瓣自狭窄的腰部向外翻出，有一种向内卷曲的趋势。后来对英国花匠来说非常重要的花的内部却很少被展示出来。花瓣上的斑纹描绘得很仔细，每一种都不同：鲜艳的黄色，带红色条纹，白色带精致羽毛纹，而在《四朵郁金香的玻璃花瓶》的前景中，有着一朵红色的极品郁金香带白色条纹。在这些艳丽的品种中，偶尔也会出现一朵简单的郁金香。如扬·勃鲁盖尔（1568—1625）的《花瓶》中，一只蝴蝶栖息在一朵出众的三色双层郁金香上，而它下面是一朵不大的杏色郁金香，非常像亚麻叶郁金香巴塔林氏群的"杏宝"。

在《静物与郁金香》中。安布罗休斯·博斯查尔特的儿子约翰尼斯（约1605—约1629）展现了花瓣更圆润的郁金香。红白色的品种比红黄色的更受人们青睐，而这幅画也展示了某些最早培植紫白色郁金香的成果，也就是后来成为花匠培植品种的比布鲁门种。雅各布·马雷尔（1613—1681）在他的《花卉静物》中也画过这些最新培植的品种，他的这幅画描绘了一朵优雅的郁金香，白底棕紫色的耀斑，不太和谐地与粉红色的玫瑰、山谷百合和三色堇一起放在壁架上。如果一幅作品中只有一朵郁金香，那么这朵郁金香有可能是极其罕见的，比如出现在迪尔克·范·德伦1637年那幅作品中的"范高达的将军"那样，"将军"独自立在一只蓝白相间的瓮形花

《瓮中的郁金香》

迪尔克·范·德伦（1604/1605—1671）

画于 1637 年

现存于鹿特丹的博伊曼斯·范·布宁根博物馆

瓶中，带着军事感，它唯一的伙伴是几枚摆在花瓶左边挺有意思的贝壳。

约翰尼斯·博斯查尔特在他1626年左右绘制的《花和水果的静物》中，展示了两种不同的郁金香，即现在被归类为绿花群和鹦鹉群的那种。画面上端的是一朵花瓣较窄的郁金香，红白相间的底色上明显地覆着一层绿色。左边的花更粗壮、个头更大，花形不太清晰。红色和奶油色的花瓣边缘呈现出鹦鹉郁金香特有的裂片，法国人称鹦鹉郁金香为怪物。安布罗休斯·博斯查尔特的小舅子巴尔塔萨·范·德·阿斯特（1593/1594—1657）在他1620年代的作品《花篮》中展示了一朵特别不起眼的郁金香。它出现在画面的右边，是一朵短而钝的紫色花朵，镶白边。埃马纽埃尔·斯韦特在他的目录中提供了同样的花（第32号），标明是"Tulipa purpurea rub. saturata albis oris"（紫色镶白边郁金香）。这些镶边的郁金香不像带条纹的那样受到高度重视，育种者花在优化它们上的时间相对较少。范·德·阿斯特画中那朵小紫郁金香几乎只有占据了画面中心位置的艳丽的红白郁金香的一半大小。它们通常被称为"公爵"（以欧德·卡斯贝尔的阿德里安公爵的名字命名），花形和颜色方面非常稳定。和范·德·阿斯特画中一样的紫罗兰公爵，现在在荷兰利门的球茎花园仍有种植，是保存下来的历史性球茎收藏中的一种。范·德·阿斯特在郁金香领域似乎有着一种怪癖。紫罗兰公爵好像是五瓣的花，而不是更正常的六瓣花。《水果和贝壳静物》的前景中一朵精致的白色郁金香也是如此，它有着精妙的红色羽毛纹。这幅画作于1620年，作品采用了范·德·阿斯特最擅长的暗黑风格，水果上爬满了昆虫。他还画了其他一些奇怪的东西、花瓣比一般花要多的郁金香。他的《贝壳花瓶》中展示了两朵白色的郁金香，有着红色的羽毛纹和耀斑。它们可能是极其昂贵的品种，因为其中一朵有着七瓣花瓣，另一朵有八瓣。花瓣有缺口，并不整齐（也是病毒的影响），不过花的下部是张开的，露出了雄蕊和花药迷人的复杂结构。《郁金香和勿忘我》这幅画中，壁架上的那朵精致的红白色郁金香花中伸出一个带小角的花瓣。范·德·阿斯特在他的《鎏金玻璃花瓶中的郁金香》中再次描绘了同一株郁金香（同样的角，同样的斑纹）。当然，在这一时期的郁金香是非常昂贵的花，就像在法国那

《花卉与静物》

安布罗休斯·博斯查尔特（1573—1621）

绘制于约 1620 年

海牙毛利求斯博物馆

样，经常被时尚女性当珠宝般佩戴。作者不详的《阿玛利亚·凡·索尔姆斯》的肖像就表现了这种风格：画中坐着的主人公头发上夹着郁金香与山谷百合花。但专业的郁金香种植者，如阿姆斯特丹的亚伯拉罕·亚伯拉罕，哈勒姆的彼得·波尔和范·凯克尔，在当时至少也获得了与博斯查尔特和范·德·阿斯特同样的声誉。

德·海姆和丹尼尔·塞格尔作品中表现的郁金香比安布罗休斯·博斯查尔特画中的花朵更大。花瓣上的颜色分布越来越细致，而花形本身也变得越来越松散。比如扬·范·怀苏姆著名的《陶罐中的花卉》或《壁龛中的花瓶》，这种转变已经完成。这是些我们熟悉的巨大的、招摇的、圆形花瓣的郁金香。在花形上失去的妙意，因花瓣上的精致得到了补偿。虽然花瓣更长、更松散了，但它们的斑纹却很精致，而范·怀苏姆的作品则表明，在自然界允许的范围内最接近黑白色的可能中，经过长期、耐心的培育比布鲁门的进程现在终于几近完成了。这些郁金香上的斑纹，比起自然界自身的裂变（由病毒引起）那种不分青红皂白地抓住机会加以利用的方式要显得颜色更淡，分布也更对称。在佛兰德斯和荷兰，以及英国，都已经制定出玫瑰种和比布鲁门种优秀的标准。他们寻找几乎是纯白的底色上笔触最细微的红色或深紫色的斑纹。扬·范·怀苏姆在《壁龛中的花瓶》中那枝美丽的紫白色的郁金香，到了"路易十六"时终于至臻完美，成为十八世纪郁金香爱好者中最负盛名的比布鲁门种郁金香。它由佛兰德斯引入荷兰，并于1789年，即范·怀苏姆去世四十年后，由荷兰花匠范·尼乌克首次推出（二百五十荷兰盾一球）。"郁金香狂热"的第一阶段由鉴赏家和学者主导，随后是从十七世纪二十年代末开始的第二阶段，特点是种植者变得越来越专业。随着郁金香成为一种商品，苗圃的生意向企业化发展，许多新的苗圃纷纷成立。当代哈勒姆业主登记册的记录中有克莱斯·维沃斯在第一大街的七十六杆[①]的花园。亨德里克·斯瓦尔米乌斯在波利斯街（也可译为鳞茎街）的花园有十七杆。亨德里克·韦斯滕斯在科尼奈斯

---

① 长度单位，1杆等于16.5英尺，约5米。

《水果和贝壳静物》

巴尔塔萨·范·德·阿斯特（1593—1657）

海牙毛利求斯博物馆

街开垦了四十八杆的种植园。皮特·凡·多普、戴维特·德·米尔特和纪尧姆·德·米尔特都在小村街。扬·德·斯梅特、弗朗索瓦·范·恩格朗（肯定是英国来的）、巴特尔·哈曼斯、彼得·梅尔茨和其他四人都在小路桥的东侧。扬·雅各布斯、亨德里克·约斯特、克莱斯·亨德里克斯、弗兰斯·马库斯和其他十三位苗圃主则在西侧。而在1637年阿尔克马尔鳞茎拍卖会上卖出"阿梅拉尔·卡特琳"和"帕拉贡·卡特琳"的扬·卡斯特莱恩，生意地点则在坎本斯街南面。一些新生代的苗圃主都曾在老牌公司当过学徒。例如巴伦特·卡多斯，他的名字经常出现在报纸上，处理另一位花匠戴维特·德·米尔特的遗产，他曾是皮特·博尔的二把手，不过三十多岁时离开了公司，而后在哈勒姆附近建起了自己的苗圃。哈勒姆周围肥沃的冲积土是种植鳞茎的理想之地，沿着小桥路一带，扬·范·达姆等种植者开始与买家直接交易。可用土地短缺对种植者来说一直是个问题。在荷兰"郁金香狂热"的鼎盛时期，买卖双方签订的合同显示，鳞茎往往种植在第三方的土地上，而第三方无疑会从销售所得中抽成。范·达姆从当地救济院租了土地，以满足对郁金香鳞茎不断增长的需求。大多数的种植者当然是荷兰人，但是外国人也做得风生水起，例如葡萄牙犹太人弗朗西斯科·戈麦斯·达科斯塔。他在菲亚嫩有一个苗圃，专门种植炫目的黄底红色条纹的奇异郁金香。

种植者能提供价位差别很大的郁金香，从昂贵的带条纹的品种到便宜得多的、售价仅为几英镑一打的单色"瑞士人"和"黄色皇冠"。种植者直接在他们的苗圃中交易，不过他们也雇佣巡回推销员，在远离哈勒姆和乌得勒支生产中心的集市和市场上兜售便宜的鳞茎。"罗根"这种白色缀玫瑰色条纹的品种就很受欢迎。在白底上有着更深一些红色条纹的"布拉班森"也同样受欢迎。白底紫色条纹的"安特卫普"后来也很流行。苗圃主们也深谙鳞茎和裸根发往国外的保存之道，以确保收货时它们能处于良好状态。荷兰在郁金香贸易中的霸主时代开始了。

受安布罗休斯·博斯查尔特和扬·勃鲁盖尔等艺术家创作的先驱性花卉画影响，之后出现了更多专精郁金香的书籍，由皮特·范·库文霍恩、

《斯佩拉蒙迪》

选自约 1640 年由小安布罗休斯·博斯查尔特（1609—1645）

绘制的一本郁金香书籍

朱迪思·莱斯特（约1610—1660）、雅各布·马雷尔、安东尼·克莱斯和小皮特·霍尔斯泰恩等制作。大约在1640年，小安布罗休斯·博斯查尔特（1609—1645）也制作了一本郁金香书，现存于剑桥的菲茨威廉博物馆，书中展示了许多当时的名品，包括精美的粉红底白条纹的郁金香"奥林达"，一个鳞茎的价值达四百荷兰盾。这些书有几种用途。有些像古抄本《艾希施泰特花园》，记录郁金香爱好者的收藏；德·盖斯特于1650年左右在吕伐登制作的花册即被认为是用于展示拿骚-迪茨的威廉·弗雷德里克两年前在吕伐登设计的花园中种植的花卉。当荷兰种植者的苗圃成为整个欧洲的苗圃时，其他的郁金香书籍就成为非常出色的销售目录，诱惑着购买者进一步奢侈挥霍。鳞茎转手时处于休眠期，因此种植者显然认为值得出钱让艺术家向潜在的客户展示那些交货时藏在不显眼的干棕色"根茎"中的美物。即使在标志着郁金香泡沫崩溃的价格狂泄之后，郁金香仍然是一种昂贵的物品，昂贵到足以令这种奢华的付费收藏编档工作得以继续下去。佳士得于1995年11月13日在阿姆斯特丹举行的荷兰和佛兰德斯古美术大师拍卖会上出现的郁金香绘本是用来为1637年于阿尔克马尔举行的鳞茎拍卖会打广告的。这本画册由一百六十八幅水彩画组成：一百二十四幅是郁金香，其他是百合、水仙、欧银莲和康乃馨。在阿尔克马尔的拍卖会上，一百八十个鳞茎被以九万荷兰盾的总价售出，相当于今天的六百万英镑。

与博斯查尔特一样，画家雅各布·马雷尔既制作了目录也绘制了花卉画，两者之间有着相互促进的作用。可以很容易地发现的是在他1635年的画作《郁金香、玫瑰和其他花的静物》中，前景中的红白色郁金香与他1640年出版的郁金香书中的那朵花一模一样。不过如果他只是抄袭自己，也总比被别人抄袭要好。后来出现的几本目录都是由其他人复制的马雷尔的最早版本。瓷砖制造商们也盗版郁金香书籍图案。有一组十块瓷砖的系列上那实物大小的郁金香似乎就是从朱迪思·莱斯特出版的郁金香书籍中复制的。

荷兰郁金香书中的插画多为水彩或水粉画，花朵有时用黑色铅笔勾勒轮廓，或用银点法令花瓣带上光泽。再用笔和墨水以十字式笔触添加，或

"干净利落"

巴托洛梅乌斯·阿斯泰因（1607—1667）

阿姆斯特丹历史博物馆

163

用阿拉伯树胶或蛋清在花上添上一层光泽。就像肖像画家经常让助手为画作填充背景，花卉画家有时会让能力较差的助手来画郁金香的茎和叶片。经销商目录中的郁金香通常会被编号，并注有名称、重量（以安士①为单位）和价格。有时它们在画中成对或以组合呈现，每朵花都带有相似的羽毛纹或耀斑。这些可能是姐妹花苗，或者是从类似的"种苗"鳞茎中裂变出的不同品种。雅各布·马雷尔书中的一些郁金香就是这样安排的，其中一页显示了一株玫瑰郁金香，在白底上有密密的草莓粉色羽毛纹，旁边是同类型但斑纹更细腻的例子，上面的粉色像是用最细的笔刷涂抹上去的，而基部的黄色则沿着五片花瓣中脊延伸向上。

　　郁金香书籍大多展示的是郁金香种植者培育的昂贵新奇品种。只不过偶尔，如约1630年皮特·范·库文霍恩制作的《鲜花集合》中，出现了诸如林生郁金香这样的物种，和旁边高度栽培的品种相比，显得相当矮小。而出现在第四十页右下角的是艳光四射的弗维氏郁金香（T. Vvedenskyii）吗？库文霍恩当然不会知道它们叫什么名字；这些来自亚洲中部的物种直到二十世纪才被命名。库文霍恩展示了许多当时最时髦的郁金香：培植成熟的红白相间的品种，两朵高大的长花郁金香，紫色和白色的斑纹粗糙且不太均匀（这些比布鲁门种的育种工作还有很长的路要走，才能达到与红白色郁金香的精致相媲美的程度），绿花郁金香，纯白色，黄红两色的皇冠，以及紫色镶白边的郁金香，就是巴尔塔萨·范·德·阿斯特在他1620年代的作品《花篮》中画过的那种。

　　到了1635年冬天，郁金香行业充满了各种背景的投机者：

　　　砌砖匠、木匠、伐木工、
　　　　水管工、玻璃吹制工、园丁、
　　　招待员、农民、商人、

---

① azen，一种为郁金香称重独有的极小计量单位，仅为1/20克。

皮特·范·库文霍恩制作的郁金香书

十七世纪上半叶（伦敦林德利图书馆）

平民、小贩、屠夫、

旧货商、糖果商、铁匠、皮匠、

咖啡研磨师、卫兵和酒商

剃毛匠、剥皮匠、制革匠、

铜匠、神父。

订书匠、印刷匠、排版者、

律师、文员、检察官、

校长、磨坊主、玻璃雕刻师、

老年人、拆迁工、养猪倌。

"郁金香狂热"，郁金香漫长而复杂的历史中最具灾难性的现象，像热病一样在全国蔓延。1559年，赫尔瓦特议员精心挑选后邀请一些人前来欣赏他最新的收获——一株生长在低矮花梗上的壮硕红色小花。这些人中没人能够想到，在不到一百年的时间里，这种花，这种郁金香会令荷兰许多最殷实的商人破产。但在十七世纪上半叶，郁金香还很年轻，不负责任，还没学会花哨。它可以俘获人心，也可以令人心碎。

依此来看，赫尔瓦特议员那朵朴实无华而又敦实的花很难引发荷兰的郁金香爱好者们在1634年至1637年间那种疯狂的交易。驱动力是这场游戏中的投机因素，一种平凡的、相对没什么价值的鳞茎可能在某一季奇迹般地出现具有鲜明对比色的羽毛纹和耀斑。"裂变"是一个谜，直到二十世纪才被揭开。但在十七世纪的荷兰，它为参与者提供了一个不可抗拒的彩票元素，这是由花卉引发的最疯狂的游戏。如果参与者都是种植者，那么"郁金香狂热"也许就不会发生。但他们不是。但凡需求大于供应（由于还没有种植者破解裂变的原因，郁金香肯定属于这种情况），急功近利的商人便会嗅到商机。在英国，发生在二十世纪八十年代的购房热潮也同样是这种情况，当时热衷于买房和卖房交易的是那些并无自住打算的人。十七世纪初的郁金香也是同理。而且，就像那样盲目投入炒房的狂热的不幸买家

《亲爱的布劳内》

小皮特·霍尔斯泰恩

167

一样，郁金香的购买者也发现自己深陷负资产中。画家扬·范·戈扬就是其中之一。1637年1月27日，在"郁金香狂热"的高峰，在经销商阿尔伯特·克拉斯·范·拉维斯汀出具的销售票据上签了名。"我已向扬·范·戈扬大师出售一株名为'哈格纳尔'的郁金香，售价为十八荷兰盾，四株名为'里恩维克'的郁金香，每株九荷兰盾。作为四株'里恩维克'的交换，拉维斯汀获得价值三十六荷兰盾的绘画作品《犹大图》的所有权，及三十二荷兰盾现金。另有一株名为'麦克斯'的郁金香，重五十安士，用以交换鲁伊斯代尔一幅价值六十英镑的画作。"仅仅在这笔交易上所涉金钱，更不用说画作，就相当于一个阿姆斯特丹砌砖匠一个月的工资了。1637年2月4日，范·戈扬还许诺了一笔更奢侈的交易：两株每株四英镑的"骆驼"（亚历山大·马歇尔在他的花册中所画的红黄郁金香），一株十八英镑的"珍珠"，一株"杰瑞兹"，六十英镑的价格惊人，四株"网格"也是每株六十英镑，以及一组其他郁金香的四分之一份额。销售票据上不吉利地标着"扬·范·戈扬的义务为……八百五十八英镑"。他在无力偿还之下去世，在临终前仍被郁金香的幽灵所困扰着，就是"杰瑞兹"、"瑞士人"、"黄色火焰"以及其他他在终结"郁金香狂热"的大崩盘前夕出了大价钱购买的郁金香。

但为什么"郁金香狂热"会发生在荷兰？当然，部分原因是因为在1593年，在"郁金香狂热"像瘟疫一样暴发的四十年前左右，克卢修斯来到莱顿，负责设计一个全新的植物园。他带来了西欧能找到的最好的郁金香收藏。因此，这批种苗在正确的时间出现在了正确的地点。然后，一场大瘟疫，一场真正的瘟疫，于1633年和1635年之间席卷了荷兰。而之后的原由是否包括由于劳动力短缺促使工资大幅提高，这些砖瓦匠、木匠、伐木工和水管工生平第一次有了可以输掉的钱财？

美国也以一种间接的方式发挥了作用。在十六世纪上半叶，欧洲的主要贸易港口仍然以地中海为中心。但是，1500年亚美利哥·韦斯普奇的船队前进的地方出现了新大陆，这也逐渐改变了贸易模式。里斯本和安特卫普等位于欧洲西海岸的港口，就逐渐变得比地中海海岸的热那亚更重要。

1576年，西班牙士兵洗劫了安特卫普，阿姆斯特丹从中受益。在1585年至1650年间，阿姆斯特丹蓬勃发展，成为了欧洲西北部的商业活动中心。小威廉·凡·德·维尔德（1633—1707）的画作中描绘了挤满了各式各样船只的阿姆斯特丹港。这座城市成为了世界的仓库：丝绸及其他纺织品、香料、木材、酒、鱼干、金属，都可以在这里找到了市场。阿姆斯特丹还成为欧洲最重要的粮食交易中心，也因此出现了另一项发明——商品市场。证券交易所成立，监管货币兑换的银行也出现了，即阿姆斯特丹银行。一旦这一技术框架建成，从交易实际的商品到交易美梦只有一步之遥。

在荷兰，从克卢修斯的莱顿花园偷来的郁金香种子也在肥沃的土壤中生根。郁金香从种子生长到开花大小的鳞茎需要七年时间，因此在1593年至1634年期间，共有六次收成，这样一来库存的鳞茎数量就大大增加。栽培中心是哈勒姆，但随着需求的增长，鳞茎花田也在扩大，包括代尔夫特、阿尔克马尔、高德、霍恩、鹿特丹和乌得勒支。荷兰人作为欧洲花木苗圃园艺师已经声名在外。他们是细心、勤奋的种植者，同时也善于销售植物。在他们的手中，郁金香鳞茎长得很快；但又不能太快。这一点很重要。如果这种花想要卖出高价，就必须保持某种神秘光环。那种能致郁金香"裂变"的病毒确保了它的神秘性。

当然，从二十一世纪的角度来看，"郁金香狂热"几乎是让人难以置信的。当我们发现一种普遍存在的花，就会给它起一个名字，并在植物学家族或分类群的大表格中找到它适当的位置。我们熟悉大量的植物：香蕉、菠萝、兰花、食虫植物、寄生在其他植物上的植物、在黑暗中发光的植物。我们了解它们如何生长、光合作用和授粉。我们明白植物如何自我繁殖，如何为人类的目的培育它们。可是十七世纪的情形并非如此。植物命名几乎尚未开始。自然界是无尽的奇迹、神奇魅力和辩论的源泉。雅克·德·盖恩和安布罗休斯·博斯查尔特等艺术家绘制的充满细节的花卉、昆虫、贝壳和矿物，被认为就像当时陈列在珍奇屋或展示柜中的珠宝和银器一样稀有珍贵。英国苗圃专家约翰·瑞亚在"郁金香狂热"过后不久写道，完美的花圃应该以"橱柜的形式组建，用数个尺寸合适的盒子来收纳、

Tooneel van FLORA.

Vertonende :

Grondelijcke Redens-onderſoekinge,

vanden

HANDEL DER FLORISTEN.

Gheſpeelt/ op de ſpreucke van Anthonius de Guevara :
Een voorſichtich eerlijck man, ſal altijt meer ghedulden,
dan ſtraffen.

T'ſamen geſtelt; mits/ datter dagelijx :

Uyt haat : ſpruyt ſmaad.

Noch is hier by-gevoegt de Lijſte van eenige *Tulpaen* vercocht aende meeſt-
biedende tot Alcmaer op den 15 Februarij 1637.   Item 't Lof-dicht
van *Calliope*, over de Goddinne F L O R A, &c.

t'AMSTERDAM,

Ghedruckt by Iooſt Broerſz. Boeck-drucker inde Graeve-ſtraet,
inde Druckerpe / Anno 1637.

安全地保存大自然最珍贵的珠宝"。那些买不起珠宝的人就会委托人画下这些珠宝。即使是安布罗休斯·博斯查尔特或扬·戴维兹·德·海姆的一幅静物画也很少能超过二万镍币①。但在1637年2月5日在阿尔克马尔举行的郁金香鳞茎拍卖会上，每个鳞茎的平均价格为一万六千镍币。特殊的品种，如红白色的"永远的奥古斯都"可以卖到二十六万镍币。正是在这种热烈的气氛中，"郁金香狂热"的萌芽开始形成。而只有当那些美化郁金香的人开始利用它时，感染才变成恶性的。

　　讽刺对话《合作》生动地讲述了"郁金香狂热"的剧情，这部剧是由阿德里安·罗曼于1637年，泡沫破裂那一年在哈勒姆出版。故事发生在两个织工之间，瓦尔蒙特（"说真话"）和加尔戈特（"贪心货"）。"贪心货"试图说服"说真话"加入他歇斯底里的投机活动中。虽然有些狂躁，但郁金香交易仍然受到程序的制约。"贪心货"说，首先"说真话"必须加入一个设立在各种客栈里的社团或俱乐部，即花匠（鲜花种植者，而不是鲜花销售者）的公司。在所有主要的鳞茎种植中心：哈勒姆、代尔夫特、恩库伊森、阿尔克马尔、莱顿、乌得勒支、鹿特丹，都有这样的社团。"因为你是一个新人，会有些人像鸭子一样嘎嘎叫，有些人会说'妓院里的新妓女'等等，但不要在意。这都是入会仪式的　部分。你的名字将被记在一块石板上。"（现代最接近这些仪式的也许是共济会会所。）"贪心货"说，一旦被公司接纳，"说真话"可以选择以下两种方式之一出售他的郁金香，要么"met de Borden"，要么"in het Ootjen"。前者实际上是通过仲裁销售，borden是两块石板或平板。买方在其中一块上写下某一株郁金香他出的价；在另一块上，卖方写下他能接受的价格。这两块石板被交给两名仲裁员或代理人，交易双方各提名一位。他们把价格调整到认为公平的数额，并将石板交还给交易双方。如果他们接受，价格就可以定下来。如果他们不接受，那就擦掉数字重新开始。

　　而被称为"in het ootjen"的流程更接近公开拍卖。ootje指的是拍卖师

---

① Stuivev，早期的荷兰货币，20镍币等于1银制荷兰盾。

选自朱迪思·莱斯特的郁金香书

绘制于 1643 年

羊皮纸水彩及银点法

写下某个鳞茎最高出价的圆圈。它是记录竞标进展和金额的一种快速图标式简记的一部分，以百和千荷兰盾为单位记下买家愿意支付的数额。在每次"in het ootjen"拍卖结束后，卖方决定他是否接受最高出价人的价格。在这两种制度下，都要扣除一部分钱上缴（代理人的分成，通常是每个荷兰盾收半枚镍币），充作合议庭资金。除了用于支付会议场所的照明和燃料外，这笔钱被称为酒钱，以保证俱乐部或合议庭的成员有足够的烟草和啤酒。而付这钱的是买方，不是卖方。"贪心货"告诉"说真话"："我去过几次，拿回家的钱比我带去酒店的多。而且我还吃着喝着葡萄酒、啤酒、烟草、煮鱼或是烤鱼、肉，甚至还有鸡、兔和餐后甜点。从早上一直到夜里三四点。""被这样对待是非常愉快的。""说真话"温和地评论道。

不过这种制度很容易被人滥用，而酒店中那些不速之客一直在考验着酒钱的富足程度的底线。"贪心货"自己说的，有几个晚上，酒钱"就像下雨时从茅草顶上滴下的水一样"。可以想象这是怎样的诱惑。正如"贪心货"指出的，"说真话"目前的生意利润几乎都不到百分之十。他说："和花神弗洛拉做交易，可是百分之百的收益。真的，一赚十，一赚百，有时甚至是一赚千。"在"郁金香狂热"兴起之前，一株重达五百十五安士，精致红黄色斑纹的郁金香"范来登"的鳞茎，售价为四十六荷兰盾。一个月之内，价格就涨到了五百十五荷兰盾。淡黄色的"瑞士人"的价格从每磅六十荷兰盾跃升至一千八百荷兰盾。从范·戈扬的账目上可以看到，用来付款的并不总是现金。一名卖家用一株紫白双色的郁金香"总督"换取了做一套带外套的衣服的权利，而且是想要多贵就能多贵。他马上明智地选好了大衣的料子。袖口用金边镶边，尾部用绿色天鹅绒镶边，整件大衣用了完全内衬。"贪心货"说："即便是过去被当成杂草除掉、成筐地扔在粪堆上的东西也被卖出了大价钱。"他已经抵押了自己的房子来购买鳞茎。织工们将自己的织机抵押了出去。不过，流传最广的那宗交易涉及两车小麦、四车黑麦、四头肥牛、八头肥猪、十二只肥羊、两大桶葡萄酒、四桶啤酒、两桶黄油、一千磅奶酪、一张带全套床单的床、一套衣服和一个银杯，其实并没有发生过。这份清单是由众多致力反对"郁金香狂热"之恶的宣传

《花卉画》

扬·勃鲁盖尔（1568—1625）

阿姆斯特丹国立博物馆

员编出来的。他只是将购买一株"总督"郁金香的价格（二千五百弗罗林）和其他常用的商品成本清单作了比较。但是，由于郁金香成交的价格如此之高，郁金香种植者不得不精心安排保护他们的作物。荷兰北部霍恩的一位育苗者，在郁金香花田周围安装了绊马索。如果夜间有人侵入他的苗圃，绳索连着的铃铛就会响。

最后几宗大额拍卖之一发生在1637年2月5日，在阿尔克马尔的新射手靶旅馆举行，共拍卖了九十九组郁金香鳞茎。这场拍卖会由当地孤儿院院长安排，因为旅馆过世了的老板伍特·巴特米尔兹的孩子们就在这家孤儿院。在这次拍卖会上，每个鳞茎的平均价格约为莱比锡一名木匠师傅两年的工资。它总共拍出了九万荷兰盾，以今天的货币计算，约为六百万英镑。鳞茎价格取决于重量（以安士为单位）和名字。按重量销售本意是希望能规范郁金香交易，但实际上却产生了反作用。鳞茎是在初冬时节被称重并种植，种植者仔细记录了每一个鳞茎的重量。但交易进行时鳞茎还在地里。种植时的重量到了仲夏掘起时可能会增加，也可能不会增加。它有可能会，也有可能不会生出子鳞茎。在购买之前没人可以把鳞茎挖出来看看它生长得如何。抑或是可以这么做？

当时的诸多诉讼案中，有一宗是关于"利夫肯斯海军上将"郁金香，一位五十岁的面包师尤里安·扬斯购买了这种郁金香，价格为六荷兰盾，或十二枚镍币一安士。在交易时，这是一株漂亮的郁金香，尖尖的花瓣，白底上带深红色条纹，生长在邻居老克雷泽的花园中。但是，律师写道，"证人去了科内利斯·阿伦茨家中。这里的旅馆老板凯廷曼，在学院和郁金香爱好者协会时，从其他人的闲谈中听到些聊天内容，因此确切地知道，上述提到的'利夫肯斯海军上将'郁金香已经被人看过，并从地里掘取，刮去了泥土。因为一旦上述郁金香所产小鳞茎的确切重量被公布，就没有人愿意以他（原告）之前支付的高价购买了。"因此这桩交易被依法取消了。律师和投机者在郁金香热潮中发了财。

尤里安·扬斯的诉讼是在1636年8月1日提起的，人们当时还在愚蠢地为郁金香鳞茎或是说郁金香期货付钱。一旦这种花成为商人而不是园丁

De drie t'Zamenspraeken

Tusschen

WAERMONDT

En

GAERGOEDT,

over de Op- en Ondergang van

FLORA;

Als mede FLORAES Zotte-Bollen, Troost-
brief, en een Register der tegenwoor-
dige meest geächte

HYACINTEN,

met der zelver Prysen.

Verçiert met een curieuse Prent.

Deze tweeden Druck bermeerdert en ban
beele fauten gezupbert.

TOT HAERLEM,

Bedruckt bp Johannes Marshoorn, Boeckdrucker
op de Marckt. Anno 1734.

《合作》的扉页
1637 年哈勒姆首版，1734 年风信子热开始时再次发行

176

的乐趣，就吸引了越来越多的中间人，每个人都想从中分一杯羹。从1636年春天开始中以安士为重量单位出售郁金香起，仅这些费用就急剧地推高了郁金香的价格。只有最好的郁金香，如"总督"和"永远的奥古斯都"这样的"精品"，才可以按安士出售。这些品种的红白色或紫白色的"裂变"是最值钱的。红黄色裂变次之，如果有不错的红色或紫色的色斑镶白边则排在第三位。单色郁金香价值最低，除非它们是已知的优良的"种苗"品种，即有可能裂变出昂贵的条纹的品种。廉价的郁金香是按磅卖的，甚至是按篮卖。

　　正如一位讨伐者所预言的那样，一旦市场上的卖家多于买家（从人数上来看这极易触发），"郁金香狂热"的崩溃将不可避免。事实也正是如此。1637年的交易开始得颇顺利。1637年1月16日，彼得·威廉姆森·范·罗斯文出价九十弗罗林购买了一株"雷格伦特"郁金香，种下时重量为一百二十二安士。这株郁金香生长在当地牧师亨利库斯·斯瓦姆的花园中。他的名字通常被写成"Walmius"，1625年10月16日至1649年1月12日间，他负责哈勒姆的荷兰归会教堂的教区。他的花园位于哈勒姆小桥路附近的波利斯街。前一天，同样是他以二百三十弗罗林的价格出售了一株种在科内利斯·韦尔韦尔的花园中的"扬格瑞特"郁金香，种植时的重量为二百八十八安士。这笔交易的酒钱高达十二个镍币。在接下来的两个星期里，范·罗斯文像疯子一样进行交易，靠郁金香赚了——至少在纸面上——近三千盾。尽管在1637年2月5日的阿尔克马尔拍卖会上卖出了天价（甚至可能是由它引发的），但谣言正在侵蚀郁金香泡沫的脆弱根基。在这些神话般的长长的交易链的末端，某个人，某个地方，得是那个真正想要这株花本身的人。如果没有这样一个人，那整座大厦就会倾塌，而事情也正是这样极壮观地发生了，所有的郁金香鳞茎交易于1637年2月中旬被叫停。

　　1637年2月23日，来自阿尔克马尔、代尔夫特、恩克赫伊曾、高德、哈勒姆、霍恩、莱顿、梅登布利克、鹿特丹、德思德里克、乌得勒支和菲亚嫩的花匠（也就是种植者）在阿姆斯特丹举行会议，以"审议与弗洛拉

Lijſte van eenighe Tulpaen/

Verkocht aende meeſt-biedende/ op den 5. Febzuarij 1637. Op de
Sael vande Nieuwe Schutters Doelen/ int bywelen vande E. Heeren Wees-Meeſteren/
ende Voochden/ ghecoomen van Wouter Bartelmiesz. Winckel/ in ſijn Leven Caſtelepn
vande Oude Schutters Doelen tot Alckmaer.

Inden eerſten.

Een veranderde Botter-man van 563. Aſen gheplant.	263.
De Schipio, van 82. Aſen geplant.	
Een Parragon van Delft of Mols-wijck, van 314. Aſen gheplant.	605.
Een Bruyne Purper, van 320. Aſen gheplant.	2025.
Een Viſeroy, van 410. Aſen geplant.	3000.
De Monaſſier, van 510. Aſen geplant.	830.
Een vroeghe Blijenburgher, van 443. Aſen gheplant.	1300.
Een Gouda, van 187. Aſen gheplant.	1330.
Een Julius Ceſer, van 82. Aſen gheplant.	650.
De Tulpa Kos, van 477. Aſen geplant.	300.
Een Botterman, van 400. Aſen geplant.	405.
Een Schapeſteyn, van 246. Aſen geplant.	375.
Een Bellaart, van 399. Aſen gheplant.	1520.
Een Parragon van Delft of Mols-wijck, van 294. Aſen gheplant.	650.
Een Ameraal Liefkens, van 59. Aſen gheplant.	1015.
Een Viſeroy, van 658. Aſen gheplant.	4200.
De Monaſſier, van 542. Aſen geplant.	920.
Een vroeghe Blijen-burgher, van 171. Aſen gheplant.	900.
Een Gouda, van 244. Aſen gheplant.	1500.
Een Tulpa Kos, van 485. Aſen geplant.	305.
Een Butterman (ſchoon) van 246. Aſen gheplant.	250.
Een wit Purper Ieroen, van 148. Aſen gheplant.	475.
Een Parragon van Delft of Mols-wijck, van 123. Aſen gheplant.	500.
Een Aanvers Veſtus, van 52. Aſen geplant.	510.
Een Sjery Katelijn, vande beſte 500zt/ van 619. Aſen gheplant.	2610.
Een Ameraal van der Eyk, van 446. Aſen gheplant.	1620.
Een Grebber, van 95. Aſen geplant.	615.
Een Gouda, van 156. Aſen geplant.	1165.
Een Tulpa Kos, van 117. Aſen geplant.	205.
Een Parragon Schilder, van 106. Aſen gheplant.	1615.
Een Laroy, van 306. Aſen geplant.	510.
Een Sjery en by, van 129. Aſen geplant.	755.
Een Fama, van 178. Aſen geplant.	700.
Een Fama, van 130. Aſen geplant.	605.
Een Of-zet van Sjery Katelijn, van 206. Aſen gheplant.	1280.
Een Somer-Schoon, van 368. Aſen geplant.	1010.
Een Amerael vander Eyk, van 214. Aſen gheplant.	1045.
Een Parragon Kaſteleyn, van 100. Aſen gheplant.	450.
Een Gouda, van 125. Aſen geplant.	1015.
Een Amerael Katelijn, van 181. Aſen gheplant.	225.
Een ghevlamde Iacot, van 100. Aſen gheplant.	94.
Een Wit-Purper van Buſcher, van 134. Aſen gheplant.	110.
Een Wit-Purper van Buſcher, van 315. Aſen gheplant.	245.
Een Wit-Purper van Buſcher, van 481. Aſen gheplant.	295.
Een Parragon Liefjes, van 348. Aſen gheplant.	730.
Een Parragon Liefjes, van 300. Aſen gheplant.	705.
Een Parragon Liefjes, van 200. Aſen gheplant.	500.
Een Troyaen, van 470. Aſen geplant.	720.
Een Troyaen, van 252. Aſen geplant.	500.
Een Troyaen, van 165. Aſen geplant.	407.
Een IanGerridz, van 263. Aſen geplant.	210.

**Noch te voozen Mondelingh vercocht/ een Admirael van Enckhupſen/ met een clepne
Aſſetjen vande ſelve/ t'ſamen vooz 5200. Guldens.**
Twee Brabanſons/ t'ſamen vooz 3800. Guldens.
Noch aen verſcheyden Planten en Point goet/ t'ſamen vooz 12467. Guldens.

Een ſwymende Ian Gerritſr. van 925. Aſen geplant.	210.
Een ſwymende Ian Gerritſr. van 80. Aſen geplant.	51.
Een Bruyne Blaeuwe Purper van Kouper, van 790. Aſen geplant.	220.
Een Lantmeter, van 277. Aſen geplant.	365.
Een Lantmeter, van 71. Aſen geplant.	175.
Een Parragon de Man, van 148. Aſen geplant.	260.
Een Bruyne Lack vander Meer, van 365. Aſen gheplant.	215.
Een Amerael vander Eyck, van 92. Aſen gheplant.	710.
Een Fama, van 104. Aſen geplant.	440.
Een Brabanſon Bol, van 524. Aſen geplant.	975.
Een Grebber, van 523. Aſen geplant.	1485.
Een Brabanſon, van 542. Aſen geplant.	1010.
Een Brabanſon, van 346. Aſen geplant.	835.
Een Schapeſteyn, van 95. Aſen geplant.	235.
Een Gouda, van 160. Aſen geplant.	1165.
Een Gouda, van 82. Aſen geplant.	765.
Een Gouda, van 63. Aſen geplant.	635.

**Deſe naevolghende Perceelen ſijn by de
Reg verkocht/ ende te leveren als de
Bollen acht daghen upt der Aerden
ſijn gheweeſt.**

Inden eerſten 1000. Aſen Groote Gepluymetzeerde.	280.
Noch 1000. Aſen Legrandes.	780.
Noch 1000. Aſen Vyolette Gevlamde Rottganſen.	805.
Noch 1000. Aſen Aenverſen, vande ghemeene ſoozt.	930.
Noch 1000. Aſen Aenverſen.	905.
Noch 1000. Aſen Lanoijs.	500.
Noch 1000. Aſen Zay-Blommen vande Kaſteleyn, vande beſte ſoozt.	1000.
Noch 1000. Aſen Lak van Rijn.	160.
Noch 1000. Aſen Saij-Blommen, vande gemeene ſoozt.	495.
Noch 1000. Aſen Nieu-Burgers.	430.
Noch 500. Aſen Nieu-Burgers.	235.
Noch 1000. Aſen Ian Symonſz.	140.
Noch 500. Aſen Ian Symonſz.	70.
Noch 1000. Aſen Mackx.	300.
Noch 1000. Aſen Mackx.	300.
Noch 1000. Aſen Recktors.	310.
Noch 1000. Aſen Vyolette ghevlamde Rotganſen.	725.
Noch 500. Aſon Vyolette ghevlamde Rotganſen.	375.
Noch 1000. Aſen Late Blyen-Burgers.	570.
Noch 1000. Aſen Ducke-winckel.	210.
Noch 1000. Aſen Petters.	730.
Noch 1000. Aſen Wt-roep.	705.
Noch 1000. Aſen Wt-roep.	725.
Noch 1000. Aſen Petters.	705.
Noch 1000. Aſen Tornay Kaſteleyn.	705.
Noch 1000. Aſen Tornay Rijkers.	345.
Noch 500. Aſen gevlamde Branſons de Nos vijl.	130.
Noch 1000. Aſen SeneKoets.	105.
Noch 1000. Aſen Aanvers.	900.
Noch 1000. Aſen Oudenaarders.	510.
Noch 1000. Aſen Oudenaarders.	510.

**Deſe bovenghemelde Bloemen of Tul-
paes/ ſijn verkocht ten pzoffijte vande
kinderen van Wouter Bartholmiesz. vooz-
ſchzeven/ bedzaecht de Somme van 68533.**

Somma int gheheel 90000. Guldens.

1637 年 2 月 5 日阿尔克马尔郁金香拍卖会的一份鳞茎售出价清单

有关的活动，消除近期因郁金香的高价拍卖而在他们之间产生的误解"。代表们包括来自菲亚嫩的弗朗西斯科·戈麦斯·达科斯塔、来自哈勒姆的巴伦特·卡多斯、来自莱顿的雅克·巴尔德、来自高德的科尼利斯·罗特瓦尔和来自乌得勒支的弗朗索瓦·斯威特。第二天，他们发表了一份声明（阿姆斯特丹的反对意见），提出了解决方案。任何在上一个种植季结束之前的交易（1636年11月）都将被视为具有约束力。在该日期之后进行的交易可由买方取消，方法是向卖方支付协议价格的百分之十。但正如"贪心货"向"说真话"抱怨的那样，买家"无处可寻"。法庭上挤满了想从不愿意付款的买方那里索要分成的中间商。

然后，一名贪婪的买家起草了一份反诉书上交至海牙的荷兰和西弗里斯兰省的总督，要求取消前一年冬天所有的交易。荷兰和西弗里斯兰省似乎更偏袒买方而不是卖方，并于1637年4月27日颁布了一项法令，规定卖家应按承诺提供相应的郁金香给买家，如果买家拒绝付款，则要求初始买家补齐任何差价。后续交易全部暂停。但是各州也应该能预见这种法令根本不可行。5月1日，哈勒姆的市长和总督们告诉镇上的律师和公证员不要再提交任何与郁金香交易有关的案件。6月20日，哈勒姆的一位律师埃·范·博斯维尔特宣称只有少数诚实的人妥协了，愿意支付百分之一、百分之二、百分之三、百分之四，最多是百分之五的价格。他们这些证人（哈勒姆的花匠们），了解到阿姆斯特丹、高德、霍恩、恩克赫伊曾等地的情况也相同。还有大量的人不愿意付钱也不肯达成妥协。没有任何判决下达。

情形一直搁置到1638年1月30日，一个由五名成员组成的仲裁委员会在哈勒姆成立，负责调解不满的卖家和买家。本来的宗旨是调和双方，但后来在5月28日，委员会被赋予足够的权力以下达具约束力的判决。无论是否和解，买家和卖家都必须接受委员会的决定。未完成的合同可按原价的百分之三点五进行清算，鳞茎仍归卖方所有。哈勒姆的委员会在1638年全年都很忙，对那些被传唤却没有出现在听证会上的人（通常是买家）将会采取惩罚措施。其他城镇也采取了类似的措施，所以荷兰艺术家格里

《早花布拉班特森》

选自朱迪思·莱斯特郁金香书（1643）

哈勒姆弗兰斯·哈尔斯博物馆

兹·奎普勇敢地在1638年画了一幅郁金香花田的画，上面奢侈地开满了带耀斑的郁金香。在这次狂欢之后，节制、保守和审慎又回到了荷兰市民的身上。1734年，他们几乎又再次失去了控制，对风信子的热情能和之前的"郁金香狂热"相提并论，匆忙中重新发行的《合作》令十八世纪的投机者们恢复了理智。

正如荷兰经济学家波斯托姆斯所指出的，在1630年代的荷兰，泡沫第一个阶段所需的所有条件都存在。"货币的增长，新经济和殖民地的可能性，以及一个敏锐和充满活力的商人阶层，这些都是共同促使荷兰在1630年代出现泡沫的乐观环境。"此时所需的只是一种合适的商品，而郁金香恰好在正确的时间出现在正确的地点。兹比格涅夫·赫伯特将原因归结为"人类关于神奇繁殖的古老神话"，这是将郁金香与面包和龙牙相提并论。或者说，这种一反常态的血气上涌是荷兰人在经历了瘟疫和对西班牙天主教皇帝的长期战争的双重恶行之后的一种解脱症状？1630年，荷兰共和国的前景十分黯淡，因为天主教皇帝的军队统治了从波希米亚到波罗的海的整个中欧，将荷兰人从南部到东部完全包围；他们唯一的出路只有海岸线。直到1632年，瑞典新教国王古斯塔夫·阿道夫的胜利，才确保了新教会继续生存，这在当时几乎是一个奇迹般的拯救。战争并没有结束，但拯救也许就是表现在这疯狂的投机中。

《合作》中的"说真话"问：郁金香怎么会有这么多名字？"贪心货"解释说："如果一株郁金香发生了变化，人们就会去告诉花匠，很快就会有人谈论。大家就会急切地想看到它。如果是一种新的花，每个人都会发表自己的观点，你把它与这种花比较，我又将它与那种花比较。如果它看起来像'海军上将'，你就叫它'将军'或任何你喜欢的名字，并为朋友们摆上一瓶酒，他们就会记得谈起它。"郁金香和康乃馨是最早被赋予特殊名称的花卉，也就是现在所说的栽培品种名。紫白两色的"总督"，猩红色和白色的"海军上将范德艾克"，"布鲁恩·珀普尔"则是白底紫褐色纹。对于商人来说，这种洗礼很重要，因为它创造并区分了普通商品的特殊性。和现在一样，当时某一些颜色组合更受重视的情况都属于异想天开

两株 "永远的奥古斯都"
选自现存于代尔夫特市立档案馆的布兰德曼杜斯制作的郁金香书

的怪癖。不过，像"永远的奥古斯都"这样的红白"裂变"确实要比红黄色的"裂变"更难出现，因此也能卖出更高的价格。小皮特·霍尔斯泰恩的画作《永远的奥古斯都》显示出这是多么不同寻常的突破。大多数情况下裂变郁金香的两种颜色在花瓣上形成长而连续的条纹。但在"永远的奥古斯都"中，红色裂成片状，对称地镶嵌在花瓣外侧。早在"郁金香狂热"达到顶点之前，它就被认为是一件杰作。不过在《合作》中举出的精美郁金香清单中，并没有"永远的奥古斯都"，在1637年的阿尔克马尔拍卖会上也没有出售。在《合作》中，"说真话"明确表示，虽然他听说过这种传说中的花，但从未见过。"贪心货"的回答是，他只能在两个人的家里看到它："一是在阿姆斯特丹，最早是从那儿来的，另外就是在这里，在一个不会卖掉它的人家里；所以它们被捂得很死。"那只在"郁金香狂热"开始之初以两千荷兰盾转手的鳞茎出售时有一个限制，即未经原卖家（海姆斯泰德的阿德里安·鲍）的同意，不得将它转卖给其他人。英国最后一位伟大的花匠之一弗朗西斯·霍纳牧师于1912年去世，他曾对传说中的"永远的奥古斯都"持怀疑态度，将其描述为"粗糙怪异的耀斑有飞溅，羽毛纹不连续有中断，花杯太长，花瓣太窄，花蕊很脏，可能和基部分不开。事实上，它具有所有无法把郁金香变得纯洁和美丽的缺点及瑕疵"。不过，英国花匠只看得上英国花匠的郁金香。说这是爱国主义也行。或者说是仇外心理也行。

毋庸置疑，"郁金香狂热"之后，人们对这种花卉的憎恶也同样强烈。莱顿的植物学教授越来越厌恶它们，以至于无论在哪儿看到郁金香都会无情地攻击，用手杖敲打它们。艺术家们创作了一些辛辣的讽刺漫画和卡通画。《弗洛拉之愚人帽》画的是一个盖成愚人帽形状的客栈，郁金香爱好者们挤在里面，用金匠的天平来称郁金香的重量。写着客栈名字的横幅上有一行字"在愚人鳞茎的标志下"，上面有两个愚人在打架。在客栈的右边象征郁金香的弗洛拉女神，她坐在一头代表愚蠢的驴子上，正被失望的花匠追打。在前景中，与这场混乱分开的是三名郁金香种植者拿着他们做生意的工具——一柄耙子和一只柳条筐。在客栈的左边是一个微笑的投机者，

《弗洛拉之愚人帽》

彼得·诺尔佩原画，科尼利斯·丹克茨雕版画

现存大英博物馆版画与素描部

184

《弗洛拉之愚人战车》

亨德里克·波特原作

从他的帽子和斗篷来看，也是一个有钱人。在他身后是拿着鱼竿和鱼线的魔鬼，正在钓着郁金香的交易票据。他的右手拿着一只玻璃沙漏，暗示着投机者的时间到了。在他前面，其他投机者正在往垃圾堆倾倒鳞茎。这幅版画的副标题讲述了整个故事：这是一幅1637年的精彩图卷，一个傻瓜孵化出另一个傻瓜，有闲有钱的人失去了财富，聪明的人失去了理智。

在《弗洛拉之愚人战车》中，名为"甜胡子"、"渴望财富"和"旅行之光"的三位花匠与弗洛拉坐在一辆战车上，弗洛拉手里捧着郁金香聚宝盆，另一只手拿着三朵昂贵得无可救药的郁金香："永远的奥古斯都"、"波尔将军"和"范·霍恩海军上将"。她战车上的同伴是"囤积一切"和"空想一场"，后者刚刚放走了一只鸟。在它的头顶上的标题写着"虚妄的希望已经飞走了"。一大群织工跟着战车边跑边喊着"我们将和你一起启航"，而在这过程中践踏过他们的织布机。战车在有着一株极珍贵的郁金香图案的地毯上前进（雕刻家克里斯平·德·帕斯在亨德里克·波特的原画上添加的）。这里有"高德"，有昂贵的"总督"。德·帕斯还在四个角上放上了四幅小插图，展示了"郁金香狂热"的各个阶段。左上角是波特巴克尔位于哈勒姆的苗圃的景色。在左下方，郁金香迷们在哈勒姆的俱乐部房间里聚会。右上角的插图描绘了霍恩的一个类似的花匠组织。在右下角，一位花匠递出了一份交易票据。对十七世纪的荷兰读者来说，这些漫画的含义就像维基的政治漫画对二十世纪的英国报章读者一样清晰。他们会立即明白扬·勃鲁盖尔关于猴子热烈地进行郁金香交易的讽刺画的意义。尽管荷兰的投机者在1637年的野蛮颠覆之后可能对郁金香感到厌烦，但是，真正的爱花者却没有。郁金香缓慢地、温和地、安静地继续着自我演变。最好的时间还未到来。

第五章

荷兰垄断

　　"郁金香狂热"对荷兰人来说是需要引以为戒的经历。那种通常搭配着毛色鲜艳的鹦鹉和奇怪的贝壳，反映了十七世纪初对所有异国事物迷恋的快乐的郁金香画作不见了，取而代之的是郁金香与骷髅头、沙漏和其他阴郁物件的画作，提醒着人们事物的暂时性。但即使在1637年春天的泡沫破裂之后，郁金香鳞茎仍是有价值的。一幅大约为1640年的匿名荷兰画作中，描绘了弗洛拉与一架天平，一边是珠宝，另一边是郁金香鳞茎；而鳞茎显然更重。面目狰狞的牧神潘托着手持郁金香的丘比特，也在观察着这一幕。而1643年一份关于哈勒姆小桥路的苗圃主扬·范·达姆资产的文件显示，即使在"郁金香狂热"结束后，一名哈勒姆人的平均年薪仍然买不起一朵范·达姆家最好的郁金香。所罗门·赛斯花了一百八十荷兰盾买一株"高德"（Gouda），三百十五荷兰盾买了一株"马纳西耶"。迪尔克·扬斯斥资三百荷兰盾购得一株"贝拉尔特"品种的鳞茎。寡妇露丝·凡·伯克霍夫支付了足足三百二十五荷兰盾购买了一株明显价格奇高的英国品种"海军上将"，因为另一名买家，威廉·威廉斯为同一品种付出了四百零二荷兰盾。"利夫肯斯模范"的价格也很高，安东尼·格利特付给范·达姆三百荷兰盾的高价。但是利夫肯斯出来的鳞茎都是属于最昂贵的。在1637年的阿尔克马尔郁金香拍卖会上，一颗仅重五十九安士的"利夫肯斯海军上将"的鳞茎以一千零十五荷兰盾的价格成交。

《插鲜花的花瓶》

扬·勃鲁盖尔（1568—1625）

剑桥菲茨威廉博物馆

对花卉画的持续需求也表明，尽管郁金香曾使许多参与了郁金香期货交易的人破产，但并不是所有人都在咒骂它。从1650年到1720年间，扬·戴维兹·德·海姆、丹尼尔·塞格尔、亚伯拉罕·米尼翁、西蒙·韦勒斯特、瑞秋·鲁伊施都曾在作品中画过郁金香，经常是安排在作品中花束的右上角位置。不过，后世的艺术家们都没有像扬·勃鲁盖尔在十七世纪初那样愉快地剽窃着自己的作品。他在阿姆斯特丹国家博物馆的那幅花卉作品与他在维也纳艺术史博物馆的画几乎一模一样。他的儿子扬·勃鲁盖尔二世继续着这一流程，绘制了这幅画的另一个副本，现存于慕尼黑的老绘画陈列馆。老勃鲁盖尔对他的《花瓶》也采取了相同的做法。这幅画与《陶罐中的花卉》几乎是孪生兄弟。《花瓶》中的前景更有趣，花瓶右边随意地摆放着些珠宝，而在《陶罐中的花卉》中，《花瓶》画中上端的郁金香被鸢尾花取代，而鸢尾花是剽窃者最爱的另一种花。

郁金香也盛开在装饰艺术中，特别是在彩绘镶嵌的家具上。它们出现在一只饰有彩绘花卉画板的钱柜上，以及一只十七世纪中下叶制造的黑檀木和雪松木珍奇柜的正面，用贝母镶嵌出的郁金香的纹样。打开柜门可以看到抽屉和四只小柜子，每只柜子的正面都画着一朵郁金香。多才多艺的雅各布·马雷尔则把他的艺术方向转向了彩色玻璃，用珐琅彩和浮雕式灰色装饰画画法制作出一株美妙的橙底带红色耀斑的郁金香，可能来自霍恩的东教堂的袍徽纹章。郁金香还出现在床挂、挂毯和窗帘上。十七世纪下半叶的刺绣窗帘上出现了很多富有掐腰特点的郁金香，用模平针针法、打结针法和茎秆绣针法绣制而成。佛兰芒地区挂毯上，郁金香也常常被织进边框中，而那些插花花束，似乎通常是抄袭自当代的花卉画。

"郁金香狂热"结束五十年后，第一批所谓的郁金香花瓶开始出现。这些奇怪的高挑宝塔形花瓶顶端和侧面都有突出的水口。在很长一段时间里，人们都认为这种花瓶是用来展示郁金香花，或者用于室内种植，就像今天种植风信子一样，鳞茎可放置在水口上。但英国植物学家菲利普·米勒发现，这样的生长方式并不适合郁金香；在当时鳞茎还非常昂贵的情况下，很难想象有人会选择这样一种冒险的方式种植郁金香至开花。这些花瓶可能是用

1630 年至 1640 年间瓷砖上实物大小的郁金香
制作地点可能是在荷兰的霍恩

来种植风信子的，1877年法国专家亨利·哈瓦德在他的《代尔夫特装饰彩陶目录》中就是这样描述的（"花架，带有八只风信子细花瓶"）。风信子肯定会比郁金香更乐意接受这种种植方式。而这些奇怪花瓶的制作时期（1680—1720）更接近于荷兰风信子热的时间点，而不是更早的"郁金香狂热"。不过它们的用途仍然是一个谜。在黄金时代的数百幅花卉画中，没有一幅画上的花是摆放在代尔夫特蓝瓷花瓶中的。1688年左右的《洪塞拉斯皇家植物》（*Hortus Regius Honslaersdicensis*）中也没有一幅插画显示花摆放在代尔夫特蓝瓷花瓶中，这是记录每周运送至洪塞拉斯，即威廉和玛丽的避暑别墅的鲜切花档案。赫里福德郡克罗夫特城堡的刺绣椅套上有它们的身影，但从出水口伸出来的大多是混合花束；只有一件刺绣作品出现了一朵郁金香。

十七世纪末人们开始热衷于收集青花瓷风格的代尔夫特蓝瓷，与真正的中国瓷器一起放在特殊的展示柜中。其中一只这样的柜子是在1663年，柏林附近的奥拉宁堡为勃兰登堡选帝侯的妻子路易丝·亨丽埃特制作的。路易十四也有一个，即特里亚农瓷器宫，里面装满了从代尔夫特的陶器匠那订购的中国青花瓷器。当时的风格制定者丹尼尔·马罗是一名胡格诺派教徒，他在南特敕令废除后从法国逃到了荷兰。1686年，也就是他来到这个国家仅仅一年之后，他就已经站稳了脚跟。聘用他的是威廉和玛丽，希望他为荷兰宫廷带来一丝法国式的魅力。他也为他们在阿珀尔多伦附近的狩猎行宫罗宫进行了一番改造，对于什么是时尚和风格，当时的马罗是有最终话语权的。马罗在建筑、室内设计和园林制作方面都有着同样的气魄，并为玛丽那惊人的陶瓷收藏品创造了一个梦幻绚丽的环境，只不过描绘他室内装饰的当代版画中没有出现过代尔夫特花瓶。这种影响也反向发挥着作用。马罗室内装饰中的那些垂帷、花环、贝壳纹样和钻石图案也被用来装饰花瓶本身，特别是来自阿德里安·考克斯的名为希腊字母A的工厂中的那些。除了流行的宝塔设计外，代尔夫特花瓶还出现了土耳其苏丹半身像的形状。马罗大概对此颇有贡献，因为他对土耳其的一切都充满热情。但不管是金字塔形、苏丹形还是其他形式，几乎没有证据表明这些花器曾经被用来种植郁金香。只是从本世纪初开始它们才被冠以郁金香花瓶的名

代尔夫特郁金香花瓶

阿珀尔多伦，罗宫

称（也因此延伸及它的功能）。

《哈勒姆报》上的定期广告证实了在十七世纪末到十八世纪初，郁金香鳞茎的交易仍然很活跃，尽管这些广告（如范·塞维林·奥斯特维克的遗孀，她于1694年7月17日登出了康乃馨、干郁金香鳞茎、风信子、水仙花和重瓣水仙的广告）中的郁金香都是一些普通品种，而不是特别命名的郁金香。这时的苗农和在英国被称为花匠、郁金香爱好者或荷兰语的"粉丝"之间开始出现明显的区别。莱顿园丁亨利·范·奥斯坦在其《荷兰园丁》的序言中尖锐地指出，他的书（1700年出版）是针对"花卉真正的儿子和情人"，而不是"那些交易和买卖花卉的人"。范·奥斯坦的文集与1654年在法国卡昂出版的蒙斯泰雷尔的《法国花匠》，以及1682年在伦敦出版的塞缪尔·吉尔伯特的《花匠指南》一样，都是一部恰逢其时、非常成功的出版物。

范·奥斯坦说，郁金香应在9月播种。他建议从深色的花朵上收集种子，"因为当白色从这些暗沉颜色中浮现出来时，会立即给它们带来细腻的光泽和美丽"。黑色、紫色、红色或棕色的花都同样适用。但要避免黄色，因为"黄色会冲淡郁金香的彩色，使色彩失去了光泽"。范·奥斯坦指出，最好的郁金香花瓣"卜端是圆的"，而且"变化不大"，就像仕扬·范·怀苏姆的花卉画中可以看到的那样。种子最好从基部为白色或黄色的花朵上采集。"经验告诉我们，有这样基部的郁金香比那些基部呈黑色的郁金香更容易从单色裂变成双色"。这表明，正如人们所能想见的那样，基部为黑色、更接近于野生品种的郁金香相较某些特定的栽培品种更不可能产生"裂变"。范·奥斯坦的说法是，"基部颜色是它们愿意接受的颜色的主控"。从单色的"种苗"中取种，而不是从有条纹的郁金香中收获种子。这一观察结果极为有用，因为它与当时的园艺家预期的情况相反。产生杂色条纹的病毒（尽管当时没有人知道）也令郁金香变弱，其种子无论如何也不会开出与母株相同的花朵。范·奥斯坦写道，种子会"像韭菜一样"长出叶片，但园丁们必须等待五至七年，鳞茎才能长到开花的尺寸。花匠们对完美郁金香的定义变得更加严格和不妥协。如早期的画家安布罗休斯·博斯

《三株郁金香》（约 1640）

雅各布·马雷尔（1614—1681）

泰尔勒斯博物馆，哈勒姆

查尔特所喜爱的"鹦鹉绿郁金香","必须直接送往粪堆"。

与同时代的其他作者一样，范·奥斯坦对"裂变"的事情感到困惑。"郁金香狂热"的整座摇摇欲坠的大厦都是建立在郁金香那能突然爆发出条纹和杂色图案的能力。范·奥斯坦比其他所谓的专家更诚实。他写道，许多有经验的花匠都在"绞尽脑汁地试图解开这个秘密……有些人声称他们在这方面取得了不错的成功，但不确定究竟是靠技艺还是靠运气"。十七世纪初的郁金香爱好者们基本都同意"永远的奥古斯都"是那个时代最好的花。而十八世纪初的花匠们则发现更难达成共识。有些人推崇带有白色条纹的紫罗兰种，内侧和外侧的颜色都很干净、边界清晰，颜色没有混合。另一些人则推崇奇异种，但两者都值得重视，花匠的存货中应该同时配备这两种花。奇异种的颜色比紫罗兰种暗淡一些，而且也相对不稳定些；它们可能在某一年开得非常漂亮，下一年开花时就好像它们从不具备任何美感。这里没有提到红白色的郁金香，诸如"永远的奥古斯都"之类让上一代的郁金香爱好者如此钟情的玫瑰郁金香。理智的范·奥斯坦写道："如果我们不因其普通而鄙视许多东西，如果我们不总是觊觎那些少见的东西，那么评判郁金香就会变得非常容易。"他对那些抱怨郁金香没有香味的人不屑一顾。"他们可以自己准备香水啊，不用因其缺少这一品质而责备这花中女土。"

范·奥斯坦注意到，在全光照的情况下，花瓣上的不同颜色往往会混合到一起。这也是英国花匠担心的一个问题，这就导致了花坛建造变得复杂，花坛上要盖帆布或藤条，用来在必要时遮挡花朵。范·奥斯坦则认为是蜜汁（蚜虫的黏性分泌物）导致了颜色的变化。他的想法有一半是对的。真正的原因还是阳光，但由携带了病毒的蚜虫留下的蜜汁最终导致郁金香出现杂色。法国作家蒙斯泰雷尔在《法国花匠》一书中围绕着郁金香种植提出了各种仪式性的胡言乱语。范·奥斯坦显然是一名更有洞察力的种植者，他的论著更为实用。例如，他注意到土地有可能得郁金香病，鳞茎最好每隔几年就移到新的花田中。他注意到，通常只有肥大的、生长充分的鳞茎才会开花。这也就是为什么在郁金香种植者与客户之间的交易中鳞茎的重量起着如此重要的作用。夏天掘起鳞茎之后称重也是检查生长状况的一个好方法。如果鳞茎没有膨大就说明种植者没有施与它足够的生长所需。

范·奥斯坦记述了荷兰"郁金香狂热"期在公共场所进行的疯狂交易的过程，是如何被花匠兄弟会取代，也就是十八世纪初在英国兴起的花匠协会的前身。"郁金香一直受到人们的推崇，主要是荷兰人。1637 年，他们打算像贩卖珍珠和钻石一样贩卖郁金香；但被各国出于各自的政治原因禁止了，而当郁金香的公开买卖被禁止后，就变成了物物交换和私人销售；但是，这么做不可能不引起相互间的敌意，于是佛兰芒花匠在各个城市都建立了兄弟会，并奉圣多萝西娅为守护神，并指定辛迪加作为交换郁金香出现分歧时的裁决官，而他为了增加权威性，指定了四名兄弟会的首领，而这就是兄弟会首领会议形成的原因，并令他们获得了极高的尊崇。荷兰人在此事上还有另一个规则，他们会在郁金香盛放时选一天聚集在一起，在参观完花匠的重点花园后，一起吃一顿友好而节俭的晚餐，选出其中一人担任该年度裁决花卉交易分歧的法官。"这就是与郁金香有关的最早的竞争性活动。很快就变成了采摘下来的郁金香被集中送到一个中心地点——通常是一个旅馆——进行评比的方式。到了英国花匠这里，节俭的晚餐变成了一场更加放荡不羁的盛宴。这些秀展总是在当地的旅店客栈中举行。

从十八世纪初开始，苗农和真正的"弗洛拉之子"之间的分歧就越来越大。通常是后者供给前者，苗圃主从业余花匠那里购买新裂变出的郁金香，随后会以高价出现在他的目录中。他的客人是那些有钱的地主，太忙也太没有耐心，不可能花几年时间来亲自培育这些美丽花儿的人们。但他们又离不开这些花儿。1707 年 5 月 17 日，海牙律师巴托洛梅乌斯·范·李乌文在拍卖会上出售自己的收藏，二百三十件拍品卖出了三千八百五十八荷兰盾。售价最高的一株（三百二十一荷兰盾）是巴格莱特种"阿维尔奎克元帅"，而哈勒姆的花商富海姆斯则为另一株巴格莱特种"清新埃塞俄比亚"掏了一百九十五荷兰盾。并非所有的拍品都是单个的鳞茎。在同一拍卖会上，一畦一百二十株郁金香幼苗以三百五十八荷兰盾的价格成交。这张畦床共有二十行，每行有六颗鳞茎，每行都可以单独出售。

ACCURATE DESCRIPTION
of the Whole Collection of FINE
HYACINTHS,
TULIPS
AND
RANONCULUSES;

That are Collected from the different
Dutch Flowrift's, and to gether
to be found in the Large
dutch Flowergarden from

VOORHELM and SCHNEEVOOGT,

Flowrifts and feedsmen at Haerlem in Holland,
Which Direction was formerly V o o r-
h e l m and van Z o m p e l.

HAERLEM,

Printed for the Authors, by whom it is to be
had *Gratis* to Every Curious Man.

由哈勒姆的荷兰苗圃主富海姆斯于 1770 年左右制作的英文目录

197

5月是私人藏品拍卖的黄金时期；花儿开得正盛，买家可以清楚地看到他们所竞拍的郁金香的价值。次年，鹿特丹商人亨利库斯·范·德·海姆的郁金香藏品的拍卖也定在了5月：1708年5月16日。范·德·海姆在近郊有一个花园，二十一年来他逐渐积累起的花卉收藏很出名。这次拍卖会的郁金香目录按编号、名称和重量列明。分种在两个花坛中的郁金香——共有二百四十颗鳞茎——总售价为八千六百六十二荷兰盾。巴格莱特种再次获得了最高的价格，特别是四组巴格莱特种"帝国"，分别以每株一百四十荷兰盾、二百零四荷兰盾、二百七十六荷兰盾和三百三十六荷兰盾的价格成交。（以二十世纪末的价格计算约为六万五千英镑。）

苏格兰种植者詹姆斯·贾斯蒂斯说，巴格莱特是一种宽杯形、花瓣圆形的花，花瓣能够盛下"一品脱的葡萄酒"，是一种佛兰芒的特色，而值得注意的是，在范·李乌文和范·德·海姆的拍卖中，都有很多花的名字是法语而不是荷兰语。范·德·海姆的部分花是有日期的（第一张畦床的二号花巴格莱特的"拒绝"标了1696年，第一张畦床的第十二号是巴格莱特二号，1696年），这表明它们可能是范·德·海姆自己培植的花。但其余的很大一部分——"圣奥梅尔新事"，巴格莱特种"波托"，"热烈灌木"和"巴维埃公爵夫人"——显示的是法国或佛兰芒品种。这两者之间肯定有着密切的关联。佛兰芒的种植者也许满足于依靠荷兰人替他们的郁金香卖出在本地无法实现的价格。

像"陆军元帅阿弗克尔克"和"帝国"这样珍贵的鳞茎通常由几个人合伙拥有，这就令买卖变得复杂——特别是当这颗鳞茎种在属于某个人的土地上时，这个人可能是，也可能不是合伙人中的一员。1709年6月26日，鳞茎经销商雅各布·巴特写信给海牙的巴托洛梅乌斯·范·李乌文，报告了来自乌得勒支的"我们的"郁金香的情况。巴特在三株巴格莱特中占有三分之一的股份，即"佩雷尔·范德霍格"、"拉托雷"和"大佬"，它们的总价值为七百二十荷兰盾（约合四万九千英镑）。他和两名合伙人，扬·欧特威尔和科内利斯·范·卢克腾堡于1708年5月从泽兰的菲利浦·范·博塞尔·范·德·胡格手中买下了这些鳞茎。一株名为"征服泽兰"的郁金

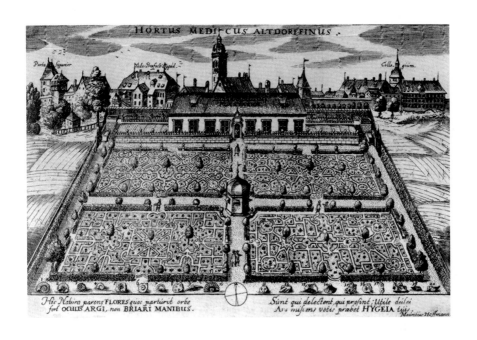

一处十七世纪的植物园

阿尔特多夫的医药植物园

摘自 1662 年于阿尔特多夫出版的《阿尔特多夫植物志》

香曾在1707年范·李乌文的拍卖会上出现过，可能就是由范·德·胡格培植的。巴特的两个合伙人都住在乌得勒支，巴特后来把他在郁金香中的一半份额卖给了范·李乌文，在掘起后对鳞茎状态作出了有利的报告。一直生长在范·卢克腾堡花园里的"拉托雷"生出一颗颇大的子鳞茎。另外两颗鳞茎生长在扬·欧特威尔的花园里。"佩雷尔·范德霍格"生出了两颗子鳞茎，其中一个重达四十安士。"大佬"的表现就没那么好了。巴特后来将他在这些鳞茎中的份额以一百二十荷兰盾的价格卖给了范·李乌文，价格比书中指导价要低。范·李乌文的拍卖会也许揭示了某些品种的价格必须下调。

巴特的信显示，他还是几笔郁金香交易的中间人。他在信中说，他在替范·李乌文兜售一组四百株单色郁金香。已经有一个人出价百株十五荷兰盾。也许这些是野生的土耳其或俄罗斯品种，范·李乌文在海牙入手。他正在寻找著名的"初代贵族"的子鳞茎，也希望能得到一株"尤维尔·范·乌得勒支"。他说，一颗非常小的子鳞茎报价就已经高达三十荷兰盾。但是，巴特的合伙人巴托洛梅乌斯·范·李乌文于1710年去世，他所有的鳞茎都被拍卖，拍卖所得归了他的子女，总价为一千一百荷兰盾，约等于二十世纪末的七万五千英镑。

在十八世纪中期的法国和英国，佩斯顿和赫库兰尼姆进行的考古发掘引发了人们对古典和文物的热情。新古典主义开花结果，这也是郁金香不再流行的原因之一。但在荷兰，郁金香的广告一直持续到十九世纪初。1711年5月14日，布鲁塞尔的古尔德利斯啤酒作坊的佛兰芒种植者托马斯·德·卡夫迈尔向"花卉爱好者"宣布，他从种子中培育出了两三百株新的耀斑比布鲁门种和奇异种，比史上任何品种都要好。亚伯拉罕·德·海斯和亚历山大·德·沃斯都经常打郁金香广告，为哈勒姆的客人提供初代巴格莱特种（"初代"[Primo] 这一前缀是在1712年左右首次出现），第二代巴格莱特种（估计要逊色些），大紫罗兰种和奇异种。在亨利库斯·范·德·海姆的鹿特丹花园举行的拍卖会上，大家可以竞标"图尔班的奇异爱好"。和英国的情形一样，花匠和他们的郁金香与主流的鳞茎贸易进一步拉开了距离，郁金香在广告中使用了花匠们的自定义：奇异种（红色、棕色或黄底黑纹）和紫罗兰种，后来被称为比布鲁门（白底紫罗兰或紫色）。

销售已高度组织化；希丹的霍登皮尔勋爵为他1717年5月20日的拍卖做了广告，而他的目录不仅提供给希丹有兴趣的客户，而且在多德雷赫特、代尔夫特、鹿特丹和海牙都有。英国客户也被著名的沃赫尔姆和范·坎彭的公司吸引过来。沃赫尔姆公司于十七世纪由德克·扬斯·沃赫尔姆成立，他来自威斯特伐利亚，在哈勒姆的小桥路建立了鳞茎种植园。他的儿子彼得于1728年去世，他培育了许多优良的风信子。因为到了1720年代末，风信子的受欢迎程度已经远超郁金香。大约在沃赫尔姆家族与西格·凡·赞佩尔结成伙伴关系的时候，乔治·沃赫尔姆（1711—1787）写了一篇关于栽培风信子的论文，于1752年以法语出版。因此他便不受其他苗农的欢迎，因为他们认为他把行业秘密透露给了外人了。这可能就是为什么这本书于1753年被翻译成英文后，从未在荷兰出版。英国园艺爱好者罗伯特·黑尔斯拜访了沃赫尔姆的苗圃，"他是著名的哈勒姆花匠"，他在给一位朋友的信中说，他的苗木非常好，"但却是天价，实在没敢出手买"。

哈勒姆苗圃主尼古拉斯·范·坎彭在1739年的目录中以风信子开篇——近五百种，很好地反映了当时的风尚。但他仍然也提供大量的郁金香，包括近百个早花品种。在目录中，紧随其后的是各种晚花郁金香。一百二十三种"改良初代巴格莱特"，也就是已经裂变出羽毛纹和耀斑的种苗，八十二种不同的黄红色奇异种，以及另外一百七十六种晚花郁金香。按重量出售鳞茎不再是常态。第一梯队的鳞茎长成开花尺寸出售，价格以单个鳞茎为单位。在这个阶段，郁金香——即使是优良品种的郁金香——也不再是什么稀有商品了，价格也急剧下降。以前的价格是以几百甚至几千荷兰盾为单位的，而现在范·坎彭开出的价更低：八荷兰盾的"哈勒姆宝石"，"里戈特海军上将"也是八荷兰盾。这些是最贵的。平均价格接近每颗鳞茎一荷兰盾。个头小的鳞茎是以百为单位出售的，范·坎彭的目录表明，在这个阶段，苗农们使用各种规格的鳞茎格对鳞茎的大小进行分级。

第一等鳞茎每百个售价二十五荷兰盾。第六次分类后剩下的鳞茎只需四荷兰盾就可以买到一百个。但郁金香爱好者必须有耐心并将它们培育成开花的尺寸。到了这个阶段，在花园里种上真正的花，要比去请当时的艺术家范·怀苏姆为你画花更便宜。

和之前的乔治·沃赫尔姆一样，尼古拉斯·范·坎彭也认为一本书对生意会有帮助；也像沃赫尔姆一样，他也是以法语出版。法国人是最早赋予郁金香以特别关注的人，是他们将郁金香不仅仅视为花园中的装饰，它自身就是值得人们花力气栽培的一种花。范·坎彭的英文译者虔诚地希望"以下的译本是送给英国花匠的一份不错的礼物。本书根据荷兰和佛兰德斯最有经验的花匠所采用的方法，传授在养育、栽培和处理各种球根花卉的全部艺术。他们在这方面的技巧和行业实践，令他们在一个多世纪以来一直独自享有着这一行业不为世界所知的一些秘密，并通过这种方式为自己争取到了利润丰厚的垄断地位……我们热爱和喜欢园艺的同胞们现在拥有了这种能力，通过追求某些方式来实现同样的利润收入，同时还能享受着看到自己的花园中种满了通过辛勤劳作而培育出来的本地苗木那种内心的满足感，不用把英国人的钱挥霍在外国人身上。"

范·坎彭首先论述了风信子，然后是郁金香，接着是毛茛和欧银莲，这个顺序也准确地反映了这些花在当时的重要性排位。（同时也是范·坎彭自家目录中花卉清单的顺序。）在栽培方面，范·坎彭几乎没有什么范·奥斯坦尚未在《荷兰园丁》说清楚的内容，但英译本为欧洲的郁金香爱好者做了一些很好的区分。"不同国家的花匠有截然不同的方法来区分他们的花。英国人会给花赋予贵族头衔等，因此，会出现几种花都有这样的名字的情况，他们有时确实会在花名后面加上栽培者的名字，这是一个很好的方法，可以避免因为名字不够用而产生的混乱。

"法国人只用数字来区分他们的花，或最多加上花的主色，但这种方法造成了太多的混乱，因为有许多不同的花都起了相同的名称。

"荷兰人采用的方法比较好。他们不仅用主色来命名花卉，而且还加上最勇敢的将军、诸神、女神、精灵、杰出人物的名字……他们还赋予一

TRAITÉ

DES

FLEURS

A OIGNONS:

Contenant tout ce qui eſt néceſſaire
pour les bien cultiver,
fondé ſur une

EXPÉRIENCE

de pluſieurs Années,

PAR

NICOLAS ᴠᴀɴ KAMPEN ᴇᴛ FILS,

FLEURISTES

de Hᴀʀʟᴇᴍ en Hᴏʟʟᴀɴᴅᴇ.

à *HARLEM*
imprimé chez C. H. BOHN.
MDCCLX.

1760 年在哈勒姆出版的尼古拉斯·范·坎彭所著关于鳞茎书的扉页

些特别的名字彰显出它们的价值。"

范·坎彭向想要植物名称的人推荐这方面的权威图恩福特。他显然不这么认为，他把郁金香分为四个主要类别：早花或称为春花郁金香、重瓣郁金香、晚花郁金香和以黄或白色为底色的晚花杂色郁金香。他谈到了催花型早花郁金香的风气："范·索尔公爵"，是一种猩红色镶黄边的郁金香，可以在十二月催开。他只命名了两个重瓣品种，"皇冠"和"我的婚礼"，都是白色具红色条纹，很像现代的品种"尼斯嘉年华"。

晚花郁金香之所以被称为晚花，是因为郁金香种植者期望从它们身上培育出精美的新品种。这是英国花匠称为"种株"和德国花匠称为"郁金香之母"的纯色的花。晚花的郁金香有两种，奇异种和紫罗兰种。能出现最美杂色条纹的奇异种为单色棕铜色或深黄褐色带黑黄色基部斑纹。紫罗兰种苗可以是紫罗兰色、淡紫罗兰色、紫灰色、樱桃红、红色、白色或者是混有白色的灰蓝色斑点。紫罗兰种之后被分成两个独立的类别，一个涵盖了光谱中的紫色/紫罗兰色一端，另一种则为是粉红色。

种株的价值并不在于它们本身，而在于它们"裂变"产生斑斓的羽毛纹和耀斑的能力。范·坎彭和范·奥斯坦一样，对裂变的原因知之甚少。一些花匠将各种鳞茎切成两半，然后将不同的两半绑在一起试图诱发裂变过程。范·坎彭注意到，裂变的花朵不像纯色的花朵那么有活力，因此，他认为裂变是由于郁金香变弱所引起，尽管事实正好相反。他的解决办法之一是将之种在贫瘠的土壤中。他还建议种植者应该更换鳞茎土壤，要么是替换土壤本身，要么将鳞茎交替种植在花园中不同的位置。他甚至建议，其他国家的种植者应该从荷兰进口土壤，因为这是"对外国人来说最好的方法"。苏格兰的詹姆斯·贾斯蒂斯完完全全地听从了这一建议。

范·坎彭的第四组郁金香，"杂色的晚花型"是"最多样化、最美丽和最完美的"。"初代巴格莱特"和"巴格莱特·里高德"郁金香都有着白色的花，带棕色条纹，基部为纯白色。他非常看重郁金香的高度，他说郁金香的高度应为三到四英尺（零点九至一点二米）之间。当时价值最高、最抢手的郁金香是黑色、金黄色、紫红色、玫瑰色和朱红色。但是，他说有时会出现这样的情况："价格很高的郁金香会发生退化而变得没有价值。这种令人震惊的蜕变没有办法阻止，只有大自然本身才能控制。花商们无论如何小心，也无法防止这种令人痛苦的变化，因此，他们为此而苦恼，并受到爱花人士的责备，因为他们并不知道会发生什么，抱怨花商卖给他们的前一年退化的鳞茎。"

这似乎很明确是有特别情由的案例，但范·坎彭详细描述了发生在他自己身上"一桩非常关键的此类事件"。一位花匠写信向他订购郁金香，价格为每个鳞茎一个达克特①。范·坎彭包装好并寄了出去，可是到了开花的时候他的客户痛心地抱怨道，长出来的郁金香比他承诺的要差得多。他把花瓣寄给了范·坎彭，范·坎彭也认为与订购的不符，并给客户重新补发。"我们的结论是，包裹一定是被人打开了，鳞茎被掉了包。"第二次，他将每个鳞茎都单独用纸包好，用自己的印章密封。

许多最好的郁金香不是在荷兰而是在佛兰德斯，特别是在根特、瓦朗谢讷和里尔等城镇一带。1538年，早期的郁金香爱好者之一马蒂亚斯·德·洛贝尔（洛贝留斯）就出生在这里。这些佛兰芒的种植者带来了令人垂涎欲滴的美人，如"丰盛"，这是1772年由一位名叫庞科梅尔的花匠所培植。他的收藏后来转到里尔的加利埃兹家族手中，他们家的土地以能使郁金香迅速"裂变"而闻名。那个时代最著名的郁金香"路易十六"，也可能产自佛兰德斯，于1776年由一个不知名的业余爱好者培植。他将它卖给了一个商业花商，而这个花商又把他的收藏转给了敦刻尔克一位名叫德勒兹勒的旅店老板。1789年，它第一次在荷兰出售，以惊人的每颗鳞茎二百五十荷兰盾的价格出现在苗圃主范·尼乌克的目录中。

第二年春天，范·尼乌克邀请同僚们来他花园中欣赏郁金香。即使是在荷兰拥有最好的郁金香收藏的诗尼沃格特和克雷普斯，也不得不承认他们被比了下去。范·尼乌克告诉他们，他的鳞茎是儿子给的，他的儿子在巴黎附近的巴盖特尔（奥尔良公爵的花园）任职园丁。尽管如此，诗尼沃

---

① 旧时欧洲通用的金币或银币名。

镶嵌柜（约 1690—1710）局部

扬·凡·梅克伦

阿姆斯特丹国家博物馆

格特坚持认为这朵郁金香最初一定是佛兰芒人，而不是巴黎人培植，因为这两个中心郁金香种植者的品位完全不同。在他看来，这是一朵按照佛兰芒模式制造的郁金香，因此他与佛兰德斯的两名熟人取得了联系，寻找一朵"路易十六"供他自己收藏。旅店老板德勒兹勒再次成为供货者。诗尼沃格特的佛兰芒朋友为他买了一颗鳞茎（付了六百法郎），也为自己的库存买了一颗。凭着这一株"路易十六"，他们培育出了足够供应佛兰德斯所有其他花匠的鳞茎。就在诗尼沃格特得到了他自己的"路易十六"郁金香之后，旅店老板德勒兹勒联系了他，说他有另一株"路易十六"郁金香要出售。他已经向苗圃老板范·尼乌克兜售过，但范·尼乌克拒绝了，说他的钱不够，买不起。不过，诗尼沃格特知道伦敦几名花匠都渴望得到这株郁金香，所以就将其买了下来。后来，当范·尼乌克被迫卖掉他的全部库存时，诗尼沃格特又买下了他的那株"路易十六"。他只花了一百五十荷兰盾，比目录上的价格还要低，然后把它卖给了伦敦南部著名的沃尔沃斯苗圃，当时在塞缪尔·柯蒂斯的手中。这株郁金香出现在苗圃1800年的目录中，价格为二十几尼。

这个品种的价格很高，是因为鳞茎生出小鳞茎的速度很慢，所以保持着稀缺度，但在很长一段时间内，"路易十六"仍然是比布鲁门种中最好的。后来，供货时通常分为三个等级——精致、超精和极精致。在"极精致"的一档中，花瓣上纹路稳定，纯白色的花瓣边缘有着规则的、精致的紫色羽毛纹。尽管法国、佛兰德斯和英国的郁金香种植者对什么是好的郁金香各有标准，但"路易十六"在这三个国家都很受欢迎。这个品种花形规则，花梗和花瓣均强壮厚实，花瓣上的颜色界线分明。

尽管到了1821年，佛兰芒郁金香的超然地位已经开始消退，但即便是在它问世后的第五十年，"路易十六"仍然同时受到花匠和苗农的推崇。英国苗圃主约翰·斯莱特记得他曾在沃赫尔姆的荷兰苗圃里看到一小批"路易十六"的种株，还在一名业余花匠的花园里也看到了这种花。这个花匠于1838年前后在拍卖会上购得了沃赫尔姆很大一部分的鳞茎收藏。在当时，它被认为是欧洲最精致的。在此之后，到了1842年，斯莱特这位不

《三朵郁金香》

赫尔曼·亨斯滕伯格（1667—1726）

泰尔勒斯博物馆，哈勒姆

知名的业余爱好者的花园里看到了一百株开放的"路易十六"，其中大部分是带有羽毛纹的。也许正是"路易十六"的巨大成功，说服了当时的花匠们更多地种植这种紫色和白色的比布鲁门种，而减少种植直到1800年还是佛兰德斯人宠儿的黄红两色的奇异种。由于佛兰德斯的苗圃数量逐步减少，花匠们现在占据了主导；在1830年至1860年期间，佛兰德斯的业余花匠人数远远超过了商业种植者，比如图尔奈的德霍夫和里尔的加利埃兹。

就在哈代博士（1801—1875）在《中部花匠》杂志上大肆宣扬完美的英国花匠郁金香所需具备的规则的同时，特里佩先生也在为法国花匠郁金香做着同样的事情。特里佩是巴黎的一名花匠和苗农，他横扫了1743年的巴黎园艺协会的春季秀展，赢得了由奥尔良公爵夫人首次颁发的金质奖章。他的展品包括了八百种不同的郁金香，这些郁金香装在花瓶中，放置在一个一米宽、十七米长的人造花坛内。而这只是特里佩的苗圃中种植的品种中的一小部分，那里有超过四万多株郁金香正是盛放的季节。据称，这些收藏的总价值达到了惊人的十万法郎。

特里佩在巴黎的胜利并没有震慑住里尔或图尔奈的郁金香种植者。他们说，他们最糟糕的郁金香也比特里佩在巴黎园艺协会秀展上展出的郁金香要好上许多。但是，法国北部园艺协会的成员们对他们自己的小圈子之外的种植者总是非常严厉。他们甚至对圈子里的人也很严格。该协会1837年的年度报告中批评了那么多花匠和他们的花，以至于除非这篇报告被取消，否则没有人愿意在协会下一年的委员会中任职。没有哪个花匠会同意另一个人的评判，特别是事关秀展评比台上的东西。而此时，至少有一百名业余郁金香种植者是该协会的热心会员。

佛兰芒郁金香因其出奇强壮的花梗和矮壮略方的花形而闻名。尽管后来很少有像"路易十六"那样能开出天价的品种，但1837年图尔奈的花商德霍夫仍以八千法郎的价格卖出了一百株郁金香。像"贝里公爵夫人"这样的高级品种的鳞茎每株可卖到一百五十法郎。德霍夫去世后，他的全部存货都被拍卖，拍卖中重点拍品是一株"杜莫蒂埃的胜利"，它是艳丽的红

约 1700 年的一幅法国画中的三朵郁金香

如果相对尺寸准确，中间和左边的花很可能是原生物种而不是栽培品种。

色种株"流星"裂变培植出来的。德霍夫的继承人希望这四十个鳞茎能卖到二千法郎，但他们失望了。

有着令人惊艳的纯净红色的种株（即纯净单色花，后来有可能会裂变出羽毛纹和耀斑的品种的鳞茎）是十九世纪三十年代和十九世纪四十年代的佛兰芒种植者的专长：卢万的德桑格培育出了花形优美的"闪电之星"；图尔奈的杜莫捷培植了"流星"。就亮眼程度和活力而言，这些花远远超过了当时的荷兰种植者培植出的任何品种。但荷兰人非常善于种植，因此令鳞茎在荷兰成为一门巨大的生意。到十九世纪，鳞茎畦田延伸至奥弗芬和布卢门达尔周围的地区，到十九世纪中叶已经扩展远至希勒霍姆、利瑟和诺德韦克。旅行推销员将鳞茎公司的网撒得更广。1849年亨德里克·范·德·肖特成为第一个踏遍了美国这个市场日益扩大的国度的巡回推销员。大约从1640年起美国就有了郁金香，当时第一批荷兰定居者在他们新阿姆斯特丹的家中种植了郁金香，但两国之间从十八世纪开始断断续续发展的贸易，现在被荷兰人彻底地榨取了利益。

至少在十九世纪中叶之前，佛兰德斯和英格兰的郁金香种植者继续栽培着自己的品种，对荷兰发生的事情视而不见，只不过在这两个国家，种植者的钱袋都在不断缩水。虽然英国和佛兰德斯的种植者在栽培方面比荷兰人更有优势，但他们并不是好的推销员。盛产强壮、长茎、花色鲜艳花苗的佛兰德斯那长达三百年的郁金香种植传统，随着1885年朱尔斯·伦格拉特的郁金香收藏的拍卖而结束。伦格拉特继承了他的岳父特里佩积累起来的郁金香收藏，他自己也是一位著名的郁金香育种家，专门培育火红色的种苗，其中很多都是来自"阿尔多布兰蒂尼公主"的幼苗。

伦格拉特的拍卖会定于1885年5月15日举行，拍卖包括二百株不同的种苗、八百种不同品种的杂色郁金香以及总共有一万颗鳞茎。但没有竞标者感兴趣，最终全部库存被整体卖给了著名的克雷拉奇公司。该公司自1811年以来一直在哈勒姆的小桥路展开业务。那些几个世纪以来一直吸引着种植者们的神奇的条纹、羽毛纹和耀斑花被弃置一边。克雷拉奇从那些曾经只因它们能裂变出杂色而受重视的纯色的种苗中挑选出了最好的花朵

1. Sans Pareille

2. Princes van Assurien

郁金香"无与伦比"和"阿斯图里亚斯王子"
摘自 1794 年于阿姆斯特丹出版的《荷兰花卉作品》
"十八世纪末荷兰苗圃主的地位的象征和代表"

（没有黄色），并于1886年推出，重新命名为达尔文杂交群郁金香。克雷拉奇公司耐心地推销、宣传和展示这些新品种，令它们成为现象级成功的郁金香品种，成为粗鲁新时代的粗鲁花卉。而在另一个独立的郁金香种植中心英国，争夺主导权的斗争则更加漫长。

第六章

英国花匠的郁金香

到了十八世纪中叶，致力于某一类型特种花卉（包括报春花属、石竹属和郁金香属）的花匠协会已经遍布整个英格兰。报纸上那些早期的花匠"盛宴"（见第三章）广告已经被各种花卉秀展的新闻所取代，例如在贝里圣埃德蒙兹白马酒吧举办的郁金香秀，这些"可爱的鳞茎爱好者们"可凭借培育出最佳的花形而获得一柄银质鸡尾酒长柄勺。不过，因为通常是酒吧提供方便举办郁金香展的会议室，比如白马，利兹的基尔加特的金鸡旅馆，哈利法克斯李桥的西尔斯客栈，或是诺丁汉的皇冠酒店，所以狂欢的气氛依旧没变。这种安排对双方是一件互利的事，花匠花销不多就能获得场地，而酒吧东主也可以趁机卖出大量啤酒。纽卡斯尔一些严格的花匠指出他们的节目是"愉悦之源，不过分重华丽奢侈，而后者是以前那些协会用来立势的唯一基石"。幸运的是，在一些更具规模的制造业城镇，针锋相对的花秀很常见，纽卡斯尔那些渴求郁金香的花匠发现旭日公司的詹姆斯·比奇先生能很好地满足他们的需求。有一些酒店东主，比如阿什顿安德莱恩植物园小酒馆的库克先生，就以自家酒店的名义支持这样的花匠协会。

在1750年至1850年的一百年间，英格兰北部所有重要的城镇几乎无一没办过郁金香展的。成立于1768年的传统约克郡花匠协会的成员们，将风信子、西洋参和报春花引入春季展览中，这样的花展一般都以一场盛宴结束。郁金香则是在5月份单独展示。曼彻斯特植物学会于1777年5月20

日举行了第一次关于郁金香的会议，莱斯特郡兰顿教区牧师威廉·汉伯里（1725—1778）写道："在英国花匠现在越来越多，比之前任何年代都要多……很多花匠协会和花展盛宴也开始形成，最好最美的花被允许标以巨额高价。这些盛宴现在已经很常见，一般隔一段距离的城镇就会有一个。在这些展览上，纺织行业的人赢走奖品也是常有的事，也难怪花匠们会沮丧了。"

花匠协会在爱尔兰也蓬勃发展起来，都柏林花匠协会于1746年成立，是由当时在博因战役中为威廉三世（奥兰治威廉亲王）效命的胡格诺派军团的法国军官们组成。其中许多胡格诺派的士兵，诸如鲁维尼侯爵，都获得了土地封赏。就像鲁维尼在波塔林顿所做的那样，他们请来了法国建筑商来为胡格诺派士兵及家人兴建房屋。郁金香在佛兰芒和胡格诺派人中间是很受欢迎的。鳞茎的价值不菲，但同时又极易携带，因此随着胡格诺派人逃避欧洲大陆的宗教迫害，郁金香种植也随即在各地如波浪般流行起来。胡格诺派人带着郁金香参加了都柏林花匠协会举办的活动，交由其他成员评判；如果郁金香通过了他们的经过严格的审查，人们就会四处喝酒庆祝，为之命名。

在苏格兰，是胡格诺派的一些丝织业者，而非士兵，发起了爱丁堡花匠的聚会，那里有来自法国和佛兰德斯的难民开始在市郊的皮卡第巷定居。他们的徒弟很快把花匠们种植的花散播到更远的地方如邓弗姆林、格拉斯哥和佩斯利，那里的花匠协会于1782年成立。胡格诺派人种植和展示鲜花的传统与苏格兰人更悠久的园丁客栈的传统结合在一起，例如阿伯丁的亚当小屋还有班夫的所罗门小屋。这些小客栈是花匠协会的友协，在有需要时帮助花匠们，但"互相指教"才是它们真正的存在理由。因为这其中包括了很多秘密的手势和密码，以及所有"贪心货"对"说真话"在荷兰的《合作》中那篇讽刺对话中都解释过的各种用具（请参见第171页）。这些小客栈承办竞赛性质的鲜花秀展，以及每年一次的盛宴。亚当小屋客栈于1781年6月4日在伦敦成立，但基本上，这种客栈是苏格兰的传统。不过到了那时，伦敦花卉的盛宴也已经很成型，是由富勒姆的园艺师和报春花爱好者托马斯·任驰（约1630—1728）共同组织的。

花匠协会的发展，包括那些专种郁金香的社团，是基于这些新出现的英国种植者中滋生出来的全新自信。从十七世纪至十八世纪初，郁金香主要是有钱人的玩物，一种以昂贵的价格从荷兰或佛兰德斯买来的玩具，用来彰显拥有者的品位（以及丰厚的银行存款）。但是随着大花园里又开始流行新的时尚玩意儿，郁金香变得过时了。一些明智的地主，例如中洛锡安区克里雷顿的詹姆斯·贾斯蒂斯，就从未对这种花失去信心，而英国花匠培育出来的那些优秀的郁金香在直至十八世纪中叶以及整个十九世纪中叶都是主流品种，比如由枪械师约翰·芬德利培育和展出的品种，在佩斯利花匠协会1796年的花展上横扫一片，还有约克郡韦克菲尔德的制鞋匠吉尔家族。乔治·克拉布在《教区纪事》（1807）中记录了当时的潮流，在花匠的花园中：

园中风光最胜处芦苇篱笆环绕

种着鲜艳康乃馨，紫眼的石竹

高傲的风信子，最后是花匠们最引以为豪的

有着长长花梗的郁金香，和茂密挺拔的报春花

这些业余种植者从贵族的废料堆中抢救了郁金香，并注入了与法国或荷兰的影响无关的特色。到十九世纪末，他们已经将这种花带到了至臻完美的境界。然后，他们又极不负责任地抛弃了它，大丽花和菊花取而代之成了他们最喜欢的花展宠儿。那些数以百计，曾经在曼彻斯特、博尔顿和约克郡其他商业中心，兰开夏郡、柴郡和德比郡曾经兴旺一时的郁金香花匠协会只有韦克菲尔德和英格兰北部郁金香协会得以存续下来。

直到这一时期，郁金香的繁殖都集中在法国和佛兰德斯。荷兰苗圃在很大程度上控制了鳞茎的供给，大多以极贵的价格卖给富裕土地的所有者。英国花匠并不富裕，但他们有的是时间和耐心。切尔西药草园的菲利普·米勒为面前的路提出了这样的建议："最近一些有好奇心的人得到不少

郁金香"双军旗"

选自约翰·希尔 1759 年自费印刷的《异国植物学》

"用了三十五幅插图说明奇特而优雅的植物；解释了它的性系统；
并试图为植物哲学提供一些新的启示。"

珍贵的在英国本土从种子培植出的郁金香种球，"他写道，"毫无疑问，我们像法国人和佛兰德斯人一样勤奋地从种子开始培育郁金香，可能用不了几年，我们就能拥有和任何欧洲大陆其他地方一样多的各色品种。"米勒并没有给出这些"有好奇心的人"的名字，但是大概率是一些业余爱好者而不是专业人士，而他得出的结论是正确的，就是要建立英国花匠郁金香的独立身份，就应该建立起自己独立的供货源。

这个过程从南部的专业苗圃开始，比如老詹姆斯·麦道克（1718—1786），靠着向伦敦的花匠提供鲜花慢慢做起了一门繁荣的生意。这是与北方不同的培育方式。他们是业余的种植者，不是贵族，但地理位置肯定比北方花匠协会的成员们要更加合适。他们的花园一般位于伍力奇、锡德纳姆、克拉珀姆、兰贝斯、番特维尔和坎伯韦尔这样的郊区。麦道克是来自兰开夏郡沃灵顿的一位贵格会教徒，他将生意开在伦敦南面的沃尔沃斯，据说"在整个英国的花卉爱好者中间都颇有名气"。根据理查德·韦斯顿在1777年出版的苗圃出售花卉数据表明，当时几乎所有麦道克的花卉（包括八百种郁金香）都是"选自最负盛名和稀奇的荷兰花匠"。但是十五年后出版的厚达五十二页的《沃尔沃斯麦道克及儿子花匠的花卉、植物、树木的目录》，已经显示出他们逐步转向英国的郁金香品种。麦道克的目录登录了超过七百种郁金香；在六百六十四种晚花品种中，有一百零三种现在已经有了英文名字。最昂贵的郁金香每株十英镑，但还是比不上最昂贵的风信子，比如一种名为"账户"的重瓣红色品种。早花郁金香（最初于十六世纪引入的品种）已经完全过时了，很少种植。在十八世纪中期的花园中只有美丽的红白条纹的"总督"、"范·图公爵"和"克鲁恩王"这几种用作早花种植。

1782年在诺丁汉郡建立苗圃的约翰·皮尔森（1780—1825），就是菲利普·米勒说的这种"有好奇心的人"。皮尔森最早的职业是制袜匠，而他的妻子则开了一所识字学校。他在商店前的小花园里栽培了花卉，慢慢地靠着西洋樱和郁金香两种做起了获利颇丰的生意。他的成功关键在于控制供货量；最好的品种在未能积累到一定的数量之前，他从不发售花苗。比

铸铁门郁金香形顶饰

十八世纪英国

现存伦敦维多利亚和阿尔伯特博物馆

如他培育的玫瑰色的比布鲁门种"斯坦霍普夫人"。然后他会一次发售一百只左右的鳞茎，每只鳞茎卖十先令。鳞茎一旦售卖，他的价格当然就掉下来了。1821年，他卖出了八张畦床的花苗，每一张五英镑。诺丁汉的花匠就是从这里最早获得著名的郁金香"大酒瓶"和"皇家君王"。有一名本地种植者汤姆斯·休伊特就批发了他其中的一床花苗，而颇具影响力的杂志《米德兰花店》的编辑约翰·弗雷德里克·伍德又是从休伊特手上买到了他的郁金香。这些郁金香的血统清楚明了，被花匠们仔细地记录着，就像王公贵族们会研究他们赛马的出身。

许多郁金香培植是由那些买不起花圃出售的鳞茎的业余种植者完成的，他们会把多余的鳞茎再卖回给花圃收回一些成本。花圃一般专卖由花匠提供的品种，但是在十八世纪中期受到了园艺品位和风格变化的冲击，随之而来的是愿意出大价钱购买稀有品种郁金香的有钱人越来越少了。也许就是因为这个原因，小詹姆斯·麦道克（1763—1825），沃尔沃斯花圃创始人的儿子，带着极大的热情资助詹姆斯·索尔比出版了《花匠雅集》。索尔比说，有很多花匠都"表示希望能把他们培育的一些最好的最奇特的花朵细致地描绘出来"。比如可能就是麦道克提出的建议，将第五页插画上那朵实物大小的价值十金币非常昂贵的"罗德尼"郁金香描述为产自荷兰的比布鲁门种。第六页插图是价值五金币的奇异郁金香品种"城邦使徒"。第十一页是另一种奇异但却便宜些的品种"多罗雷斯兵营"。倒数第二页上的郁金香，只简单地标记为"黑白色"。文字记录处处透露出一名郁金香商人是如何吹得天花乱坠，拼命想要赚回在海外进货花的钱。"就像是纯度最高的钻石最贵，或者是像一株独有的标本之于植物学家，所以这种非同寻常的郁金香因此被花匠发掘出了许多特性，对他们来说这是一系列后续结果的第一步，再与原始品种相比，差别就是现象级的，今年这种情形很有可能比去年更甚：目前这一株根茎的价格是一百几尼。花的名字我们将在以后公布，现任主人目前还不希望向公众展示。"这里谈到的这一种郁金香只能是"路易十六"，由荷兰收藏家和经销商诗尼沃格特高价卖给詹姆斯·麦道克。在麦道克那一千八百页的目录中出现时价格就比较合理了，是二十几尼。

索尔比的不成功并没有阻止罗伯特·桑顿倾注了全副身家，于1798年至1807年间出版了他自己的《花卉神庙》。桑顿选择了菲利普·雷纳格绘制的一组六种郁金香作为出版物的第一期，尽管这些郁金香还都是以荷兰品种为主，但是重点已经开始转移了。与外国品种"路易十六"，"伟大"，以及著名的奇异种"光荣蒙迪"一起展示的是两种英国育苗的郁金香，一种是由托马斯·戴维（约1758—1833）培育的，他是来自伦敦切尔西国王路的苗圃主和著名的郁金香爱好者，另一种是由约翰·梅森（1780年代—1810年代）培育的，他是来自伦敦弗利特街152号"橙树花圃"的育种专家和花匠。桑顿"以两位非常杰出的赞助者的名字命名这两种新培育的花苗，以敏锐的感觉和极致的美貌著称的德文郡公爵夫人，声名绝不逊色于另一个赞助者，斯宾塞伯爵，伯爵最为人称道的是他在海军的出色指挥，在他的管理之下，甚至超越了之前已经达到了人类能力极限的先祖们的荣光。"

尽管有着这些身份尊贵的赞助人，但桑顿的这一出版物在财务上来说还是一场灾难。他不得不向他的潜在订阅者写道歉信，将他的问题归结为："那些曾经的富裕中上阶层现在都在抱怨，他们已经因为加诸他们身上的税负而不堪重负，这些征收的税款是用来支付武装人员在文明的**欧洲大陆**散布狂暴、大火和谋杀"。英法之间的战争于1793年爆发，而这场战争直到1815年滑铁卢战役结束之后才重归和平。帕丁顿格林的花匠托马斯·赫格（1771—1841）记录了"自从重归和平和恢复了对和平的追求之后在（郁金香）种植者身上所注入的那股新鲜的精神"。花匠们有了足够的动力来培植新一系列的种球，用一直收藏着的花籽开始育苗。赫格说："最大的满足感和巨大的成功来自威尔特郡福克斯格罗夫的卡特先生、奥斯丁先生、斯特朗先生、劳伦斯先生和高德姆先生，他们都从播种育苗或者成熟鳞茎中培育成功裂变出不同色的品种，可能是全国最好的郁金香。克罗伊登的克拉克先生，他是一位科学家，也是经验丰富的花匠，成功培育出了全国最好的种鳞茎，是从'路易'，'夏邦尼'，戴维的'特拉法加'等种

罗伯特·桑顿所著《花卉神庙》中的郁金香
1798 年至 1807 年间出版

子培育而成，有着完美的花形和纯色的基部；他们在花匠之中享有很高的声誉。"至此这种转变彻底完成，一系列独立的英国花匠血统的郁金香品种已经锻造完成。英国种植已经不再满足于接受佛兰芒人或荷兰育种者关于郁金香的美的概念，现在他们可以注入自己的喜好。

随着新品种带来的震撼感，郁金香登上了1557年奥格斯堡的舞台；而至少一直到1720年，郁金香依然作为一种稀有而且时尚的花卉的地位屹立不倒。接着它就变成了专家的领域：一种因爱好而种的花。起初，南方的种植者脱颖而出，特别是在伦敦附近，包括了商业种植者和真正的业余爱好者。然而这股风潮也很快在北方建立，直到1860年左右，南北的团体很享受一直处于一种愉快的比拼切磋中，那时南方的郁金香协会已渐渐开始式微。南方种植者认为花形是至关重要的一点，并追求花朵基部和花丝的纯净度。北部的种植者却毫不在乎不规则的花瓣，前提是花朵有着完美的羽状边缘和耀斑。比布鲁门种（白色底色带深紫色标记）、玫瑰种（白色底色带红色或粉红色标记）和奇异种（黄色底色带红色或棕黑色标记）是英国郁金香中神圣的三位一体的花匠培育品种，只有符合这三种类型之一的郁金香才有资格参加比赛。羽状花瓣是指那些花瓣边缘有着细小裂口并有着对比色的花形。耀斑斑纹是每一片花瓣的中间部位都有上卜贯通的深色色带。羽状花瓣必须细微，而耀斑的深色必须在花瓣上居中对称且色彩稳定。好的耀斑品种比羽状花瓣更容易找到。相反，郁金香发烧友都不喜欢重瓣的郁金香，尽管其他的重瓣花，比如风信子，更加容易受到其他喜欢花匠花卉的爱好者的青睐。花匠们种植的郁金香，都是按照一百五十年前法国设计师德扎利耶-达根维尔的建议，在狭长的花田中严格地按网格状种植，花梗最长的花种在中间，花梗最短的种在最外面。花田的宽度一般很少有不同，因为设计好的就是一排七株郁金香，以相同重复模式种上玫瑰、比布鲁门和奇异这三个品种。花田的长度取决于每人收集的鳞茎有多少。而当郁金香盛开时，这种有图案的种植方法带给人一种幻觉，仿佛那花田是一幅最美的丝绸锦缎，奇异的深芥末黄映衬着比布鲁门那华丽的紫色，形成鲜明对比。郁金香发烧友们从不改动这种种植方式。

赫格曾经考虑过是否要在他1820年出版的《花卉论述》中把郁金香也加入花匠花卉中，因为他认为那些花卉基本上已经过时了。可能在1780年到1820年间真的就是这种情况，当时可怜的索尔比一直试图争取有人支持《花匠雅集》。但是到了1820年，英国花匠狂热地开始培育郁金香，又掀起了新一波育苗竞赛，首先是由苗圃主托马斯·戴维开始，然后是达利奇的威廉·克拉克用种子培育出许多郁金香，其中包括著名的"劳伦斯的欢乐"。他是一个业余爱好者，他的讣告作者写道："从来没有靠卖花赚到过钱；不过他每次送出一株育种鳞茎，他一般都能想办法获得一株这种鳞茎变异后开的花。"

红黄两色的奇异郁金香"马塞勒斯"是克拉克培育的另一种幼苗，在1836年的《花匠杂志》上以精美的风格呈现。因为大部分的普通郁金香是黄色的，所以一开始奇异郁金香比起红白两色的玫瑰和白紫两色的比布鲁门都显得不那么值钱，但从1820年开始，奇异逐渐占据市场并开始成为人们的最爱，尤其是在北部种植者中。曾经推选过"马塞勒斯"的《花匠杂志》记者雷德里克·史密斯说："'马塞勒斯'于1826年左右推出，但是销量增加并不快，而且一直被认为是一种'娇气'的花。它的售价为七到八枚金币，是花匠眼中中间价位的花……"克拉克还培育了另一种种球，而就是从这个种球中裂变出了十九世纪初期最著名的郁金香之一的"波吕斐摩斯①"。这是一种在淡柠檬底色配深色斑纹的颜色，正是这个组合令它非常值钱。另一种比布鲁门种"范妮·肯伯小姐"也是他培育的郁金香。那时候男演员和女演员的名字，也和现在一样，是人们为花取名的最佳源泉。它通常表现为为羽状花瓣，斑纹优雅地沿着花瓣边缘切出了细细锯齿。伦敦切尔西国王路的托马斯·戴维，为了买威廉·克拉克的单只鳞茎"范妮·肯伯小姐"付了一百英镑。戴维在花匠中排名极高，他的春季花展中有报春花、风信子、郁金香和康乃馨，总是吸引着大批喜欢他的人群。戴维去世后，那株"范妮·肯伯小姐"以及培育出的两株新苗传给了另一位

① 希腊神话中独眼巨人。

《花匠指南》（1828）中的一株比布鲁门郁金香"达维亚娜"
由哥德堡的杜普雷"裂变"培育成功，并以切尔西国王路的苗圃主托马斯·戴维命名
戴维先生以五英镑一个鳞茎的价格出售

爱好者约翰·高德姆，他付了七十二英镑十先令。这种郁金香生长得很慢，要很长时间才能产出小鳞茎，这也是它能保持高昂价格的原因。

当英国郁金香育种家和花匠开始培育种苗时，大家对完美花朵所应该具有的品质已经有了广泛的了解。北部和南部培育者享受着小细节上的冲突，但普遍共识是一株好的郁金香应该长到至少三或四英尺的高度（约一米。高度的特质是从粗壮的佛兰芒巴格莱特这一品种继承而来的特征）。花应该完美地对称生长，花朵牢牢地托固在健壮而有弹性的花梗上。但是花形必须和花梗匹配，相对于花梗来说，既不能太轻也不能显得太重。花本身必须有正常的形态，花瓣边缘完整，纹理质感好。颜色必须清楚、鲜艳且有光泽，花的基部色泽明亮清晰，花瓣的高度一致，不能太尖，边缘也不能有断裂。

秀展上的郁金香比赛开始之前，大家达成共识的优秀标准就必须定下来。同样不可避免的是，各地的比赛都应该提供相同的六个类别，这样让每个花匠都能在三个主要的类别——玫瑰，比布鲁门和奇异——中展示羽瓣和耀斑的花形。令人惊讶的是所有这一切发生的速度。当沃尔沃斯的詹姆斯·麦道克第一次于1792年出版《花匠目录》时，他用来描述郁金香的仍多为法语词汇。他说起"精细杂色晚花郁金香"的属性，而不是说成羽瓣或者耀斑。他提到了比布鲁门和奇异两个品种，但没有提到玫瑰，不过后来由塞缪尔·柯蒂斯在1810年的"改进版"中添加了。麦道克在初版提及了国外的郁金香育种者的贡献。但柯蒂斯在这件事上做得就显得更牛气一些。"这些花之所以现在能表现得如此完美，当然是有外国培育者的功劳；但是荷兰人那么爱钱，他们放弃了我们在英国的这些改良品种，没有成为我们新品种的购买者，这些新品种拥有任何他们自己郁金香所拥有的优良品质。"

英国在滑铁卢战役中赢了法国之后这种牛气就更盛了。花匠协会本身的发展也受到了在十九世纪第一季度席卷英国的灾难性变化的助力，当时世界上大约一半的工业品贸易是由英国钢铁大亨、英国棉纺公司以及其他类似的企业家所控制的。仅未来的保守党总理之父罗伯特·皮尔在他的

《花匠指南》（1828）中的一株奇异郁金香"森普龙"

插图根据 W. 斯特朗律师收藏的郁金香绘制

印花布厂就雇佣了一万五千人。英格兰的第一条铁路，斯托克顿至达灵顿的线路于1825年开通。随着乡村越来越空，城镇也开始发展起来。轧机厂主和其他制造商很快就把工人的工作效率与他们的健康状况联系起来，因此，为工人们提供种植园地也并不是出于完全无私的原因。这些种植园地的面积一般是十二分之一到四分之一英亩，通常在边缘地带，和工人所居住的典型的住宅区不在一起。马修·波顿（1728—1809），蒸汽机的发明者之一，早在1761年就在伯明翰开辟了工人花园，在汉兹沃斯周边的荒地租赁了一大片土地，并分成数十份小块。伊拉斯姆斯·达尔文（著名的伯明翰月光社成员）描述了波顿对"荒芜的荒地的转变"如何成为"贸易对人口影响的纪念碑"。威廉·豪伊特描述了将与诺丁汉的饥饿山类似的一块荒地，变成一个花匠的花园，种植了郁金香、毛茛、风信子、康乃馨或其他受欢迎的花卉，这里占据了他所有的空闲时间，也是成百上千种花的来源。就是在这样的小块土地上，花匠们培植着花木，这终归是一种都市现象而不是乡村习惯。

花匠的郁金香秀展都遵循着一种严格的模式。首先，必须设定一个当地协会所有成员都方便的日期。1803年5月12日，罗伯特·卡斯威尔，D.史密斯和来自佩斯利的托马斯·罗伯森被任命为勘验师，"去检查所有有意参与郁金香比赛的会员们的花园……以确定每一个属种的比赛日子，但如果他们不能在下个星期四晚上做出决定，那就得给他们再多点儿时间决定"。勘验师肯定是迅速做出了决定，因为就在一周之后，他们将秀展的日期定为6月3日（星期五），"各方人士都同意早花型和晚花型都在这一天。因为花季的变化如此之大，花匠们比赛的日期是从不会提前太早设定"。

日期定下来后，就会在当地报纸上刊登秀展的广告，基本规则因地区会有一些小的差异。1776年5月15日的伊普斯威奇杂志的描写可以代表近百场类似秀展的场景："郁金香秀展定于本月21日星期一在圣克莱门特教区的约翰·莱夫特宅中举行。获选最佳郁金香的前两名，每人（必须是近三个月之内在自己的花园内培育的）将获得奖牌；第三到第五名获得数先令；不过，非花匠协会会员不得送花参展。参展的鲜花要在十二点前送达莱夫特家；宴会由花匠协会提供，一点开宴。落款是总裁彼得·伯劳斯及协管员威廉·泰勒和约翰·桑代克。"

诺里奇的第一届花匠盛宴早在1631年就举行了，只是花匠的传统随即就慢慢消亡，也许是从最早的胡格诺派难民离开东英吉利而转在兰开夏郡建立织布机厂就开始了，不过随着十九世纪花匠培植的花开始广泛受到追崇起就又繁荣起来。诺里奇花匠协会在1828年的复兴"源自一位名叫多佛的花匠的努力，他从英格兰北部和西部引进了许多可供选择的根茎。协会由三十多名成员组成……那些并不富裕的人们利用短暂的闲暇时间投入到这种追求中"。这位"花匠"很可能是乔治·多佛（1820年代至1850年代），他在诺里奇的马格达琳街有一个花圃。其他苗圃主和花匠，比如托马斯·戴维已经发现其实协会对生意是有好处的。戴维就拒绝了别人对他一株"戴维之乐"鳞茎一百五十七英镑十先令的报价。兰贝斯的威斯敏斯特路，芒特街3号花圃的罗伯特·霍姆斯也培育和展出了一些优质的郁金香育种鳞茎，包括"路易十六"，他后来以四十二英镑的价格将这一品种卖给了彭顿维尔的约翰·高德姆。苗圃主人给他们最优质的郁金香开出的价格令"帕丁顿格林"花店的托马斯·赫格颇为惊奇。"按照正常花匠目录的价格，想要拥有不多的几株精美绝伦的郁金香，没有一千英镑都很难买到，要不就是得耐心地寻上个几年，不辞辛苦才能收集齐，这是那些培育出这些花的业余爱好者最引以为傲并不住夸耀的事情。

"多年来，花店印刷目录中郁金香的高价一直吓倒并排斥了很多人，以至于偏爱这种花并喜爱它的人不敢沉迷到这一行里来。这样的价格一般是定在进价上再加五成……这起到了很不好的作用，表面上看像是强收了一层税，而且也毫无疑问地阻碍了郁金香文化更广泛的发展。"

1820年代的每一年，曼彻斯特都会出版《在兰开夏郡、柴郡和约克郡各地花秀统计》，证明了对郁金香的热爱的发展是多么迅速，几乎得到了北方每个主要工业中心的助力。1820年列出了十六个不同的郁金香节，而到1826年就变成了二十七个。在陶瓷行业，工人们将对花的热爱转移到了

威廉·佩格速写本上的英国花匠培育郁金香（约 1813）

他们正在绘制的瓷器上。自十九世纪初以来，郁金香被用在许多花盆和花架的装饰上，以及由德比瓷器厂制造的用搪瓷和镀金边装饰的瓷器上。德比的明星花卉画师是威廉·佩格（1775—1851），他的父亲是德比附近的埃特沃尔·霍尔的园丁，这里孕育了许多专门致力于英国花匠培育郁金香的协会。十岁时，佩格就已经在这一行工作了，三年之后成为一名瓷器画师的学徒，在工厂里每天工作十五个小时。1796年，他获得了德比瓷器厂五年的合同，这家厂在接管了著名的切尔西陶器后，生意发展蓬勃。但是，1786年时，佩格在听了约翰·卫斯理在斯塔福德郡的宣讲之后，开始担心起用如此带着原罪般美丽的花卉来装饰昂贵的瓷器并用以装点富人餐桌所存在的道德问题。1800年，他成为贵格派教徒，收起了他的画盒，开始了他作为袜匠的失败生活。长袜可能满足了他的内心，可是却几乎没能维持他的生活。揭不开锅的佩格被迫在1813年回到他在德比瓷器厂的工作，在一页页的速写本上画满优雅的花匠培育郁金香，然后这些画就又出现在德比的瓷器上。七年之后，他再次因宗教问题而饱受煎熬，他彻底离开了德比瓷器厂，并于1851年在穷困潦倒中死去。

期刊出版商倒是没有这样的困扰：郁金香从十九世纪初起成为杂志中的明星，迎合了人数越来越多的挑剔读者。塞缪尔·柯蒂斯的《植物学杂志》创刊于1787年，杂志的宗旨当然比单纯地推广花匠培育的花更广泛崇高，它在杂志历史的早期的1808年就首次推出了花匠郁金香的插画。不过在柯蒂斯的另一本出版物《花卉之美》中，从1806年至1820年间却全部都是花匠培育的花卉。而这本出版物却远远比不上桑顿的作品《花卉神庙》的名气来得大，虽然前者的插画页面更大。柯蒂斯的郁金香插图都是托马斯·巴克斯特（1782—1821）的作品。他是伍斯特和斯旺西瓷器厂的画师。在《花卉之美》结束发行之前，康莱德·罗迪格斯开始出版他的《植物学内阁》（1817—1833），紧接着六年之后，切尔西花圃的罗伯特·斯威特出版内容更窄的《英国花园》（1823—1837）。园丁们快要被铺天盖地的杂志淹没了：本杰明·芒德的《植物园》于1825年推出；由伟大的博物学家约翰·克劳迪乌斯·卢登创立和主编的《园丁杂志》（1826年）；另一本出版

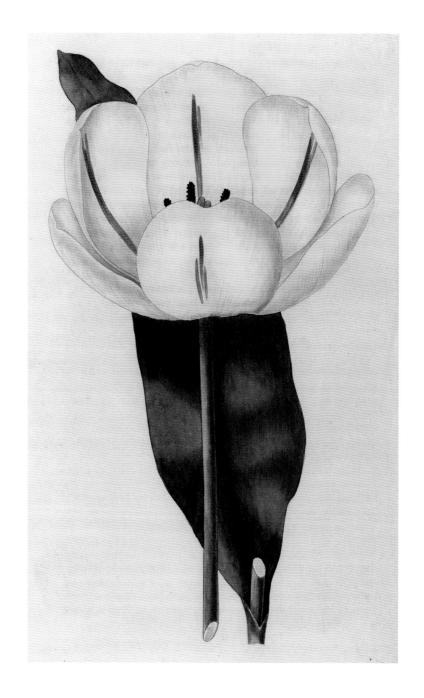

《花匠指南》（1828）中的一株比布鲁门郁金香"夏洛特公主的纪念碑"

插图根据切尔西国王路的苗圃主托马斯·戴维收藏的郁金香绘制

物《花匠指南》又由罗伯特·斯威特于1827年出版。在它发行的五年间，《指南》发布的郁金香图片比其他任何花卉都要多，六十一个彩色版，配上关于培育者的注解。郁金香培育者一般都是男性。而花匠圈中主导的石竹属花领域中的女性却几乎与郁金香毫无关系。道尔顿小姐绝对是一个特例，她在1826年5月22日的兰开斯特郁金香秀展中分别凭借着黑色的"巴格莱特"和另一种名为"慵懒"的非常流行的红白两羽瓣类郁金香获得了一等奖和二等奖。郁金香甚至出现在那个时代的小说中。萨克雷在描写其笔下一位女主人公莫吉安娜时写道："她是女人中的郁金香，引得那些郁金香发烧友狂蜂浪蝶般地拥在她身周。"

和北方的培育者不一样，对于伦敦的花匠们来说，这些带比赛的秀展并不是郁金香兴盛的那些年里唯一的活动。花匠们还会举行充满仪式感的活动、参观出了名的郁金香花园。亨利·格鲁姆（1820年代至1850年代）接管了柯蒂斯在沃尔沃斯的麦道克花圃之后举办了许多这样的活动，"行家们云集，比较，品评，交换和购买之后一起用餐"。大吃大喝一番似乎也成了培育郁金香外的固定节目。格鲁姆有一块郁金香畦田，长一百三十英尺，宽四英尺（四十五米乘一点二米），据一位和他同时代的人描述，呈现出"宏伟壮观的奇景"。劳伦斯先生在汉普顿的郁金香花田，"据说是伦敦一带最受推崇的花田之一"，是另一处人们经常朝圣的所在。劳伦斯就是那位培育出优雅的裂变比布鲁门品种"劳伦斯的欢乐"的人，这是纯白色的品种，略带紫色天鹅绒般边缘。《园艺杂志》的记者伯纳德先生，说他曾在劳伦斯先生的花田里见到过"许多鉴赏家、业余爱好者和休闲人士，其中一位就是克拉伦斯公爵"在四处巡查、欣赏着郁金香，其中包括花田中最稀有最昂贵的黄黑两色的"波吕斐摩斯"。

格鲁姆和劳伦斯的郁金香花田也许是当时最著名的，不过整个1820年代，伦敦周围还有很多其他花田：布鲁克格林的斯特朗先生花田，汉默史密斯的威尔特先生花田，上克拉普顿的奥斯丁先生花田，米尔班克的"奶酪先生"花田。伊斯灵顿是郁金香爱好者们的温床。在那里有约翰·高德姆，就是以昂贵的价格买下了"路易十六"的鳞茎的那位；1819年塞缪尔·布鲁克斯与托马斯·巴尔合伙开了位于伊斯灵顿波斯旁德的诺汉普顿花圃；还有霍洛韦城市路乡村别墅的育种专家兼花匠富兰克林先生。在罗瑟希德、贝斯奈尔绿地和图厅南区也有自己出名的郁金香种植者，而在坎伯韦尔，鲍勒先生凭借他的红黄色奇异品种"勇敢"引起了轰动。温莎也有一小群郁金香种植者，斯劳也一样，苗圃主查尔斯·布朗是一名资深花迷。这是另外一个明显的南北方区别。在1820年代，南方的花匠大部分都是专业的苗圃主，而正是这个原因让他们不受北方的业余爱好者欢迎。

伦敦的花匠们也举办秀展，主要的秀展都在伊斯灵顿、德威治、汉默史密斯和切尔西举行。托马斯·赫格解释了伊斯灵顿和切尔西协会的秀展规则，这两个协会一年的会费都是半个金币。郁金香花展的比评通常是在教会年历中的"常年期"举行，一般下午开始，花卉在坐在餐桌旁的会员之间一个个地传递。饭后评比完之后，花卉就会送去做公众展示。赫格说还有其他的花匠协会，但是他提到的这两个"不仅仅是从会员数量，就是从会员的组成而言都是最受推崇的"。有些协会显然仍然在形象上存在着些问题。

从1830年到1850年，郁金香风潮在英国达到巅峰，这也促使乔治·格兰尼于1832年成立了大都会花匠和业余爱好者协会。坏脾气的格兰尼（1793—1874）年轻时候学的是表匠，不过后来成为《园丁报》的编辑和富勒姆的邓甘南花圃的老板。做编辑，格兰尼被认为是个"咬文嚼字而睚眦必报"的人，但由他定下的一系列"特性"，或者说是对于一株优秀的郁金香必须符合的规则，对郁金香在1840年代早期的发展方向产生了影响。有了明确又易懂的标准，培植花在秀展比赛中的评判就更加容易了，因此格兰尼的"特性"很容易就被当时的花匠们牢牢遵守。给他带来无尽不快的是他并不总是被认为是这一伟大飞跃的推动者。他写道，其他的花匠，小心地掩盖了"他们的生意是建立在我的基础上"这一事实。这种"不被重视和伤害的感觉使他"在写《园丁和实用花匠》杂志的评论文章时"完全无法控制自己"，但是其他人称赞他是花匠之中最原始而强大的力量，一个对好花卉的评判有着敏锐的眼睛的人。格兰尼花了一百四十英镑的巨款，购买了由坎伯韦尔的鲍勒先生培育的"勇敢"的整一组七个鳞茎。

但是，随着郁金香鳞茎再次开始成为一种值钱的商品，英国的花匠们也遇到了十七世纪初荷兰种植者那样的困扰。1831 年，"赫尔广告商"报道了一起针对"马尔马杜克·卡那比先生花圃"的高质量和昂贵的报春花和郁金香收藏进行的野蛮破坏事件，就发生在赫尔的比佛利山庄附近。曼彻斯特附近的下布劳顿阿尔比恩地区的约翰·斯莱特，也曾抱怨说："那次展出了兰开夏郡的顶级花田优选的几种郁金香，我赢了三个一等奖和两个三等奖，可我那株'暹罗国王'，无疑是我参展的花里面最好的，就在开宴前，在参加评判前，被偷了。"

到斯莱特于 1843 年发表了《郁金香细述目录》时，北方的种植者已经令南方的同行黯然失色。《园丁纪事报》报道说："5 月的伦敦沿沃尔沃斯和坎伯韦尔路两边仍有可能在后花园中看到一小块一小块的盖着保护帆布的郁金香小花田。"但数量不如现在在韦克菲尔德或是奥特林厄姆，德比或者霍利菲克斯等地能看见的。南方种植者把质优的新品郁金香价钱卖得那么高，这也与北方种植者起了冲突。曼彻斯特人斯莱特指出，伦敦的种植者目录上称为中等价位的一个鳞茎卖到五十英镑或者一百英镑，但他们花三英镑从乡村花匠那里买到一株裂变品种却还要抱怨。北方已知的最高价格是"克鲁夫人"，是由德比的舍伍德在 1820 年培育的粉红色和白色羽毛的羽瓣品种，才卖五英镑。斯莱特说，伦敦的种植者们如果为他们乡下的弟兄们提供更丰富一些的资源就好了；如果是这样的话，我毫不怀疑，兰开夏郡很快就把伦敦及其附近街区的郁金香比下去，就像其他花匠培植品种的花卉一样。

但是，只要乔治·格兰尼还能妙笔生花，南方人是不会投降的。毫不妥协的格兰尼继续为南方郁金香唱高调，称"波吕斐摩斯"是本土最好的奇异品种。1841 年 10 月 14 日的《花卉杂志》上有名撰稿人提问，是伦敦，还是兰开斯特花匠才是郁金香的最佳裁判？他很小心地使用了化名"郁金香小屋的乔克·弗洛鲁姆"——但格兰尼没有这种顾忌。就他而言，北方

48.

E.D.Smith del.   Pub. by J.Ridgway 169 Piccadilly June 1.1828.   S.Watts sc.

《花匠指南》（1828）中的一株比布鲁门郁金香"夏戈德姆的玛丽亚"
插图根据伦敦白泉球场白色村舍的约翰·高德姆收藏的郁金香绘制。
这株郁金香是高德姆从育种开始培植的

种植者是野蛮人。他们把羽瓣和耀斑置于其他特性之上，这样的人还能有什么成就呢？格兰尼于1843年在《园丁和实用花匠》上发表了关于郁金香的特质的论文。十二条原则中的第一条就是，郁金香的花杯"从空心球的一半膨胀到三分之一时就应该成型"。虽然他并不自知，但格兰尼打响了1840年代郁金香大战的第一枪，随着1849年全国郁金香协会的成立，这种南北之间的敌对情绪终于迎来了极为不易的停战。

格兰尼认为自己远胜于亨利·格鲁姆，这来自沃尔沃斯的苗圃主和花匠（他认为完美的郁金香是"半扁球形"），还有写了《郁金香细述目录》的约翰·斯莱特（他拥护一半加上十六分之一球形。这很重要）。但是他不如哈代博士。哈代，出生于索尔福德，在切斯特菲尔德和斯托克波特上的学，师从曼彻斯特的一名外科医生。妇产科是他的专业；他的爱好包括长笛，低音提琴，而在这一切之上的是郁金香。颜色偏暗有粉霜质感的紫色"护身符"是他培植的郁金香之一。当它"裂变"时，便生成了一种美丽的比布鲁门品种，白色的底色上有优雅紫黑色斑纹。1847年，哈代写了一篇开创性的论文《论郁金香的完美形态》，文章发表在新杂志《中部花匠》，这本杂志特别针对中部地区和北方的种植者。哈代站出来用他致命的笔调摧毁那些不同意他观点的人提出的论点，他的观点是——最好的、真正的花匠培育郁金香的形状应该是半球形。

哈代选择了亨利·格鲁姆来开火，他在1840年《花匠杂志》中倡导的半扁球体，郁金香花形要比简单的半球形矮上十五分之一。倒霉的格鲁姆还指出花底部"应该有点凹陷"，花的下半部应该"向外膨胀一点"，使得花朵托撑得更好。无情的哈代撤下了论文，换上了一张彩虹的图片。他问道：如果彩虹中间有一个小小的凹点，而两边又各自鼓出，我们会认为这是一种进步吗？"这种畸形就是格鲁姆先生想要我们接受为完美的郁金香花形。"

斯莱特先生，以及他的一半加十六分之一理论，运气也没好到哪里去。哈代指出，花瓣越大，它们向内的弯曲度就越大，遮挡住了花芯。如果它们向外反折，这同样也会令喜爱郁金香纯净杯形的人感到不喜。不过，

《花匠指南》（1828）中的一株玫瑰郁金香"朱诺"
插图根据北伦敦霍纳尔摩沙村舍的伯纳德先生的"优选收藏"的郁金香绘制

他又坦率地说（斯莱特先生毕竟是曼彻斯特人），斯莱特先生的产出数量不大，如果不是他又附加了其他花匠根本没法遵循的条件，那他的提议根本无关紧要。斯莱特曾写道："花杯应由六层厚实的花瓣组成，先从中间沿水平方向生长，然后再转而向上，形成一个底部浑圆的几近完美的杯形。"杯子如何做到底部浑圆，又同时水平方向生长，哈代被雷到了，就像对待格鲁姆一样，推翻了斯莱特的理论，一直赶到了黑暗虚空。

格兰尼则是最倒霉的。他倾向于三分之一空心球体为最理想的形状，因为"所有发烧友都知道郁金香的美丽取决于整个内侧表面……他们也都知道，除非整个内部都能一览无遗，否则必将被视为不合格。"对于格兰尼来说，很明显花匠培育的郁金香必须能够充分开放才能炫耀它的美丽，而如果杯形大于球体的三分之一，那么就无法有效地做到这一点。哈代宣称：不对。格兰尼先生反对半球形为最佳，其理由是花杯太深以至无法展示花的内部复杂性是完全站不住脚的。很多最好的花匠培育郁金香品种都有很复杂的斑纹，因此花瓣的大小也是重要的考虑因素。半球形的花杯也提供了绘制羽瓣和耀斑更大的画布。哈代估计，郁金香花杯的直径如果达到三英寸半左右，遵循半球原则的话，则比三分之一的球状的杯形花瓣要长出约半英寸。半球形的优点如此明显，哈代继续说道，他毫不犹豫地采用它作为检验每一种郁金香花形的标准。"查尔斯·狄更斯笔下的兰开斯特制造商葛雷英先生也会同意这种说法的。葛雷英在《艰难时世》中的那位模范学生比泽，那位能把这种庄严的、野蛮的、令人难忘的、恣意的、不可捉摸的、奇妙的、微妙的、慷慨的、优雅的英国花匠栽培的郁金香变成一组几何方程式的人，都不一定能比哈代在这一点上做得更好。

不幸的是，符合哈代规定到极细特质的郁金香很少被发现。甚至是羽瓣奇异品种"查理十世"、极佳的比布鲁门品种"仁慈"、老牌的羽瓣玫瑰种"女神"和劳伦斯耀斑玫瑰种"阿格莉亚"，如果按照他的理想花形来衡量的话，都会被认为花杯太长。但是，哈代毫不退让，并且在下一期的《中部花匠》上，开始攻击另一个问题，他开始考虑花朵边缘的形状，花的镶边，以及最佳的花瓣形状。格鲁姆先生和斯莱特先生再次受到批评，因

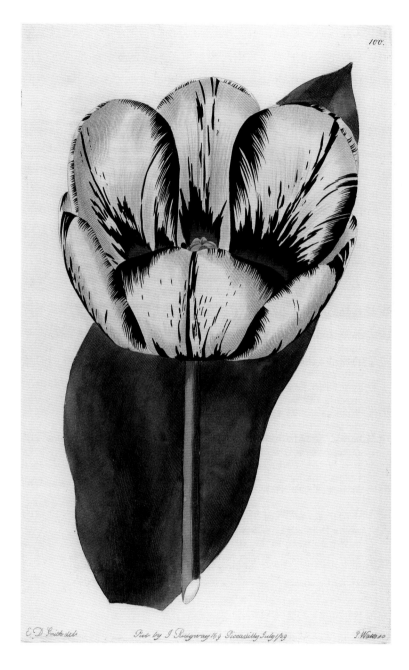

《花匠指南》（1829）中的一株比布鲁门郁金香"兰普森"
插图根据"斯劳的布朗先生的苗圃中'华丽收藏'的郁金香"所绘制，
"比起其他任何种植者，他做到了令其生长得更强壮，开出的花也更精致"

为当他们谈到花瓣"浑圆"时并没有定义什么是圆。这个圆度应该是圆的一半呢或是其他弧度？哈代先生认为他们应该说清楚。格兰尼先生因为偏爱顶部平直的郁金香而被嘲笑，哈代当时很痛苦地指出，这样的郁金香，大自然根本不提供。原来高高在上的格兰尼先生的地位变得危险，于是从这场战争中撤退，说他不打算再去理会这位先生，也恕不再另行通知。"哈代还猛烈地攻击了自己杂志的编辑约翰·弗雷德里克·伍德的文章中所配的插图。他说，伍德的郁金香花瓣好像被剪刀齐齐剪过的一样。哈代还抱怨花匠们，说他们想"根据自己残酷的想象征服自然的运作，无视自然本身想教给世人的简单的真知灼见，徒劳地要求培育出那些大自然从未想要创造的形状"。

在郁金香身上，哈代看到了一种"呈现优美曲线的趋势"，他敦促《中部花匠》的读者用显微镜或高倍放大镜去检视郁金香的花瓣。他认为，通过极细致地鉴定郁金香的内在结构，它的功能和形状毋庸置疑都能融为一体。它的弯曲幅度是其结构的固有部分。哈代孜孜不倦地寻找着具体的参数，他得出的结论是，理想曲线幅度的半径等于花朵直径的一半，而且还提供了极其复杂的方式供评判来测量。

在他详尽的论文结尾，哈代提出了综合四项规则才能被视为花匠郁金香的完美造型：

1. 每一朵郁金香在最完美时整个轮廓应是呈圆形的；从顶部到底部的深度应等于顶部宽度的一半，或者是从一瓣花瓣顶部最高点到正对面另一瓣花瓣顶端的距离。

2. 它应该由六瓣花瓣组成，三瓣内轮花瓣，三瓣外轮花瓣，且高度相同，同时形成的形状能保持圆形的轮廓；花瓣的边缘须平坦、干净、光滑，并且花瓣表面没有突起或其他任何不统一。

3. 只要花还新鲜，花瓣的宽度应足以防止从任何两瓣中间看到花蕊。

4. 花杯的整体轮廓和花瓣上部的宽幅须有精确的一致性，应该形成一个弧度或者曲线，其半径等于直径的一半，或者是等同于花的深度。

哈代坚信自己的规则能经得起时间的考验，而且一般情况下"哈代规则"是被广泛接受的。其至在花匠们无法无天的福尔柯克，最出名的郁金香种植者乔治·莱特博迪（1795—1872）也接受这一规则。莱特博迪早年在海军服役，曾参加过西班牙抗击英国的卡迪斯保卫战以及对抗美国的战争。他一直佩戴的奖牌是为了纪念他在地中海捕获一艘法国战船。在他看来，"哈代规则"是非常有必要的。在育种者疯狂活跃的年代，每一季都会有成千上万的新的育种花苗进入市场，某种能帮助规范花匠培育品种理想花朵的目的和目标必须执行。对育种者来说，郁金香的形状造型比斑纹更容易控制。那些能使郁金香产生裂变，而随之形成羽瓣和耀斑的不稳定的病毒却不容易操控。无论南北方，花匠们也都希望能确定某些标准可以抵消在郁金香秀展上评判那令人不快的偏袒。而《中部花匠》杂志因为在南北两个阵营都能插进一只脚，也许是喜欢花瓣斑纹的北方种植者和坚持造型和种纯性的南方种植者之间唯一可能的仲裁者。

但是，不可避免的是，郁金香的业余种植者和专业经销商之间仍然存在着摩擦，经销商们利用蓬勃的秀展来展示（和销售）他们的新育苗木。"在这种场合，如果那些经销商们能够大方地来付上会费，把奖品留给业余爱好者们来争夺，"一位心有不满的业余种植者写道，"我认为会大大地提高秀展的满意度，甚至也更符合经销商们的利益。"他建议经销商应该举办我们现在认为的贸易展，门票上印上"参展商的名字及地址"。业余种植者随后可以去经销商的花田看看，并从那里为自己的收藏购买鳞茎。这名业余爱好者继续说道，在目前这种制度下，他极不愿意参加比赛。但是两者之间的界线有时很难确定。阿什顿安德莱恩的詹姆斯·海格在1830年代和1840年代席卷英国的霍乱中感染死去，他通常被认为是业余花匠。当他于1846年去世时，他那些珍贵的郁金香的收藏品被拍卖。那是当时的通行做法。拍卖所得能给花匠的家人提供必要的资金。但是海格也是巴克勒育苗郁金香收藏的共同所有人，和他的来自阿什顿哈珀豪斯的朋友詹姆斯·沃克合股购买的。业余爱好者也开始变得像经销商了。

尽管花匠的主导形象是贵族式的花匠，但是这些花匠需要他们周围有更有钱但技术差些、比较没有耐心的花匠购买新的郁金香花苗。比如像

《花匠指南》（1829）中的一株郁金香"奥地利皇帝"
托马斯·戴维先生的目录中价格为二英镑一个鳞茎

243

诺丁山杭格山区的豪特那样的花匠，部分的收入依赖于像奥特林厄姆的约翰·谢尔梅丁那样"不惜一切代价"建立起个人郁金香收藏的收藏家。他的郁金香花田中的瑰宝是从老品种羽瓣种黑白色郁金香"路易十六"所育出的花苗。谢尔梅丁，是那种能被称为典型"花贩"的花匠，与詹姆斯·海格死于同一场霍乱。一位和他同时代的人士悲伤地指出："他在奥特林厄姆花卉协会的地位将永远无法被取代。"匹克威克式的语句在费尔顿花匠协会与花卉园艺协会联合之后出现的诗句中回响。1845 年 6 月 23 日在费尔顿花匠和园艺家联盟举办的第二次展览上配上"风吹而过"赞美诗的调子演唱：

> 冰雹，1845 年的快乐春天！
> 是一个联盟带来的，
> 将所有利益合而为一——
> 正是我们所有人追求的：
> 我们像以前一样展示我们的美丽，
> 现在所有人宣布
> 所有人的融合才是最好的
> 最难得最有用。

开场那一段之后，这首诗继续颂扬防风草、韭菜的美德，最后是郁金香，也就是那天在新的费尔顿联盟秀展上展出的：

> 当我们赞美郁金香时，
> 我们会说出原因；
> 这不是因为它们华丽的色彩
> 吸引了庸俗的目光，
> 不是！是因为它们多变的魅力，
> 因此，它们闪耀着光芒，

《花匠指南》（1829）中的一株玫瑰郁金香"瑞香"

插图根据北伦敦高贝雷公园的理查德·珀西瓦尔律师的"优选收藏"的郁金香绘制

提醒我们全能之手——

万能的神!

1847年在德比举行的"公开郁金香秀展"的报道也是匹克威克式的,"差不多有五十位绅士一起在'纳格之首'宴聚。秀展开幕后,忠实会员们的一轮敬酒结束之后,坐在椅子上的萨德勒先生站起来演讲,他的动人演讲的主题是,中部园艺协会的理念,演讲中间数次被人打断。"

到了1840年代到1850年代之间,竞赛性质的秀展已经达到了白热化的程度。兰开夏郡巴顿市"国王之首"酒店内,羽裂奇异品种的"皇家君王",这个时代最关键的一种郁金香,在1847年5月24日举行的展览上夺冠。在福尔柯克,最佳郁金香的奖品是一把银壶,第二名的奖品是一枚金币。剑桥附近的"斯台普福德之屋"的理查德·汉德雷横扫了剑桥花匠协会于1848年5月18日在狮子饭店音乐厅举行的秀展。就在第二天,在兰开夏郡利市附近的贝德福德的彼得·伊顿的郁金香会议上,托马斯·贝尔肖凭"独特玫瑰"赢得"工厂奖"(一只水壶)。当纯色开始流行时,北方种植者发现他们还是很难放弃这种粉红加白色精致斑纹、只是底部颜色不纯的古老品种。也许是因为这空前的规模和密度的秀展,花匠之间爆发争吵不可避免。秀展如此之多——在布尔斯勒姆"皇后之首"旅馆,在利兹高尔街的伍德曼旅馆,在布拉德福德附近的温德克里夫的格林曼酒店——这更加剧了他们的不满。只有最勇敢的人才能承担这种不被待见的评判任务。伦敦北部伊斯灵顿金斯兰郡的小羊农场的亚历山大先生通常被认为是"诚实的人"——对花匠们来说这样的评价可不容易,但他是南方人,所以在大部分秀展举办的北方自然很有嫌疑。《中部花匠》的编辑约翰·弗雷德里克·伍德和曼彻斯特奇塔姆山的斯莱特一样是很吃香的评判。但是斯莱特本人也是郁金香育种者;他是浓密羽瓣玫瑰郁金香"朱莉亚·法尔内塞"和出自著名的"波吕斐摩斯"奇异种的幼苗"阿多尼斯"的培育者。他的公正性可靠吗?如果想要这郁金香热成熟起来,无私而又有资格的评判至关重要,但是,就像一名沉迷其中的参赛者所写的那样,找到这样的人看起来"困难重重难以让协会满意"。1847年的韦克菲尔德秀展上终于起了一场轩然大波，只因为从未听说过它的名字，一名评判就把一整盘郁金香扔了出去。

竞争（还有比赛提供的奖品）不可避免地鼓励了串谋行为。一位利兹附近柯克斯托尔署名"公平选手"的参赛者写道："这几乎不可能让所有种植者都成为诚实的参秀者……哪怕是午夜时分四处搜巡也在所不惜，如果可以为自己的收藏增加一株花，哪怕是牺牲另一个倒霉鬼或者邻居的利益也无妨。我怀疑可能只有很少的协会会员名单中才不包括这样的绅士。与此半斤八两的行为是，那些人自己如果失败了，就会试图诋毁那些比自己更幸运的竞争对手。"韦克菲尔德举行的公开郁金香秀再一次成了投诉的起因。来自利兹的参展商获得了头等奖，而主队的一名成员却传起了一则谣言，其中一朵获奖的花并不是参展的花匠所种植。四十名利兹的花匠们愤怒地斥责这谣言实为诽谤，但这样的事情变得越来越普遍。

1849年成立国家郁金香协会的理想主义者们一定是希望这"国家"标签会消弭南北之间的差异，同时也为他们最喜爱的花卉增加尊严。可北方种植者没那么容易被收服。1851年的"大英全国郁金香展"在德比举行，雪茄商人和郁金香爱好者弗莱姆·道德威尔建议在"整个王国的每个城市、城镇、村庄和花卉种植区都设置组委会"。但是，这种奥林匹亚式的愿景尚未实现，这次的"全国"秀展又变成了另一场德比本地秀。署名"我们的EY"（肯定是化名）无法掩饰他的不满。他写道，这场秀展，"进行得让北方的种植大户们大为满意，特别是对那些不肯抛弃犯规品种的郁金香商人。他们先为评判们选好三名花的基部都有模糊斑点的选手，还有来自伦敦的亨利·高德姆先生，作为第四名，以充门面好进行他们的程序，他们按照自己的意愿做。他们不肯取消基部不合要求品种的比赛资格，那些得奖的郁金香对整个郁金香热来说是一种耻辱。亨利·高德姆先生无法坚持他的观点反对那些喜欢犯规品种花卉的人，但他可以退出，以维护南方的尊严和品位，即那些所有基部有脏色的各个品种都是不值得重视的。他本可以说：'先生们——我对你们三个人毫无用处，也永远不会为犯规的花朵

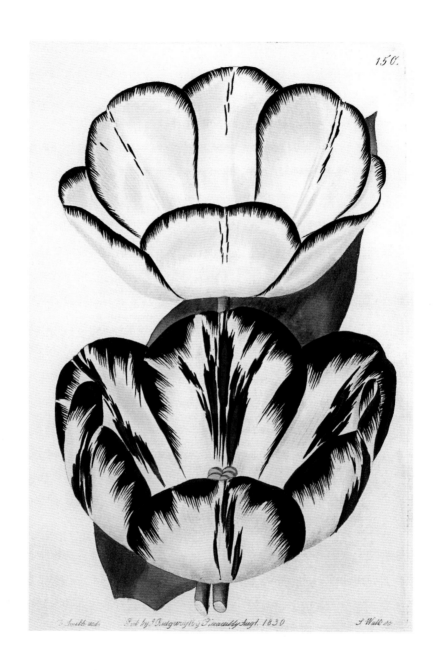

《花匠指南》（1830）中的一株比布鲁门郁金香"路易十六"

一种非常多变的郁金香，此处展示了斑纹浓淡各不同的两株。斑纹较淡的比较值钱。

伦敦白泉球场白色村舍的约翰·高德姆曾经拒绝过

一百英镑购买他一株这种"路易十六"的出价

颁奖，因此我恳请退出比赛，我希望你们这口味永远只局限在北方。'来自斯劳的特纳，专业人士中最优秀的，以及充满热情的业余爱好者、来自霍洛威的爱德华先生，最终只能无声地坐下，带着那种被连这个大都会中最差劲的种植者都会不耻于拿出手的郁金香击败的耻辱。"

尽管评判和种植者之间的冲突、骂战和诋毁不断，但实际上郁金香种植的专业知识达到了顶峰。这也反映了在十九世纪下半叶一般园艺的趋势，此时已经成为一门严肃的科学，严肃地被吸收同化。在所有领域的种植技术被不断地完善。在郁金香季节，《园艺小屋》《园丁纪事》《花匠》《平房园丁》《园丁八卦》，以及其他诸如此类比5月的花蕾都更迅速出现的杂志，如果有人要听从这些杂志上全部的专家意见，那这人得把不睡觉时的所有时间都花在花田中。首先，鳞茎必须种植在四英尺宽的花田中。土中可能需要加入石灰。花田可能还需要全部翻一遍让排水更畅。刚加入郁金香热的新人可能需要像是为前来国事访问的皇帝精心准备床一样，开辟一张畦田，要用瓦砾、泥土以及经过仔细筛分的堆肥做个复杂的三明治。

在春季，有一个问题是水在叶片和花梗之间的斜角中间堆积，甚至会伤害花胚。有一名种植者建议，除了四肢着地在花田里爬来爬去，用嘴把水吹掉之外，没有别的好办法了。刚刚出芽的郁金香上方必须盖上带铁环的篮网，以保护它们免受冰雹的伤害；再盖上厚厚的布以防霜冻。黄麻帆布是最好用的。苏格兰种植者约翰·坎宁安在花田上用黄色油布搭帐篷遮挡冬雨。随着花慢慢生长，每一朵郁金香都必须用支撑棍小心地支撑，以防花梗折断。有时，还要把细线（涂成绿色）从花田的一端铺到另一端，离地面约两英尺（零点六米），用绿色的草绳把郁金香花梗一一绑上。

花田也可能受到腐菌的侵袭成为每一个花匠的噩梦，而染了病枯萎了的叶子必须在细菌影响到珍贵的鳞茎本身之前除去。郁金香花田还得拉起遮阳篷，因为种植者知道裂变郁金香的不同颜色在太强烈的阳光下容易"串色"。白印花布比黄麻帆布更轻薄，是夏天最好的遮挡物，而在中部地区的种植者经常使用诺丁汉蕾丝。有一位观察者说，花匠那满是垫子、帆

《花匠指南》（1831）中的一株郁金香"酒神玫瑰"
插图根据伦敦麦尔安德剑桥路的帕尔先生的"优选收藏"的郁金香绘制

布、蚊帐和支撑物的田地，更像是仓库后院，而不是花园。造型不理想的郁金香穿上了紧身胸衣；棉纺业里被称为粗纱的那种柔软的线被用来绑在未开放的花杯周围，一直保持到在展台上被评判前最后一分钟。刨花的用法则相反，用来让过分内曲的花朵保持打开状态。有时这是为了糊弄花杯形状以使其接近哈代标准的郁金香形状，有时还会让阳光将郁金香底基部那不纯的乳白色漂白成标准的纯色。

将生马铃薯和萝卜切片放在郁金香花田中，诱出长在地下被称为棱皮龟的黑色小毛虫，让它们离开郁金香鳞茎。一名种植者报告说他用这个方法"郁闷但又满足地"捉到了成千上万条小毛虫。郁金香开败后，种植者必须遵照一系列冗长的程序，按照严格的顺序将它们掘出，以保证所有命了名的品种不会混淆。挖出的鳞茎必须晾干，然后存放在某处——不能太热，不能太冷，不能太干燥，不能太潮湿——直到再次播种的时机到来。不过老鼠也有它们自己的破坏鳞茎的日程。

欣赏花朵的说明与种植它们的说明一样细致。詹姆斯·麦道克是伦敦沃尔沃斯苗圃的创始人，也是具有影响力的《花匠目录》的作者，他建议郁金香花田之间的通道应挖低几英寸，这样花朵能离眼睛更近些。为了安全起见，花田周围应建起两英尺高的木制框架，"以防止观赏者的衣服摩擦到花朵或折断花朵"。郁金香花至少有比其他花匠培育花卉开花更持久的优势；郁金香爱好者可以期待超过三个星期的观赏期。麦道克还描述过一个有意思的装置，就像捕鼹鼠器一样，可以插入花田中，拔出未能开花的郁金香，或者是因某些原因破坏了整个郁金香表现的花。这种圆柱形工具（在他的目录中有图示）还可以将一株完全开了花的鳞茎再嵌入到空缺处。花匠还有另一招可以保持花田的完整无缺。他们将多余的鳞茎种植在单独的备用区域，做成鲜切花，放入小花盆或小瓶的水中，然后再将它放入地下的花盆中，让花朵看上去像是从土里生长出来。而土耳其人早就做过完全相同的事情了，只是早了一百五十年。

而如何杂交郁金香从而获得新品种的说明则极其复杂，需要单独出一本书。早期的郁金香种植者花了一段时间才意识到最好的裂变郁金香不是从最好的裂变种郁金香的种子而来。他们必须从最好的纯色郁金香中繁殖，然后等待长出来的幼苗能变化出他们渴望的羽瓣和耀斑。6月是郁金香育种者的关键时刻，他们手持骆驼毛刷小心地把花粉从一朵花的雄蕊传到另一朵的花柱上。曼彻斯特花匠约翰·斯莱特建议种植者随即将整株花用诺丁汉蕾丝制成的盖子盖住。不管有没有顶盖，种荚都必须用玻璃杯盖上以保持干燥。

如果这一步操作成功，育种者又能让他的种荚安全地等到结果，这时候才需要考虑接下来那能让种子长成可开花大小的鳞茎的艰苦的七年时间。这育种时间之长无法和其他花匠培育花卉相提并论，有一名郁金香爱好者作出了哲学上的观察："虽然生活本身充满不确定性，但是没证据显示培育郁金香花苗会缩短生命。"郁金香播种的最佳日期被认真地讨论过。秋季播种慢慢消失了，因为有证据表明早春播种能带来更好的结果。在种植期的每个阶段，排水是成功的关键。牡蛎壳——牡蛎是穷人而不是富人的食物——常被用来在育种盘中垫底。盒子本身是用旧的葡萄干盒改造的。帆布船帆用作遮阳布。

发给郁金香种植者的说明书中体现了极大的关爱、对细节的重视以及一名典型花匠所需具备的充满观察力的眼睛。耐心也很重要。过了最早的繁殖苗木的七年后，种植者可能要等十到二十年才能育出裂变的郁金香，但这些所有的辛苦可能仍然不会有任何成绩。虽然花匠努力的成败的关键就在于此，但对他们来说为什么有些郁金香能裂变而有些不能仍然是一个谜。直到1848年，《中部花匠》回答一位痛苦的读者的来信时，仍在引用约翰·考威尔在一百多年前的《好奇并赚钱的园丁》中推荐的石膏/粪堆之类的配方。考威尔的配方中还包括了尿壶中的水。可是到了十九世纪中叶那种敏感的环境下，《中部花匠》认为最好还是除去那一项。把鳞茎经常从一个地方换到另一个地方能带来期望中的效果。也有种植者建议夏天时太阳下烈日下烘烤已经干了的鳞茎。考虑到郁金香的自然栖息地，这种推理有想法但不是正确的选择。有人认为，贫瘠干燥的土壤效果最好。还有人则提倡施撒马粪。但是，尽管十八世纪初期的种植者曾想用炼金术和咒语

《花匠指南》（1828）中的一株奇异郁金香"斯特朗的国王"
插图根据伦敦布鲁克格林阿尔比恩村舍的斯特朗先生收藏的郁金香绘制，
极有可能是经由一株郁金香种苗"赫克特"裂变而来

使郁金香出现裂变，十九世纪的郁金香爱好者则会寻求更合理的解释。具有讽刺意味的是，直等到郁金香热差不多消失时答案才出现。

1855年，格鲁姆的苗圃从沃尔沃斯搬到伦敦郊区的克拉珀姆里斯附近，并拍卖了所有郁金香，大约三万个鳞茎，这标志着业余爱好者的兴趣慢慢减退之后南方经销商种植者的灭绝。仅在前一年，格鲁姆仍在给他的价格高得离谱的秀展新品郁金香打广告：高茎羽瓣玫瑰品种的郁金香"剑桥公爵夫人"要一百几尼，"伊丽莎·西摩小姐"要一百几尼。詹姆斯·麦道克于1770年代创立了沃尔沃斯苗圃，在他的手中，这里成为了郁金香爱好者的涅槃。苗圃的声誉一直保持着完美的状态，直到他的女婿塞缪尔·柯蒂斯于1825年将它传给了亨利·格鲁姆。现在整个花田都空了。盛大的开放日中，长达五十码（四十五米）的花田中展示格鲁姆那些获奖品种的郁金香的日子已经一去不复返。就在之前几年，理查德·克莱斯维尔（1815—1882）牧师描述过这样的开放日，巨大的棚架之中骄傲地耸立着格鲁姆的秀展花田，头顶上用亚麻布覆盖，并在两侧和末端用粗帆布遮挡。顶部和两侧的布帘都可以卷起，以便控制花田任何一处的阳光或遮阴。用这种办法，空气也可以自由流动，而棚框或者遮篷内部，凉爽又清新，对花朵最有利。格鲁姆先生是位极具绅士风度且有礼貌的花匠，豪爽大方地介绍了我，而我马上就被引领到了国王和王后、公爵、贵族、女士及平民中间。这场景真是最耀眼、最壮观的：闪着光芒的太阳下，每朵可爱的花都在美丽地绽放着。"格鲁姆的郁金香在拍卖会上由曼彻斯特种植者约翰·斯莱特以惊人的低价购得，这是北方花匠对格鲁姆三十年来凭他的苗圃所敛之财的报复。

英国花匠培育郁金香的第一代佼佼者，主要是些苗圃主，都已经死了，例如詹姆斯·麦道克本人，伦敦国王路的托马斯·戴维，伯明翰的汉普斯沃斯市的卢克·波普。波普是1825年去世的，戴维是1833年去世的。现在第二代的许多种植者，即"长老级"的花匠也在逐渐消失。约翰·谢尔梅丁走了。赛夫伦沃尔登的查尔斯男爵以他的蜀葵和他的一样出名的郁金香著称，他于1848年去世，把整个公司也都带进了坟墓。吉本斯先生，他的郁金香品种，他的切拉斯顿育种公司，在1840年代首次投放市场时曾引起了如此轰动，但后来却因生意失策而一蹶不振。不过德比郡图尔斯顿的约翰·斯宾塞，依然越做越强，他凭借"大酒瓶"（一种带着丰富红棕色斑纹的精致黄色郁金香）在1847年的德比公开秀展上摘得头名。

开创局面的是南方人，但北方人，例如种出了玫瑰郁金香"工业"的兰开夏郡利市贝德福德的威廉·利，兰开夏郡米德尔顿的手摇织布机织工大卫·杰克逊，还有约克郡韦克菲尔德地区一群优秀的种植者，现在变成了肩负拯救优秀、精致的英国花匠培育郁金香，使其不至于灭绝的人。韦克菲尔德种植者中有不少人原是制鞋匠，例如住在荨麻街的一对兄弟汤姆和乔治·吉尔以及威廉·梅勒。在同一条街上还绽放着由汤姆·斯普尔种植的数以万计的英国花匠培育郁金香，在韦克菲尔德秀展出现之前，对于每个周日都去那里朝圣的人们来说真是一种享受。另一位韦克菲尔德的种植者汤米·帕克，是一个"只要有对郁金香感兴趣的人愿意和他聊天就肯大半夜不睡觉的人"，他住的韦克菲尔德的这条街道现在仍被称为"帕克的弯道"。谢菲尔德是郁金香育种的另一个避风港。在这里，本·西蒙尼（1834—1909）和许多谢菲尔德花匠伙伴一样是一名刀匠，他在种植郁金香的同时还养殖鸽子、兔子和灵猩犬。

在苏格兰，佩斯利的花匠们延续了本地最初由定居的胡格诺派织布工在这里建立的种植郁金香的悠久传统。1853年7月9日，佩斯利花匠协会成员聚集在一起，听读一封马修·佩里的来信，他是移居美国的前协会成员。佩里想要购买一百个郁金香鳞茎、毛茛以及其他种子在新国家继续花匠传统。由约翰·沃特斯顿、约翰·罗伯逊和威廉·麦克阿尔派恩组成的三人委员会被委以回信的任务。"出于……对佩里先生作为前协会成员的尊重"，委员会决定免费送他一百个不同品种的郁金香鳞茎以及他在信中提到的其他种子。毛茛除外。毛茛开得非常稀疏，而且他们几乎也没有什么种子了。

尽管有着这一群群专注的种植者，尤其是在德比郡、兰开夏郡和诺丁汉郡，但郁金香作为花匠培育花卉正在减少。要种出一株完美的能送上展台的郁金香并不是一件容易的事，所以越来越多的那些注重结果胜于过程的花匠们把他们的注意力转向了不那么难养的花卉科目，例如韭菜和菊花。那种曾经在郁金香种植者之间激起了那么多口角和争吵的地域主义如今又有了一种展示方式，虽然是更为被动地通过支持一支足球队来展示。英式足球的第一次决赛在1871年举行，从1870年代开始，大多数出名的城镇都有了自己的足球俱乐部。城市和小镇面貌的快速变化也推动了郁金香的式微，所有花匠都感受到了这种影响，而不仅仅是郁金香种植者。1851年的人口普查显示，在英国历史上第一次出现了城镇人口超过乡村人口。经济的繁荣推动了工业中心（如曼彻斯特、诺丁汉和德比）的增长。渐渐地，人们在工厂而不是像织工出身的花匠们那样用手摇织机在家中作坊工作。工业繁荣的代价还包括花匠们失去了几代人用来培育花卉的小块田地；1906年制定的《小农场和分配法》为时已晚，无法挽救这些土地。"我们不少热闹的小镇都曾有郊区的花园，"十九世纪末的花匠弗朗西斯·霍纳牧师写道，"曾经的少年现在变成了中年男子，那些熟悉的老花匠的旧址现在已经令人不快地长满了砖瓦和砂浆。在我的花匠生涯中，我种植过金毛桃和郁金香，这些花园曾绵延出城一英里之外；可是，现在，是一条简单而凄凉的排列着一模一样房屋的街道，仅存在一个已经覆盖了原有的绿地的毫无意思的名字。"情绪低落的霍纳，拜访了4号的新住户。依照他的计算这一处房屋就建造在他二十年前的郁金香花田上。可是迎接他的只是茫然而毫不理解的目光。

随着郁金香种植者们死去，大量的相关知识也消失了，比如福尔柯克的乔治·莱特博迪（1872）和剑桥大学的理查德·海德利（1876）。他们的生命跨越了整个世纪，这是英国花匠培育郁金香成为美的象征的时代，也是花匠工艺的巅峰期。对于郁金香鉴赏家们来说，每年5月在鲜花盛开时去海德利家斯台普福德庄园的参观邀请从未被拒绝。海德利去世后的那个月，《花园》杂志刊登了广告出售（1876年5月23日）海德利的郁金香鳞茎，其中包括许多他自己培育的品种：比布鲁门种的"约翰·林顿"和他以妻子的名字命名的深红色加白色的羽瓣品种"莎拉·海德利"。园艺记者乔治·格兰尼，这位在郁金香之战中与哈代博士曾经剑拔弩张的人，也于

Tulip
George Hayward (Lawrence)
Plate 89.

《花匠指南》（1854）中的一株奇异郁金香"乔治·海沃德"
由汉普顿的 R. J. 劳伦斯杂交一株"波吕斐摩斯"种苗和"丧仪官"培植而成

1874年在米德尔塞克斯的诺伍德去世，一年后，他的对手也随他而去。乔治·威尔莫特·哈代博士、郁金香评判之祸、雷电橄文的作者、坚定的自由党成员与沃灵顿市的长老议员，死后在圣保罗教堂举行葬礼，落葬于沃灵顿公墓。他的灵车仪仗所过之处，商店关门，房屋百叶窗紧闭。他的名字延续在一株1862年由德比的汤姆·斯托尔所培育的郁金香中，并变种出一种长期无人能超越的红色奇异品种。"哈代博士"仍在韦克菲尔德和英格兰北部郁金香协会的年度比赛中得奖。

在早年间，一位杰出的郁金香种植者过世后，威名很快便会被另一位同样出色的种植者盖过。现在，只有来自卡斯尔顿的斯泰克希尔漂白工厂的塞缪尔·巴洛的声名鹊起才能填补这四人去世留下的空白，这四个人的名字，对整整一代的种植者来说，等同于郁金香这个词。巴洛（1825—1893），于1871年购买了哈代大部分的郁金香收藏，是阿诺德·本涅特英雄典范：他白手起家，是精力充沛的县级长官、米德尔顿市长、曼彻斯特植物园和园艺协会理事会成员、曼彻斯特艺术协会主席、温特伯顿书面布有限公司的主任，并曾担任全国（现为皇家全国）郁金香协会主席。虽然不得不说他要对这一地区"空气中充满了对周围一带乡村的植物极其有害的元素，令树木几尽灭绝"一事负有很大责任，巴洛仍不失是一位对园艺充满热爱的人。一名记者曾经用一分为二的手法直截了当地描写过他，他写道："罗斯金先生和他的一些追随者想要通过宣扬完美的乌托邦式运动来对抗'魔鬼驱动的机械'简直就是浪费时间和精力，那些与自然之美和真意作对的人，应该去斯泰克希尔学习这两种表面上敌对的利益如何能通过忍耐、毅力和技巧而变得能和平共处。"六十个工厂烟囱，类似于斯泰克希尔自家的烟囱，从斯泰克希尔自己的场院就可以看见。

巴洛是兰开夏郡人，他出生于梅德洛克谷，他的父亲是"一群为兰开夏郡工业区那太过平淡的生活创造了对美和甜蜜的热爱而做出巨大贡献的蓝领植物学家"中的一员。巴洛跟随他父亲的足迹进入漂白行业，首先去了梅德洛克谷的奥托·赫尔姆父子公司，然后进了斯泰克希尔。他很小的时候就开始种植鲁冰花和罂粟，花哨的报春花和熊耳花；郁金香是他后来

REV. F. D. HORNER.

弗朗西斯·霍纳牧师（1838—1912）

约克郡的柯克比马尔泽德的花匠

新添的兴趣，但他在1848年就开始参加秀展了。他父亲去世时，三十岁的巴洛升任为斯泰克希尔漂白工厂的经理。仅仅六年后，他买下了公司。在当时，斯泰克希尔被视为可以将"高端文化和精致品位与最符合制造业要求的方式最紧密地联系起来"的一个完美例子。巴洛家的墙上挂满了曼彻斯特学校艺术家们的作品。他也是英国最早购买法国印象派画家作品的人之一，比如卡米尔·皮萨罗。他的橱柜里放满了"陶瓷古玩"。而外面，货车一车一车地运送着通过铁路从兰迪德诺大奥姆山头、山姆·巴洛拥有的一块土地上运来的泥土，用以替代附近地区的有毒土壤。这里有葡萄园酒庄、兰圃、耐热室内植物、秋海棠、天竺葵、杜鹃花、百合。还有英国花匠培植的郁金香，巴洛建立起了比任何人曾经拥有过的都多的最大的郁金香收藏。

巴洛绝对是位长老级的花匠，为了他的这一兴趣不惜一切代价，米德尔顿的丝绸织工大卫·杰克逊等手工艺花匠从他这里获益颇丰。巴洛下定决心要收购杰克逊在1865年左右培育的"杰克逊夫人"。这是一株美得惊人的比布鲁门品种，浓密的羽瓣，白色底色上是带光泽的黑色。它的基部（永远是一项重要的标准）是洁白如雪的白色。他当然想要这个品种的全部库存，这样以后就没有其他人可以说他们也有，他向比他年长二十岁的杰克逊开的价格是与鳞茎重量等量的黄金。他最终实际付出的还要更多。苏格兰花匠詹姆斯·道格拉斯当时说："他们曼彻斯特人很容易头脑发热。"

在他的四块参加秀展的郁金香畦田上，每块花田上都有一百四十行，每行七朵花，他种植了一种娇弱的开花品种"贝茜"，是由哈利法克斯种植者约翰·赫普沃斯培育的比布鲁门种羽瓣，白色底色上带深紫色。他种了羽瓣奇异种"乔治·海沃德"，纯金色的底色上带深红栗色斑纹。这是一品非常著名的郁金香，于1853年首次裂变，在次年《花匠杂志》显著位置上作了特写报道。虽然这个品种的花非常惊艳，但它并不稳定，羽瓣有时候会长得失控。它是由一名得益于前面几代花匠的南方种植者，汉普顿的劳伦斯培育的。巴洛还种出了完美的"安妮·麦格雷戈"，白底上点有玫瑰色的猩红色耀斑，这是由兰开夏郡织布工约翰·马丁培育的。它的到来标

MR. BARLOW'S FLOWER BOTTLE.

用于 1882 年皇家全国郁金香协会展览中的由塞缪尔·巴洛设计的花瓶

《郁金香和棚架》（1870）

由威廉·莫里斯设计，并由威廉·德·摩根据制作的瓷砖

现存伦敦维多利亚和阿尔伯特博物馆

志着郁金香栽培的巨大飞跃之一，虽然之前这种变化在英国花匠郁金香史上只是偶尔发生。几十年来，"安妮·麦格雷戈"仍然保持着无与伦比的地位。

还记得巴洛担任过皇家全国郁金香协会主席吗？他也把注意力转移到了秀展台上。在北方，英国花匠培育郁金香被广泛地在公共场馆种植，根据传统，参加秀展的郁金香，只是简单地用深棕色的啤酒瓶盛放。巴洛设计了一种高五英寸半、直径三英寸的用黑色玻璃制成的花瓶，他希望秀展可以给人以"一种统一有序的感觉"，特别是由皇家全国郁金香协会举办的秀展。但是1893年5月28日，塞缪尔·巴洛，这位在"烟囱森林中创造了花卉天堂的人"，从曼彻斯特仓库的楼梯上摔下来后就去世了。他也实至名归地获得了以名字命名郁金香的纪念方式，这种郁金香和"哈代博士"一样，也是由在德比铁路旁的大堤上种植郁金香的铁路工人兼花匠汤姆·斯托勒培育。两名伟大的郁金香种植者被真正地结合在了一起，因为斯托勒将"哈代博士"和另一种优质的奇异种"约瑟夫·帕克斯顿爵士"杂交培植而成了这一奇异种郁金香"山姆·巴洛"。几代花匠的技巧，郁金香爱好者的呕心沥血，数百年来，一直试图让英国花匠培育郁金香的血统在它们的花脉中保持着纯净的种种努力，在"山姆·巴洛"那金色和猩红色的耀斑中闪闪发光。但是，这种血统现在已经变得非常稀薄。

第七章

近一百年来

到十九世纪末，郁金香在它那漫长而富有魅力的历史中，已经多次重塑自己的形象。它算得上难得的新奇事物，也是植物学家眼中的奇迹。那曾是明珠级的花卉，是所有欧洲最富有、最时髦的园丁争相培植的势利花卉。可当他们厌倦了，它就变成了一种业余种植的花，被法国、佛兰德斯、英格兰和苏格兰的花匠们推崇并精心培育。他们把这种花卉带至完美的巅峰，然后他们中的大多数也放弃了它。很快聪明的荷兰人就占领了这一空白，他们重新创造了郁金香这种花卉，大面积地种植，凭借鲜切花郁金香做成了一门盈利颇丰厚的生意。在美国这股潮流也开始发展，比如十八世纪晚期的钟表匠和银匠威廉·法里斯在他的切萨皮克花园里种了精美的羽瓣和耀斑郁金香。渐渐地，像他这样的人越来越少，大面积展示的郁金香已成为常态。1845年春天，在长岛的林奈植物园中出现了种植了六百种郁金香的花田，在英国和法国，郁金香仍然是花匠园丁们专业培植的宠儿。E. H. 克雷拉奇于1889年创造了巴黎最早出现的花田展示，他在特罗卡德罗宫周围的土地上种满了他的新品种达尔文郁金香，精心摆放以吸引参加万国工业品世博会游客的眼球（埃菲尔铁塔是这一盛况更永久的纪念品）。在英国邱园，一名当时的园艺记者注意到了棕榈屋前的花田种满了郁金香。"栽培品种和杂交品种为这精心安排增添了色彩，很高兴看到这种几年前几乎不为人所知的品种在这样的安排下，在如此显眼的地方大规模地出现在皇家花园中。"宽阔的步道两旁的花田里开满了浓郁的暗梅红色"红衣主教"。到1896年，贝勒·哈特兰在科克附近的阿德·凯恩的花圃里培植了许多精美的郁金香，开始"为公园提供大规模的种植计划"。公园的主管开始收到特殊的报价单，郁金香也开始大量出现在伦敦的皇家公园里。古老的复瓣早花品种"向日葵"，红色镶黄边，和白色的"乔斯特·范·德·温德尔"一起种在格罗夫纳拱门，花田地面铺满了耳莨、报春花和黄色的多榔菊。丽晶公园的花田中红色的复瓣早花品种郁金香"大处女"熠熠生光。而在古纳斯伯理公园的组合就更加精致一点，由美丽的老品种鹦鹉郁金香"侯爵"，褐色花带黄色的脉纹和斑点，配上另一种棕色和红色的鹦鹉郁金香"褐色咖啡店"。北方大型制造业中心城市的公共花田和植物园也是这样安排的。1912年，在谢菲尔德植物园的花田中种植了三万朵郁金香。单瓣早花群郁金香"白鹰"在其中显得特别突出，尽管这可能与煤炭罢工及随之而来烟雾和灰尘的减少更有关系，而不是这一品花本身的固有品质。在布拉德福德的一处前建筑工地上，一个迷你的郁金香花田凭空出世，"在莫利街和伊斯比路上有轨电车乘客和行人经过时引起极大的关注"。布拉德福德拍卖师弗雷德·特里是这个小小尝试的幕后推手。惊叹于他在荷兰看到的郁金香花田，他找了一家荷兰公司瓦格纳尔代理，在布拉德福德几处建筑工地旁种植了一万株七十种不同的郁金香，整个花田投了一百英镑的保险。到1920年代，仅仅在伦敦的各个公园里已经种植了二百种不同的郁金香，这些鳞茎由英国种植者提供，费用由英国帝国市场委员会及工作办公室承担（为了推广国产商品）。

爱德华时期花园的最终品位决定者格特鲁德·杰基尔相比丽晶公园的管理员在使用郁金香的方法上就细致得多了，她从1899年起担任《花园》杂志的编辑，她对读者说，最关键的是如何把不同色的郁金香适当地搭配起来。她将黑紫色郁金香"浮士德"和颜色更淡更红一些的"大君主"组合在一起。她还把淡黄色"青铜王"和带着浓重紫色的深青铜色"路易十四"种在一起。她并没有回避鲜艳的色彩，而是精心挑选搭配令其互补。她将火焰色的"橙色君王"和"全景"间隔着种植，这两种花同一色调，但"全景"更深一个色度。同为《花园》撰稿的约瑟夫·雅各布牧师指出，

1911年，乔治五世加冕的那一年，前往他位于弗林特郡惠特韦尔的私家花园参观的游客，都表示在他种植的五百个左右的品种之中，红色郁金香特别受欢迎。怪诞作家雅各布猜想"是否是因为这一盛事故意为之，而我们不自觉地接受了它们"。但是其他作家则指出了这大规模的郁金香花田的一个实际的问题：它们妨碍了夏季花卉的准备——天竺葵、倒挂金钟等其他的一年生植物——一般都是在5月底开始开花。郁金香因此无法开到自然凋谢，只能被清除让路。有时候，它们一开完花就会被挖出来扔掉，这是对荷兰鳞茎培植者很有好处的方法。

并非每个人都能切换到这种新时尚。排外元素令他们反对健壮的达尔文，无它，就只因为是外国的。一些口味精致的园丁认为它们极其原始，就像对于一个受过音乐训练的人来说有人"用变奏曲方式来处理《统治吧，不列颠尼亚》[①]"。还有些人则更加直接："我们无法否认外来血液的混合已经严重损害这正宗血脉的价值。许多欧洲大陆的品种缺乏纯度，所以和它们纯种的姐妹种在一起时，那外表立刻就出卖了它们。"即使在爱德华时代，虽然游客参观哈勒姆鳞茎花田时惊艳于那些郁金香，但一些英国人觉得在自家的花园还是不要制造如此有视觉冲击力的效果。种得疏一些有助于降低这种震撼感，而生长缓慢的勿忘我，复瓣南芥花，沼沫花，蝇子草，香雪球，紫芥菜，迎春花，西洋樱草，虎耳草常被用作伴生花卉，让花园里的郁金香有一个更自然的感觉。

与畦床直接育苗的热潮同时出现的，是一股强大的偏向所谓的野生园艺的倾向；虽然草木也没被少修剪，但是总体效果是希望呈现模拟大自然的样子。这种风格受到爱尔兰园丁威廉·罗宾逊的大力拥护，1870年他撰写出版了《野生花园》一书。在他位于苏塞克斯东格林斯特德附近的格里芙泰的精致花园中，罗宾逊将他的这些原则付诸实践，他的这番言论甚至在大西洋彼岸都有人听说。"在向阳草坪上和背阴角落里规模种植耐寒的鳞茎可以达到美丽而持久的效果，让它们找到合适和永久的家，到了季节就

---

① 英国著名爱国歌曲。

精致的古老重瓣郁金香"蓝色旗帜"，法国郁金香爱好者称之为"蔚蓝"
于 1750 年问世后，至今仍有种植

热烈地盛放，种下去之后基本上就不需要什么维护"，这是一本二十世纪初的美国目录上所承诺的，"这种种植方式被称为'自然化'，目前欧洲已普遍采用"，目录继续推荐番红花、秋水仙和郁金香。郁金香兜兜转转重又回来。经过了那么多次的转世，它又像刚出现时一样成了一种野花。但是谁都不知道是在几百万个郁金香鳞茎的代价之后，新大陆的园丁们才终于意识到郁金香对于自己可以在哪里被"自然化"特别地挑剔。大自然将它们束缚在了北纬40度以北。它们需要被说服在这片北纬40度往南的处女地也确实是不错的。在人们到达新大陆之前，这里是没有郁金香的。

在1895年的《园艺学杂志》《村舍花园》中，关于西红柿的内容多过关于郁金香的；这种植物产物是最近才从新世界引进的，还是一种稀奇的东西。可是郁金香为何陨落了！ 1894年5月25日，巴特利郁金香协会的成员在橘树客栈举办了第六十九届年度秀展，他们中有多少人可以预测到几年之后协会将不复存在？为了纪念她已故的丈夫，塞缪尔·巴洛夫人为获奖者颁发了奖品银质奖杯，这一奖项由柴郡黑尔的查尔斯·尼达姆赢得。不过这银杯上只刻过七个名字，因为该协会1901年的秀展是最后一次以传统的方式在酒馆里举行的。弗朗西斯·霍纳牧师是在日益萎缩的花匠团体中恐龙级的遗存，悲叹于四十多人的郁金香收藏现在都被收集在同一屋顶下。花继续堆积，可是懂得怎么照顾它们的人都快要死光了，而能替代他们的人很少。只有在韦克菲尔德花匠们坚持了这一信仰。汤米·帕克，那位在小镇煤气厂他那方小畦床中培植了他那保持了无与伦比的稳定性的羽瓣种的人，已经离去了，但是梅洛尔和吉尔，卡尔弗特和哈德威克仍然代表着第三代郁金香种植者。威廉·梅洛尔在韦克菲尔德协会于1893年在布罗市场布伦斯威克酒店举行的秀展上获得赛前奖。但是三十年之后，甚至是韦克菲尔德协会也摇摇欲坠。"请帮助我们保存夏普利、梅洛尔、摩尔豪斯、斯科菲尔德、赫普沃斯、吉尔、哈德威克以及其他许多老牌的郁金香育种者的名字，"协会的秘书在1928年年度报告中如此恳求，"让我们使这贵族花卉——英国花匠郁金香——能在韦克菲尔德和这一地区继续长青。"

皇家全国郁金香协会也没有好到哪里去。自从1849年高调成立之后，它从未完全实现自己的目标：团结北方和南方的郁金香种植者，以消除北方花匠对那些唯一的罪行就是出生在沃特福德以南的郁金香爱好者的怀疑。1890年的秀展在曼彻斯特植物园举行，获胜者几乎全都是北方种植者——曼彻斯特的伍德，斯托克波特的克金，斯坦利布里奇的诺尔斯。1894年，皇家全国郁金香协会的活动在约克郡举行，秀展之后传统约克郡郁金香协会的皇家会员们在古德兰盖特的白天鹅酒店招待他们的同好兄弟共进午餐。但是那年，快要分崩离析的协会分裂成两个部分，北方和南方。优雅的园丁埃伦·威尔莫特（1858—1934）是协会南方分会的著名成员，她在自己位于埃塞克斯郡沃利自然保护区以及蔚蓝海岸的花园中层层叠叠地种植着郁金香。南方分会于1895年在伦敦的圣殿举办了自己的秀展。毫无悬念，奖品都颁给了曼彻斯特一方。三个星期后，北方种植者在米德尔顿的自由图书馆举办了自己的秀展。查尔斯·尼达姆和塞缪尔·巴洛的外甥詹姆斯·本特利，这两位获奖者随后带领大家在野猪头酒馆举办了庆祝活动。皇家全国郁金香协会1896年的秀展又一次在自由图书馆举行，这一次乔治·格兰尼的好战鬼魂都被召唤出来针对主持秀展的评判。"如果我们提醒他们，"一位南方评论员冷冰冰地说，"纯色是郁金香最重要的品质，他们就会把我们赶走……"最终，就像大家都能猜到的那样北方人占了上风。1936年，丹尼尔·霍尔爵士，皇家全国郁金香协会南方分会的主席，写信给韦克菲尔德和英格兰北部郁金香协会，也是当时整个国家唯一剩下的致力于郁金香的协会说，随着尼达姆的死，协会只剩下两名会员了，他本人和苗圃主彼得·巴尔。他建议用协会账上的钱在一年一度的韦克菲尔德秀展上创建一个尼达姆杯的类别，而曾经在协会秀展得过的银质奖杯也都送给他们。韦克菲尔德协会的《会议纪要》郑重记录了这件礼物："一个大奖杯，一个小奖杯和一块奖牌。这些都受到了委员会的高度赞誉。"

英国种植者嫉妒地注意到了荷兰苗圃主克雷拉奇成功推出了他的新产品达尔文郁金香。随着种植郁金香的传统渐渐在佛兰德斯消亡，克雷拉奇购买了最后一位伟大花匠的收藏，并挑选出其中最好的品种（在当时全都是粉红色和紫色——没有黄色），在查尔斯·达尔文的儿子弗朗西斯的允许下重新为他们命名。高明的营销好手克雷拉奇立刻就开始推广他的新品牌。与此同时，考文特花园的苗圃主彼得·巴尔（约1862—1944）也采取了类似的行动。巴尔的父亲，另一个彼得（1826—1909），出生在附近拉纳克郡的戈万，但后来到了南方，先是在伍斯特的一个花圃，接着便是在伦敦成功地建立了考文特花园这一著名商业中心。他那浓密的胡须和黑色贝雷帽，让他看起来更像是印象派画家，而不是鳞茎种植者，但他是公认的水仙和郁金香权威。巴尔的进攻非常猛烈，并获得了新闻界忠实的支持，他们对待这件事情的方式明显有偏向性。“过去几天中，巴尔父子的朗迪顿花圃里大量的可爱的英国花匠培育郁金香正在盛开。他们已经种了好几张畦床，可以肯定地说，在整个英伦岛上没有其他任何一家花圃你能看到如此多的灿烂郁金香一起盛放。”一次性买下了诸如彼得斯菲尔德的劳埃德家的收藏，彼得·巴尔在他的花圃中种下了超过两万朵英国花匠培育郁金香，像克雷拉奇一样，他也专注于纯色的育种花苗，而不是羽瓣或者是耀斑的变种。他这么做究竟是出于对市场需求的回应还是想要制造这种需求则是有待商榷。

就像克雷拉奇用佛兰芒巴格特郁金香做的事情一样，巴尔的目的是将英国花匠培育郁金香从秀展的束缚中解放出来。“无论哪一个品种的郁金香本质上都是花园里的花卉，花匠培育郁金香和花哨的荷兰郁金香一样宝贵……”《花园》的忠实记者继续写道。“花哨”这一词出卖了他对荷兰的花卉的固有偏见，但实际上，英国花匠郁金香的结构不够强大，无法在英国花园草木混合种植中生存下来。它是贵族。它讨厌恶劣的天气。它被溺爱着、遮盖着、保护着以免受到伤害。毛毛虫倒是很喜欢它。

克雷拉奇最值得称赞的，是他没有上钩。他顽强地利用每一个机会驳斥那些声称只有英国郁金香才是唯一值得种植的人。当《花园》发表了一篇天花乱坠的报道介绍詹姆斯·沃克的汉姆花圃即将推出的鹦鹉郁金香时，克雷拉奇向杂志的编辑寄了一些优秀的荷兰鹦鹉郁金香，以及一些他种的最好的达尔文郁金香。时任的杂志编辑是坏脾气的格雷维耶的威廉·罗宾

《拉格希尔的艺术家花园》（约 1912—1920）

阿尔弗雷德·帕森斯

逊，他没有那么轻易被说服。他带着极大的权威感答复说："必须承认，在我们对英国培育郁金香品种的偏爱中，确实还是有一些也不错的美丽品种，尤其是玫瑰种和比布鲁门种，那漂亮的满月般纯白色花心，最精美的花形，还有那通常极鲜艳而细腻的柔和色彩。"但是克雷拉奇是对的。达尔文郁金香比英国花匠郁金香更适合大规模花田种植的新时尚。达尔文种的花梗长而结实，将花朵撑得更高，用来大面积种植而不是单朵欣赏时很有必要，这样更方便欣赏它外部而不是内部。英国花匠郁金香之美在于花朵内层的品质——是结合了纯净的花基、花心、雄蕊，以及羽瓣或是耀斑的魅力斑点，通常都是显现在花瓣的内表面而不是外层。

像克雷拉奇一样，彼得·巴尔也是在老一辈的花匠去世后根据传统进行的鳞茎拍卖会上捡了很多老牌郁金香。但是找起花来，他的鼻子像猎犬一样灵光，从英国和爱尔兰的许多花园里收获了很多老牌品种。爱尔兰南部和东部的花园长期以来都是那些搜寻老牌郁金香爱好者的狩猎场，其中一些是博因战役后，早期胡格诺派人带来的鳞茎的后代。精致的老百合花形郁金香"月亮夫人"，黄色带甜香味，最早是从一位名叫巴特勒夫人的人在她爱尔兰花园里种植的单瓣早花品种郁金香"金色奥菲尔"的畦床里生长出来的。她以几个先令一百个的价格卖掉了多余的"月亮夫人"鳞茎，她肯定很后悔地发现，仅仅几年后，爱尔兰一个苗圃就大幅度地提高了价格，以两先令六便士或三先令一个的价格出售。郁金香在爱尔兰生长得很好，赫格和罗伯逊的苗圃在都柏林郊外的拉什建起鳞茎农场时就发现了这一点，这里占地十五英亩，土地平坦而以沙质为主。（他们在林肯郡的波士顿和剑桥郡的维斯贝克都有土地。）可是，越不可能的地方越有可能生出宝藏来。弗雷德·伯布里奇（1847—1905），都柏林三一学院花园的园长描述了他与彼得·巴尔一起去怀特岛的一次经历，在卡里斯布鲁克城堡阴影下的一个小花园内，他们发现了大量的老品种五月郁金香。"单色的，条纹的，斑点的，飞溅，还有强壮的老品种紫色郁金香带些巧克力色，还有一些镶黄边的纯棕色，听村里的贵妇们称它为'糖蜜郁金香'，真的都是难得一见。所以巴尔和我倚在栅栏上欣赏着，直到它们的主人戴着顶皱边的太阳帽出来，邀请我们进去仔细观察。她拿过一把铁锹，说要送给我们'一些球茎'，但我们解释说我们正在旅途中，无法带上它们。"

其他花圃也加入了巴尔与荷兰人争夺控制权的斗争中。罗伯特·华莱士（1867—1955）在埃塞克斯郡科尔切斯特的花田内种植了五万株郁金香。萨顿花圃在英国皇家园艺学会于1912年4月30日在威斯敏斯特举办的秀展上展示了二百瓶郁金香（总共二千朵鲜花）。这些郁金香全都是在花圃的里汀鳞茎花田中培植的，为公司赢得了镀银的"花卉"勋章。其他鳞茎种植者也带着郁金香来到皇家园艺学会的秀展上展示：科尔切斯特的罗伯特·华莱士，乔治·梅西父子，赫格和罗伯逊（他们的口号是"爱尔兰的荷兰"），亚历克斯·迪克森（现在他们的玫瑰要比郁金香出名），柏斯，詹姆斯·博克斯，他是苏塞克斯的海沃斯希思苗圃主和牲畜商贩。有时，会有一个新晋的记者会打破论资排辈，反叛性地吹捧荷兰品种的卓越品质。据《园艺学杂志》，1894年由克雷拉奇培育出的浅褐色的"哈勒姆的骄傲"是巴尔整个收藏中最值得欣赏的郁金香。不过，巴尔继续强力推广他的五月郁金香，就是那些从旧式的小农庄花园中找出来的无人打扰之下绽放了五十多年的品种。但是内心不能完全指挥大脑，尽管巴尔仍然忠于英国花匠培育郁金香（直到1950年代公司倒闭之前，华莱士和巴尔一直售卖英国花匠培育郁金香），他不得不接受更强壮、更防风雨的达尔文种和其他荷兰郁金香有着强大的市场需求。如果他不卖，荷兰人会卖。1907年，巴尔推出了精致的紫色和白色鹦鹉郁金香"直觉"，是以"西班牙女王"的变种在荷兰出现。这个名字很贴切，因为这是第一株紫色和白色的鹦鹉郁金香，以前从没有人见过。虽然这一类型自十七世纪中叶就已为人所知，但是在"直觉"出现之前，所有鹦鹉郁金香都是红色和黄色的奇异种。

荷兰种植者和苗圃主渗透到国外市场并不是什么新鲜事。他们从十七世纪中叶就开始出口鳞茎，随着富尔海姆公司在哈勒姆的克莱因·胡特维格开展业务，名声已经散播至整个欧洲园艺界。不过刚开始时，市场是极不同的。客户都是富人、王子和贵族，他们购买大量不同种类的郁金香，但数量不多，价格昂贵。随着贸易变得越来越普及，充斥着荷兰进口物品的销售仓库建了起来。荷兰的郁金香种植者不再直接针对普通消费者售卖，而是将大量的鳞茎寄往在国外的苗圃，由他们再加上利润出售鳞茎。荷兰花农的黄金时间从大约 1860 年代开始，他们紧紧地把控着郁金香贸易。那时的郁金香育种热潮是由对这种花卉日益增加的需求所推动的，特别是在美国。但是如果没有多余的土地来种鳞茎，这样的需求就无法满足，这意味着要从根本上改善以前没有用作郁金香种植的荷兰部分地区的排水问题。历史上集中在哈勒姆周围的沙质淤泥中的种植，现在扩展到利瑟和利门周边的其他地区。

没有人能否认荷兰鳞茎种植者的投入付出。他们努力勤劳。他们也没有被英国同行那种从骨子里渗透出来"我们与他们"的态度所困扰。荷兰苗圃主和他们的雇员一样努力耕种。荷兰鳞茎种植者也会花时间前往进口荷兰郁金香的国家，以便可以更好地了解他们所供货的市场。荷兰人的鳞茎目录一般都会翻译成英文、德文和法文，并附有以当地货币列出的价格。《园艺广告》杂志质问："有多少英国公司，哪怕是那些排名靠前的，会发行简单的外国目录，哪怕是一份清单？"

到了十九世纪中叶，美国成为荷兰的重要市场，美国花圃已经开始寻找可靠的海外供应商。费城的亨利·德雷尔信任成立于 1811 年的哈勒姆的克雷拉奇公司："我在美国的拍卖会上，经常注意到您的名字出现在鳞茎目录上。经过试种，发现您的鳞茎要比这里其他能买到的品种更优异。我被引荐向您直接进口，每年从您那里购买一批适合我业务的鳞茎。我在这个城市从事育种苗木业务，并希望找到一个每一季都能让我按时收货并且货物对版的进口商。"他指出了鳞茎贸易的两个关键问题，其中之一仍然困扰着这个行业。那时鳞茎货物仍依靠海运穿越大西洋，交货日期当然不可能确定。但是寄错鳞茎则没有理由了，而同样的问题即使到了今天也仍旧困扰着客户。

希勒贡的苗圃主范·德·舒特绝对没有低估美国市场对荷兰种植者的重要性，他在 1849 年派出了第一位前往美国的鳞茎上门销售员。他从纽约到费城、巴尔的摩、华盛顿、波士顿、奥尔巴尼和布法罗。"他去拜访了所有的园丁，以及那些拥有漂亮花园的人，愿意以极低的价格出售郁金香。他已经拿到了不少订单。"亨利·德雷尔向克雷拉奇报告说。范·德·舒特试图通过更低的价格来吸引德雷尔离开克雷拉奇，但德雷尔依然忠实于克雷拉奇。克雷拉奇慷慨地延长了付款时间也可能是左右了他忠诚度的原因。范·德·舒特横扫了市场，对价格造成灾难性影响。另一名当时的美国苗圃主马萨诸塞州伍斯特市的约翰·弥尔顿·厄尔表示，大量的鳞茎，主要是范·德·舒特的鳞茎，在波士顿的拍卖会上以低得离谱的价格出售。

到了二十世纪初，美国每年从荷兰进口价值一百万美元的鳞茎，数额多到荷兰种植者能够向美国政府施加压力要求降低鳞茎的进口关税。交换条件是荷兰将继续进口美国面粉。一些想改变这一状况的人暗中说，美国花圃没有任何理由不能种植自己的郁金香鳞茎，但很少有人真的认为产出可以像荷兰一样高效和经济。而荷兰也是美国玉米的重要市场，美国玉米也出口到除英国外的其他欧洲国家。

郁金香一直是进口到美国的最受欢迎的球茎花卉，至少比风信子或水仙花高三倍。1920年，美国进口了五千四百万株郁金香，1925年为一点零六亿株，1930年为一点五三亿株。在早期（1800—1850），包括希勒贡的罗森父子和利瑟的德格拉夫在内的三家公司向美国出口郁金香。在1850年至1880年之间，至少有七家公司加入了贸易。在1880年至1914年的全盛时期，有二十二间荷兰花圃，包括希勒贡的范赞腾和利瑟的格鲁蒙斯向美国苗圃主和种植者寄去了郁金香。碎片化是荷兰球茎业的特征，因为大多数花圃只有很少的土地。里恩维尔德父子（神奇的覆盆子波鹦鹉郁金香"埃斯特尔·里恩维尔德"的培育者）则比较特别，他们在希勒贡有四十五公顷土地种植了鳞茎。大多数的花圃的规模都要小得多。木亚在哈勒姆只有一块半公顷的土地，罗森父子在希勒贡占地十三公顷，利瑟仅九公顷。不过更大一些的种植者，比如海姆斯泰德的尼里斯父子等就可以支持多个出口市场。他们不仅向美国和加拿大出口鳞茎，还向英国、爱尔兰、德国、奥地利、匈牙利、捷克斯洛伐克、法国、比利时、卢森堡、瑞士、意大利、西班牙、葡萄牙、罗马尼亚、南斯拉夫、保加利亚、希腊、土耳其、俄罗

《斯塔福格水罐中的郁金香》

朵拉·卡灵顿（1893—1932）

斯、波兰、瑞典、挪威、丹麦、芬兰、非洲、南美甚至澳大利亚和新西兰出口。这一成就确实震撼人心。

正如《园艺广告》杂志指出的那样，荷兰人的成功当之无愧。他们在目录上花了很多心思。他们从不放弃每一次能在公众面前展示他们花卉的机会。他们为纽约的布朗克斯公园、旧金山的金门公园路易斯植物园捐赠了数百万个鳞茎用于大面积种植。在欧洲，荷兰人确保他们的郁金香在巴黎的杜乐丽花园，在柏林的蒂尔加滕，在波茨坦的无忧宫，在斯图加特和布达佩斯，在哥本哈根和华沙的公园里脱颖而出。在世界任何一个地方如果有以花卉为主题的国际性展览，他们就出现在那里，乐于助人、可靠、慷慨。1927年，他们参加了法国国家园艺学会组织的巴黎盛会。第二年，他们出现在根特。1932年，他们在由纽约园艺俱乐部组织的秀展中大放异彩。第二年他们在费城花展上又同样留下了让人难忘的印象。1939年2月17日至19日在得克萨斯州休斯敦的美国花匠花卉展上，展出了两万株四十多个品种的荷兰郁金香。费用当然是由中央球茎种植协会承担，他们向全荷兰所有的鳞茎种植者都收取一笔费用。1925年，他们花了三千多弗罗林在纽约的布朗克斯公园种植郁金香。在1930年，他们给巴黎杜乐丽花园寄去了价值近八千弗罗林的郁金香。但是从营销的角度来说，这笔钱花得很值。

荷兰商人还组织了参观郁金香花田之旅，花田很快就变成了旅游胜地。那种"如果这是星期四，必须在阿姆斯特丹"的短暂之旅，并不是二十世纪后期的发明。一百多年前的一位旅行者曾报告说，郁金香之旅是"经过精心计划、精心安排、充满着极大的快乐和兴趣，在五个小时内，不会有困惑和疲累的感觉——博物馆，午餐会，市长大人的欢迎致辞，驶过树林和郁金香花田，这成为阿姆斯特丹的定食菜单。"他们还有其他吸引潜在客户的方式：给美国园丁俱乐部、英国的女子学院、瑞典的学童、布加勒斯特园艺协会送礼物。没有人能比得上荷兰人这般不知疲倦地寻找新的市场消化他们生产的大量鳞茎。

在英格兰和美国，对晚花型郁金香的口味渐渐超过了对早花型郁金香的兴趣，因此，到了1937年，美国进口了八千八百万朵晚花郁金香，而只有二千一百万朵早花郁金香。在德国和斯堪的纳维亚半岛，市场则是完全相反，早花郁金香需求数量比晚花型多了一倍。长期以来，最受欢迎的早花品种都是老牌品种，例如大约是1860年培植的带香味的橙色猩红色郁金香"奥地利王子"，还有神话般的培植于1845年的猩红梅色的"红衣主教"。橘子味另一种热门单瓣早花是大约1908年培育的"弗雷德·摩尔"。到了第二次世界大战爆发前夕，荷兰出口到英国的鳞茎已经突破十亿大关，早花型的郁金香已经被新培育成的晚花型郁金香品种超越。到了二战之后，这种转型已经完成。樱桃红色的达尔文杂交种"阿珀"（Apeldoorn）、紫罗兰色的"阿提拉"、雅致的百合花形的"阿拉丁"、粉红色和白色的"布兰达"、棕红色的"卡西尼"、优雅的凯旋群郁金香"堂吉诃德"占领了市场。这些全部都是在1940年代或1950年代初期培育的。在二十一世纪初，百合花形郁金香，例如优雅的"白色胜利者"（于1942年培育）和"中国粉"（于1944年培育）在英国园丁中仍然是绝对的心头之好。

对于主要对切花市场感兴趣的种植者，早花郁金香仍然极为重要，因为最高的价格往往由那些在花园里的郁金香开花之前的几个月就能被催开花的品种夺得。甜香型的黄色重瓣早花郁金香"蒙特卡洛"在它推出后六十年，作为鲜切花仍未被超越。最早在1954年开始种植的鲜艳的粉红色"圣诞奇迹"也是如此。有淡色花叶的象牙白色"因采尔"则是新近才被补充到最畅销的鲜切花名单上的，还有浓郁紫色"黑娃娃"也是如此，它的花药带着一种奇异的黄绿色，在花朵中央熠熠闪耀，像一位总督大人的斗篷似的闪着光泽。

1880年代，科文特花园市场上出售的鲜花价格表中还不包括郁金香，不过到了1893年沃尔特·韦尔（约1855—1917）就开始种植郁金香按束出售。韦尔是托特纳姆希尔农场苗圃主汤姆斯·韦尔的儿子，他是那个时代最成功的英国种植者之一。从他那家位于巴斯附近的英格利科姆的花圃中，推出了许多郁金香，例如令人赞叹的"英格利科姆黄"，这可能是英国育种专家培植出的在品质上最接近克雷拉奇的达尔文种的郁金香。他最受欢迎的鲜切花是百合型郁金香"比科提",白色镶浅粉色边,在边缘处逐渐变深呈玫瑰色的品种。韦尔为市场提供了成千上万的花朵,从二十世纪前几十年的鲜切花市场的报价来看,这绝对是一门收益颇丰的生意。1911年4月29日,郁金香的定价为十六先令十二束,是伦敦科文特花园市场上最昂贵的鲜切花。大多数郁金香比这个价格便宜,但即便以平均价格看,也只有卡特兰兰花的价格更高。但越到花季后期,价格就越低。到了同年5月20日,尽管最好的郁金香仍然可以卖到一先令一束,但西班牙鸢尾和铃兰的价格都比郁金香高。就在1926年英格兰大罢工之前,郁金香还是能为种植者带来更高的回报。那年春天,有十二种郁金香的报价为十八至三十先令十二束。到了那时,在花季里每天都卖出超过一百万朵花,但是供货越充足,价格也就越低。现在,郁金香被装在桶中,放置在加油站前院,它已经成为普通人可以买到的最便宜的鲜切花。

从十九世纪后期发展起来的大众市场诱惑除了荷兰人以外的其他人也投资郁金香。鳞茎花田在英格兰东部的县郡蓬勃地出现,特别是林肯郡的斯伯丁附近。沼泽地区排水良好的粉质土壤所提供的生长条件至少能和哈勒姆的土质相媲美。到1920年代,花卉产业已成为当地经济的重要组成部分。第二次世界大战爆发时,房屋销售被禁止,血球茎出口公司向美国出口了四百万个郁金香鳞茎(包括"克拉拉·巴特","巴蒂冈"和"威廉·皮特"),以换取武器。随着十九世纪末进出口开放的机会,郁金香也被引入日本的花园。日本的园丁是觉得连玫瑰也属于不够精致的花卉,也就不太可能生出对郁金香的喜爱,但他们意识到了一种商机,因此1920年代在日本西部沿海的温带地区鳞茎种植迅速发展了起来。日本开始每年生产超过一点二亿个郁金香鳞茎,生长周期和农民的水稻收成周期相合。郁金香在美国华盛顿州的斯卡吉特山谷以及澳大利亚的丹德农山脉一带蓬勃发展起来。自1908年左右被引入之后,它们在澳大利亚的塔斯马尼亚州和新西兰南岛进行了商业种植。它们也在智利南部和南非的高台地区杂交。你仍能在生长条件与荷兰非常相似的爱尔兰和丹麦地区看到它们。

但是,尽管郁金香业已经遍布世界各地的温带地区,荷兰人仍然凭借着这种花卉获得了其他各国人民难以达到的身份感，哪怕是土耳其人都做不到。荷兰每年出口至少二十亿个郁金香鳞茎，占本国总产量的三分之二。全国三万四千平方公里的土地上有二万公顷用做鳞茎花田，而面积还在不断地增加。育种者也一直寻找新的郁金香品种，那些能迅速繁殖满足鳞茎交易的，或者是能被催开用于鲜切花行业的。荷兰植物育种与繁殖研究中心的科学家们早就发现，在花苗培植的第一个生长周期，就可以检测到其他特征。某一些品种的鳞茎要比其他品种更容易迅速膨胀。某些鳞茎，例如黄红两色的考夫曼杂交群郁金香"斯特雷萨"比其他品种更容易快速育出小鳞茎球，也就是令早期的花匠倍觉绝望的那些品种。一些最珍贵的古董郁金香品种，比如深紫色和白色的"路易十四"，繁殖的速度令人难以置信的缓慢。对于老牌花匠来说，这种缓慢也使得花的价值得到了提升。但是在新的大众市场上，育种者没有耐心等待这样的贵族式精致。他们想要郁金香能够像兔子一样繁殖。育种者很有效地发现了能最快繁殖后代或"女儿"鳞茎的品种，同时也是能从种子到开花最快的那些，这也给了种植者双重优势。

现在，郁金香催开供鲜切花贸易比提供郁金香鳞茎更有利可图，荷兰一半的球茎花场都种植了相同的二十个品种，全部用于催开供鲜切花。实际上，一半郁金香的鲜切花市场是由十个品种主导，对于这种大自然提供了上千种形态的花卉来说，这是多么可怕的反面例子。可是育种者们在选择为鲜切花市场准备的品种时，很快就利用了早花型在育苗时的特长。郁金香的花梗长度、叶片的结实程度、叶片在花梗上的形式、叶片与花朵的比例则是其他重要考虑因素。当然，花能否在花瓶中保持尽可能长的时间也很重要，幸运的是，育种者发现了（你可能猜想想得到）在花田外保存最长时间的也是那些在水中保存时间最长的。拥有苏梅紫色花药的鲜樱桃红色郁金香"初见少女"是荷兰植物育种与繁殖研究中心的科学家们为鲜切花市场选择的郁金香育苗。报春花黄色的"银元"则是另外一种。育种者也修补了郁金香成熟的速度。如果让它自己生长的话，郁金香从种子到可开花鳞茎需要七年时间（夏郁金香则快些），但是科学家能做到让一些品种在四年内成熟。通过光照水平和储存温度的试验，他们还设法诱使郁金香在两年内开花三次，将生长周期从一年缩短到八个月。即使算上额外的处理成本，商业优势也是显而易见的。

但是凌驾于一切之上的是花朵本身的美丽。不管花梗如何纤长结实，无论叶片如何对称，无论郁金香是否能在大自然原本设定的三分之二的时间内被再次利用，最终我们购买郁金香是因为它们很漂亮。在一个天色铅灰、没有阳光的日子里，当东北风刮过指关节背面的皮肤时，没有什么能比一束在花瓶中像一群好奇的鸟儿一般缠绕弯曲的郁金香更令人心生愉悦。甚至科学家们也意识到了这一点，动手分析郁金香的颜色究竟是如何形成的，那一层层赋予了花瓣如此美妙的柔滑质感的色彩是如何产生那种我们称之为粉红色，紫色，或橙色，或黄色的色彩。在他们手中，美丽被分解成化学。一团郁金香黄色火焰变成了类胡萝卜素。红色花朵只是花青素颗粒。橙色郁金香仅仅是类胡萝卜素和花青素的混合物。但红色花朵则通常包含另一种名为花葵素的色素，是另一个色度的红色，与蓝色调的花翠素结合就能产生紫色郁金香。粉色郁金香是混合成分最复杂的一种，只不过每一种混合成分含量都比较少。但是郁金香那奇异而魔法的特征甚至在实验室里都能看到。在科学家看来，看起来同一种颜色的花朵经分析发现，它们是由完全不同的颜料混合物组成。相反，至少在化学意义上由相同色素以相同的比例混合的花朵，看起来却完全不同。一些花苗出现了父母双方都没有的色素。一朵只含类胡萝卜素的黄色郁金香与另一朵也只含这种单一色素的花杂交时，可能会产生以红色花青素为主的幼苗。研究人员得出结论，在黄色杂交种中，红色一定是隐性特征，并不总是直接表现，也可能潜伏着，然后在意想不到的时刻突然出现，提醒育种者郁金香的野生祖先们。

同样被证实的是花形也和花的颜色那样难以被固定下来。这些年来，育种者曾尝试用百合形郁金香、重瓣郁金香和带有对比色的郁金香来"固定"栽培品种的某些特性。但当他们用鲜红色的百合形郁金香"彼岸"和非百合形的郁金香杂交时，发现所得的幼苗都没有"彼岸"那种典型的掐

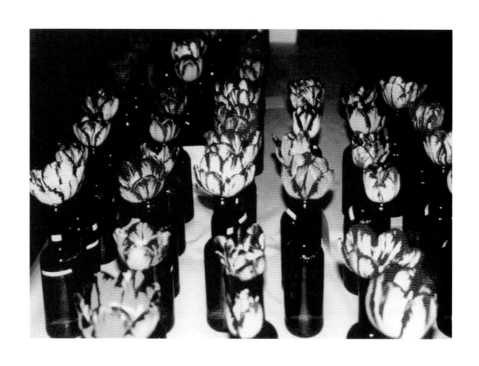

韦克菲尔德和英格兰北部郁金香协会年度秀展上排列的
参加尼达姆杯类别竞赛的郁金香

腰特征。幸运的是，与不太稳定的蜘蛛郁金香杂交时，那是一种极细、极长，腰部优雅的花形，则产生了许多新的极有用的百合形幼苗——"预见"（于1990年育成）和硫磺黄色的"塔尔伯恩"（于1982年育成）。由重瓣早花红黄色郁金香"等待"育成的幼苗坚决地保持了单瓣特性，不过古老的重瓣早花群"穆里略"似乎比任何其他已知的郁金香都更容易出现异化。自1860年推出以来，已有一百三十九种不同的异化品种被注册。流苏花群郁金香的杂交结果更令人满意，至少一半杂交出来的幼苗也有流苏边。

"穆里略"的异化品种是自然突变，而不是育种者杂交的结果。最早的鹦鹉群郁金香，"怪物"也是自然突变，早在十七世纪就被法国和英国的种植者注意到了。1975年，一株遗传学意义上的鹦鹉群郁金香，紫红色"紫水晶"被培育出来，这是由单瓣晚花胭脂红色的"单性"和白色郁金香"科德尔·赫尔"杂交而成。现在，鹦鹉群基因已经在一定程度上被驯化，育种者更有可能培育出其他具有鹦鹉群郁金香特征的花卉，狂野、带流苏边花瓣。郁金香最让人为之着迷的是它那种能自然改变的能力，它能随意改变外衣，产生重瓣或者是单瓣的花朵，带有流苏边、锯齿或者是光滑的花瓣，镶着不同色的边或者是保持纯色。某一些品种，例如"穆里略"，就具有异常易变的基因，而其他一些郁金香，例如红色单瓣早花"巴蒂冈"，薰衣草色的单瓣晚花品种"威廉科普兰"和樱桃红色的达尔文杂交种"阿珀"同样也是那种会突然一时兴起就想改变它们自己外观的品种。科学家们发现在某种程度上，人为地用X射线刺激鳞茎可以人工操控这种突变的趋势。但是却也存在问题。如果放射处理早了（在8月），许多郁金香在第二年春天就会出现变形。但如果在花季后期（11月）对鳞茎进行放射处理，那么在种下去之后的第一年春天看起来正常，但下一季就可能不再开花。尽管人工辐射用深红色的凯旋群郁金香"风流寡妇"培育出了紫红色突变型"桑提纳"和"伊冯"，但是这比分仍然是"自然两分，人类一分"。

育种者还面临着另一个陷阱。大多数郁金香是二倍体，有两组十二个染色体（$2n = 2x = 24$）。达尔文杂交群是三倍体，还有另外一些少数是四倍体郁金香（$2n = 4x = 48$）。淑女郁金香、红焰郁金香和林生郁金香都是四倍体。还有那壮实、高大的鲜艳黄色晚花郁金香"约翰席普斯太太"，胭脂红和白色的凯旋群郁金香"朱迪思·莱斯特"也都是四倍体。育种者都喜欢四倍体，因为它们明显要比二倍体的品种更强壮。但是缺点是，它们开花都比较晚，因此在鲜切花生意中毫无用处。育种者还试图将四倍体郁金香与二倍体的杂交，以获取更多的三倍体品种，但这里也有一个问题，这些杂交出来的幼苗中的一部分被证明是不能繁殖的，因此不能再用于培育。

原则上，种类繁多的野生物种应该能给郁金香育种者提供花卉世界中无与伦比的特征调色板。想象一下郁金香育种者，像个香水师一样站在那儿，被郁金香的各种野生表亲所包围。为了他那完美的郁金香他会选择引入什么？这取决于这株育苗是为谁培育的。鲜切花市场的种植者把开花早放在几乎任何其他特征之上，所以彩虹郁金香紫罗兰组，这种一般到2月底就开花的圆形紫色郁金香，就是最关键的一种原料。但这一品种抗拒合作，不喜欢被育种者拿枪顶着的婚礼，拒绝与任何一种园艺郁金香杂交。再想象育种者试探着去找牙色郁金香（T. turkestanica），一枝花梗上最多能开出七朵花的品种。还是对鲜切花生意来说，能为客户提供几种多花郁金香是多么有用啊。但是郁金香又一次拒绝了这样的皮条客。牙色郁金香以及毛蕊郁金香（T. dasystemon）和岩生郁金香，都不会和园艺郁金香杂交。商业种植者也对如何发现那些能对导致羽瓣和耀斑的病毒免疫的郁金香植株感兴趣。（而另一方面，园丁们为了获得那些古老的变异品种则会不惜一切代价。）这时，有些品种就来帮忙了。皇帝郁金香（T. fosteriana）对郁金香变异病毒（TBV）绝对免疫，而这种抵抗力也遗传给几种福斯特杂交群的郁金香品种，比如"颂唱"和福斯特杂交群的克隆品种"第一公民"。"颂唱"也有着福斯特杂交群那样纤细的叶片。很少有郁金香是以叶子而令人瞩目，但是福斯特杂交群的叶片有着明亮的绿色，像疆南星的叶子一样光滑。利瑟的著名的种植者德克·勒费伯（1894—1979）直接指出郁金香育种者面对的典型两难：当他培育出有着最完美的花形、颜色、斑点和花瓣形状的幼苗，就算是完美到能令土耳其宫廷里最挑剔的君王都受到启发的完美花苗时，它往往就是一个发育不良、孱弱的植株。勒费伯还指出了育种一事的随机性有多大：在前后几个小时内进行的两种完全相同的郁金香的杂交会导致两批完全不同的幼苗。不过，育种者偶尔也能碰上一组能产生非凡结果的组合，也会激励其他所有人，令大家又充满新希望。勒费伯用福斯特杂交群的"勒费伯夫人"和一株达尔文杂交群郁金香，培育出了三百六十四种幼苗，其中包括著名的郁金香"阿珀"和"古多诗妮克"，全部都比现有品种更好。对于一名郁金香人来说这是脱胎换骨。

育种者意识到了郁金香可以被哄骗，但不能被欺凌。他们发现隐藏在那些哪怕看起来最温顺的花朵中，无政府主义的因子仍然存在。你会在凯旋群郁金香"荷兰"明明是红色的花瓣上的那抹绿中看出来。你可以在"玛丽·贝尔"花瓣的疯狂弯曲上看出来，这是一种几年前才推出的凯旋群郁金香，但是很显然它仍在思考是不是要把自己变成鹦鹉群来震惊育种者。你在蛋黄色郁金香"横滨"那尖利匕首般的花瓣上可以看出来，就像是十七世纪伊兹尼克陶工在瓷砖上画的郁金香那样。你在重瓣的"蒙特卡罗"那一点点红色火星上能看出来，因为一直以为它是纯黄色的。你会在那散发着幽幽光泽的深色郁金香"黑天鹅"那天蓝色底部看出来，这可也是从里恩维尔德花圃里出来的纯种。这种清晰的蓝色底部是经过佛兰德斯极富耐心的郁金香爱好者数百年的培植而来，他们赋予了这一品种许多最优秀的特征。

接下来还能做什么呢？当我和三花公司的吉尔特·哈格曼一起漫步在荷兰欧德尼多普育种试验站周围的鳞茎花田时，我向他提出了这个问题。花田一直延伸至地平线，一格一格地被分成长方形的色块，就像蒙德里安的巨幅画作一样。分隔花田的沟渠像是黑色长线，将水排到数英里荷兰沿海路障之外的海中。哈格曼先生缓缓地走在花田中一排排的郁金香之间，向我解释着某一种郁金香的漂亮之处，以及另一种郁金香的某些问题。他的郁金香苗中只有千分之一能有一个良好的前景，而将一棵幼苗成功推向市场则需要二十年的时间。他解释说，流行实在是一种太短暂的东西。当他迎合现在流行的对深色郁金香的狂热，比如"夜皇后"或"黑鹦鹉"，培

一位花匠和他的花：阿尔伯特·蒂尔为韦克菲尔德和
英格兰北部郁金香协会秀展挑选鲜花

育出一些新的品种时，追逐时尚的人已经把兴趣转移到了新的热点上。他必须将关注点放在那些不那么短期的目标上：重新建立郁金香的自然优雅姿态，它对植物病的抗病性，探寻这一物种非凡的多样性。我不禁好奇地想，在那成千上万、他如此耐心地培育、如此严格的评估过的花苗中，哪一朵会出现在他的梦里？他走到了一小片花面前，在我们周围大片大片的红色和黄色之中，几乎很难看见这片花。他弯下腰，摘下一朵郁金香，并把它举到我面前。这一朵深色条纹的比布鲁门，不是十七世纪在荷兰的"郁金香狂热"中造成了无数破坏的"总督"，而是它在二十世纪的镜像。极深的紫色羽毛纹和耀斑蔓延在色彩和质地都如上佳锦缎般的花瓣上；郁金香的基部像雪般纯白；在花朵中间，雄蕊如蝴蝶触角般伸展矗立。我像是看到了未来，它令人着迷。

PART II

第二部分

第八章

郁金香：物种

郁金香是旧世界而不是新世界的植物，郁金香属常见物种的心脏地带位于中亚，围绕天山和帕米尔–阿莱一带的区域。目前已被认识的七十八个物种中几乎有一半是生长在这一带近千公里半径内。所有的郁金香都属于百合科，由鳞茎生长，鳞茎上覆盖着黑褐色或黑色的表皮，被称为鳞茎皮。植物学家识别不同物种的方法之一是鳞茎皮内是否有细毛。郁金香的花通常直立在坚固的花梗上，叶片互生而不是对生，但是叶片的数量各不相同。有时只有两片，但一般情况下多于两片，并且叶片的宽度、长度和颜色差异很大。从鳞茎生发的不开花的单片叶（早期的郁金香种植者称之为"寡妇"）一般比其他叶片宽。而有些品种的叶片，边缘呈起皱波浪形，被形容为"波状"。

郁金香的花通常是单生，尽管某些物种，例如牙色郁金香和柔毛郁金香是每枝花梗上开几朵花。花形、花瓣形状或花被的各部分差异都很大。有些花开出圆形的碗状花朵，另一些则花瓣完全绽放呈星星状。有些物种的花瓣尖而长，其他的，比如原产于塔吉克斯坦、吉尔吉斯斯坦和乌兹别克斯坦的帕米尔山脉间的亚麻叶郁金香和皇帝郁金香，则拥有宽大的花瓣，这一特点使它们在后来成为培育郁金香园艺品种的基石。

郁金香物种通常有六瓣花瓣，分别附着在基部。然而，林生郁金香常常会长出不正常的有着七到八瓣花瓣的花朵。在许多物种中，花瓣的基部有明显的斑点，一般内表面比外侧更明显。有时这样的斑点不过是一点点

Tulipa suaveolens

准噶尔郁金香（T. suaveolens）[T. schrenkii]

荷兰种植者以此培育出了"范·图公爵"一类的早花郁金香

晕色。有时，这斑点会像短斑郁金香那样形成明显的星状，它那红色的花瓣有着粗大浓重的黑色基部，每片都镶有黄色的窄边。郁金香有六个雄蕊，花粉的颜色因各个物种而异。在岩生郁金香中是橙色的，在淑女郁金香中是深紫色的。花丝和花药的颜色也不同。种荚在花梗顶部发育为长方形胶囊状。种子可以再种植，但在英国气候之下，除了夏郁金香（T. sprengeri）外几乎没有其他物种可以通过这种方式种植。夏郁金香大约四年内可以从种子育成开花。其他郁金香物种的时间则较长，一般需要七年。

过去，植物学家使用五种肉眼可见的基本标准来区分一个物种与另一个物种。鳞茎皮内是多毛还是光滑的？比如，从土库曼斯坦南部一直到伊朗一带发现的山地郁金香（T. montana）的鳞茎皮内侧就有一层特别浓密的毛。花丝的基部有绒毛吗，就像岩生郁金香和柔毛郁金香那样？花的颜色也是其中考虑到的一个因素，同样考虑到的还有花瓣基部是否有斑点。叶片的数量和颜色也在考虑之列，以及花朵的整体形状。这是勇敢的开始，是西方世界的植物学家试图为这些从东方来的极具异域风情的物种建立一种秩序的英雄式的尝试。

在过去的二百年中，特别是随着从中亚来的郁金香数量在不断增加时，出现过几次重新定义郁金香物种间关系的尝试。这些是引进的新物种吗？还是已经在记载中出现的物种的变体，只不过正好它的创造力和表现力都超出了人们的想象？在分类学家中间，出现了"分裂派"，即给那些稍稍穿上了件不同外衣的旧郁金香赋予新物种名的，以及"归拢派"（现在比较占上风）则接受在野外单个郁金香居群也可能包括许多不同的形式。这是我亲眼所见，当我和哈萨克骑士们在哈萨克斯坦的天山山脉的高处，我们看到了铺满了牧场的各种颜色的斑叶郁金香种的郁金香，从奶油色到最深的红色，有几种有斑点，有些没有，有些的叶片带紫色条纹，其他的则是清一色的。而邻近地区的睡莲郁金香表现出的变化则少很多。

关于郁金香物种的最新综述于2013年发表在《林奈学会植物学杂志》上，作者是十位分类学家，包括马丁·克里斯滕胡斯、拉斐尔·戈瓦特斯、托尼·霍尔、斯文·比尔基、马克·蔡斯和皇家植物园——邱园的迈

克尔·菲等。他们很直接地在修订后清单的介绍中指出："郁金香的分类一直极富争议，而且复杂得不可思议"，这份清单极为出色地分列出了同类物种，并把他们接受为"真"的物种，分为四个亚属。当我这本《疯狂郁金香》二十年前首次出版的时候，分类学家认为这个极度反复无常的属大约有一百二十种不同的物种。克里斯滕胡斯等人列出了七十八种。早期分类凭的是肉眼可见的差异（以及显微镜或者一副像样的眼镜）。分类法现在已经转移到肉眼看不见的地方，利用植物的DNA——分子系统发生学——揭示永远无法通过其他方式轻松证实的关系。为了进行系统发生分析，小组成员从皇家植物园种植的最优良的郁金香收藏中获取了不同郁金香物种的样本。他们使用了Sequencher（版本4.1.2）软件进行组装并编辑其DNA序列。

为什么很难建立起稳定的郁金香物种名称？克里斯滕胡斯等人给出了几种不同的解释。最重要的是，过去，关于"野生"郁金香的描述主要是基于人工栽培植株，在被送到植物园（或私人花园）时，关于它们是哪儿来的以及它们生长环境的背景等信息则很少。在中亚旅行的西方人相对较少，而那些描述这些郁金香的人几乎不了解在野外可能存在大量同一物种内的变异这一事实。有时候，比如亚美尼亚郁金香花朵彼此之间的区别可能比与其相似物种——例如短斑郁金香——之间的区别更大。某些物种，例如眼斑郁金香被认为是真正的欧洲本地物种。因为它们在博洛尼亚和佛罗伦萨很容易就落地生长。但其实意大利是欧洲最早出现植物园的地方，因此这些所谓的本地郁金香实际上是老家在伊朗西北部的一个物种的归化居群。

康拉德·格斯纳于1559年4月记录了欧洲有史以来的第一朵郁金香的存在，他的名字被用来特别命名一种颇任性的物种祈望郁金香（T. x gesneriana），它是在新推出的物种开始互相杂交之后出现的全新物种。这一过程赋予了它杂交种的生命活力，从而创造出了新的花园郁金香品种。祈望郁金香从来没有作为野生物种存在过。这是一个通用的专属分类，用来包揽所有那些在几个世纪以来由于着迷于这种神奇花卉的勤劳培育者在选择和繁殖中失去了它们母亲、父亲、祖父母和表亲的郁金香。

一直到十九世纪初，欧洲的种植者们才知道中亚的郁金香物种是有多么的丰富。这也与爱德华·雷格尔（1815—1892）博士有关，继他在德国的哥达、哥廷根、波恩、柏林和瑞士的苏黎世各植物园工作过之后，他于1855年成为圣彼得堡帝国植物园的园长。随着军事远征进入了西亚和中亚，许多植物，包括以前未知的郁金香物种，被带到了他的面前。雷格尔有一部分的植物是他的儿子带来的，他的儿子是驻扎在中亚地区东部的基尔贾（现在是中国的伊宁）的医师。爱德华·雷格尔率先在当时最具有影响力的园艺类杂志、德国出版的《园林植物》上记述了这些新的郁金香物种。科学家和采集者，例如本格、费岑科、普热瓦尔斯基（他以马而不是花更闻名）、斯韦祖紧随着前往中亚军队的脚步，发现了更多优美的野生郁金香。到1870年代，范·图伯根等荷兰鳞茎公司意识到了这种新的美丽花儿的商业潜力，于是开始陆续派出他们自己的采集者。他们带回来的鳞茎很快就被当时无论在专业知识还是行销知识方面都已经非常超前的种植者们种满了哈勒姆的鳞茎花田。那时，英国花园中栽培郁金香的数量可能正在下降，但是中亚物种的引入还是引起了极大的关注。他们那令人眼花缭乱的新潮流（以及当时流行的石头花园）配上绝对的势利眼，令他们青睐原生物种胜于栽培品种。原生物种是势利的植物，栽培品种则不是，所以色彩更艳丽的原生物种在欧洲的许多花园中都获得了绝对的地位。

以下列表包含所有目前有记录的物种的名称，但只有比较知名的物种附有详细信息，其中许多是可以从专业苗圃里购买到的。园丁们可能会发现某些备受喜爱的郁金香现在已经被剥夺了其物种地位。以惠托尔氏郁金香（T. whittallii）为例，以爱德华·惠托尔（1851—1917）命名，他是定居于伊兹密尔的英国家庭后裔，并创立了一家出口公司，现在被归为红焰郁金香，已成为亚组。蜘蛛郁金香可能仍出现在苗圃目录中，但没有被收录在最新分类中。这一直是一个可疑的物种，因为它只出现在培植品种中，而从未在野外被发现。

在"确认物种"之后另外列出的是新郁金香，它曾经被认为是郁金

TULIPA OCULIS *solis.*

罗伯特·斯威特 1831 年出版的《观赏花卉花园》中的
眼斑郁金香（Tulipa oculis-solis）

香物种，但现在被认为是培植郁金香的早期形式。第三份清单中是郁金香（例如蜘蛛郁金香），不再收录在物种清单上，但它们的名称可能仍被卖家使用。

这份修订清单的作者克里斯滕胡斯等人并不奢望他们的名单是最终版本。比如对于阿勒颇郁金香（T. aleppensis），他们说：“暂时有意见地保留。”他们提到了达尔瓦兹郁金香（T. anisophylla）“需要进行实地研究”。而拟柔毛郁金香（T. bifloriformis）则“需要更多田野工作”。而在中亚偏远、满是石头的山坡上，我仿佛听到了无序而又狂野的呼喊：“抓得到我们就来吧。”

修订版郁金香物种清单

眼斑郁金香（T. AGENENSIS）

高二十厘米。三至五枚披针形叶片，光滑，表面具白霜。花形大，鲜红色，有时外侧覆有黄色，基部有黑色斑纹，边缘黄色，占花瓣长度的三分之一至一半。花瓣的长度约是宽度的三倍，外轮花瓣比内轮花瓣顶端更尖。花丝为黑色或蓝黑色，花药黑色。1804年首次在皮埃尔·约瑟夫·雷杜特的《百合圣经》中出现插图。如1831年罗伯特·斯威特在《观赏花卉花园》中记录的那样，这种郁金香长期以来一直被称为 T. oculis-solis，即眼斑郁金香。优先于旧物种名的现名来自于法国阿让一带的驯化物种居群。原产自伊朗西北部，驯化于土耳其、塞浦路斯、希腊、法国、意大利、葡萄牙、黎巴嫩、叙利亚、以色列、巴勒斯坦。4月开花。

阿尔巴尼亚郁金香（T. ALBANICA）

舟斑郁金香（T. ALBERTII）

高三十厘米。三至四枚排列紧致的宽阔披针形叶片，表面具白霜，绿灰色。花朵可为带光泽的朱红色、橙色或黄色，有些外侧带有淡紫色。基部带黑色或深紫色的心形斑纹，缀黄色边。花瓣细长且交叉生长，三片内轮花瓣呈杯形，三片尖顶的外轮花瓣向外反折。花丝橙色偏黄，花药通常为暗紫色，部分黄色。在剑桥植物园中的国家郁金香物种收藏品中，它有着异常粗壮的花梗和细长的叶片，一侧有皱褶。红色花瓣中脉上带紫色条纹。生长在哈萨克斯坦和吉尔吉斯斯坦。首次记录出现于1877年，并以当时驻中亚地区东部基尔贾的医生阿尔伯特·雷格尔的名字命名。

阿勒颇郁金香（T. ALEPPENSIS）

高四十五厘米。四枚叶片，叶片细，表面具白霜且微毛。花朵深红色，杯形，基部有黑色斑纹，部分边缘带黄色窄边，部分则完全没有。外

6439

舟斑郁金香（T. albertii）
柯蒂斯的《植物学杂志》（1879）

轮花瓣在阳光下开放时容易反折。内轮花瓣稍短些且较圆。花丝黑色，花药黑色。花期从3月至5月。生长在土耳其东南部，贝鲁特附近及叙利亚各地的栽培土地。霍尔凭借着贝鲁特法国工程学院的一位老师送给他的鳞茎作了记录，在那儿鳞茎生长在辟来种植桑树的梯田上。他注意到了这一物种与他所知道的另一种郁金香T. praecox（现在归入眼斑郁金香）之间的近亲关系，不过他认为阿勒颇郁金香能开出更优良更鲜艳的花朵。霍尔在温度较低的温室中培育这种鳞茎，说它有"用蔓根四处溜达"的习惯。它们从最早栽种鳞茎的地方蔓延开去，在温室墙壁的缝隙中又生出些鳞茎来。

阿尔泰郁金香（T. ALTAICA）

高三十厘米。三枚叶片，紧贴花梗生长，叶片顶端尖，表面略有白霜，挺立。浅柠檬黄色，开花时呈阳光辐射状，基部无斑点，花瓣外侧有淡淡一抹红色和绿色。花丝黄色，花药黄色。由圣彼得堡植物园爱德华·雷格尔博士引入栽培种植，他最早在极具影响力的德国杂志《园林植物》上记录了这一物种。它可能代表了这一属的植物可以生存的最北极限。它在中亚的阿尔泰山脉到中国西北都能看到，生长在海拔一千米到六千米之间。4月开花。

达尔瓦兹郁金香（T. ANISOPHYLLA）

高三十厘米。三至四枚叶片，正绿色。开黄色花，外轮花瓣有淡淡紫色。花药黄色。最早于1935年在塔吉克斯坦南部被发现并记录。

亚美尼亚郁金香（T. ARMENA）

高十五厘米。三至四枚叶片，弯刀形，表面具浓重白霜，通常为波状边缘且带细毛。它常以一种弯曲优雅的方式向上拉升生长，但是线条硬直。花上覆盖着一层极鲜明的红色。花朵多变，有些花形为杯状，另有碗状；花色有深红色、朱红色、黄色，或三色的混合。基部斑纹可为黑色、海蓝色或绿色偏黄，有些呈扇形，有些带黄色边。黄色花一般没有斑纹。花丝黑色，花药深紫色，偶尔为黄色。4月至6月开花。这一物种在土耳其东北部、高加索及伊朗西北部海拔一千米到二千七百五十米的岩石陡坡上生长。而在马尔马里斯半岛，它生长在海拔低得多的地方。

巴努郁金香（T. BANUENSIS）

柔毛郁金香（T. BIFLORA）

高十至十五厘米。两枚叶片，排列较疏，表面具白霜，长带状，呈弓形且轻微折叠，叶片边缘和背部略显深红色。最多时花梗可开出四朵细小娇嫩的花，花蕾期为瓮状。花带香气，开放时平展呈星状，花白色，基部黄色，延伸至花瓣大约一半高度。花外侧以淡绿色和灰紫色为主。最初为紫粉色浅晕，随着花期变化逐渐变深。内轮花瓣背面带灰绿色中脉。花丝黄色，下面有柔毛，花药黄色，顶端紫色。爱德华七世时代的植物学家 E. A. 鲍尔斯说："太小了，真的很难相信这种花是郁金香。它们的前世大概是白花虎眼万年青，慢慢地正往高了长。"它是开花最早的郁金香物种之一，从3月初就开始开花。是极度容易变异，广泛分布的物种（现在包括以前单列的物种白花郁金香［T. polychroma］)，分布在马其顿、高加索、土耳其、黎凡特、乌克兰、俄罗斯东南部、克里米亚、哈萨克斯坦、土库曼斯坦和伊朗北部到阿富汗，一直延伸到中国西北部。生长在草原、碎石地、石质和岩质的山坡上，一直开花至4月到5月。它在夏季保持干燥排水良好的石质土地上较容易生长。1887年，一位维多利亚时代的粉丝在皇家园艺学会期刊《花园》上撰文，称其为"栽培园艺中开花最持久的施密特郁金香"。它和牙色郁金香非常相似，只不过后者各部位都较大一些。1876年1月22日在《花园》杂志上，埃尔维斯（1846—1922）指出，这种"漂亮又特别"的物种在"失落多年默默无闻"之后，终于由海格和爱尔福特的施密特重新引入到世人眼前。

柔毛郁金香（T. biflora）和伊犁郁金香（T. iliensis）

柯蒂斯的《植物学杂志》（1880）

拟柔毛郁金香（T. BIFLORIFORMIS）

高十五厘米。双叶片，分得很开，边缘常为红色。花乳白色，发出淡淡的蜂蜜味。花瓣背面带一抹暗紫色。花瓣基部乳黄色。花药常为紫色，少数为黄色。这一物种分布在哈萨克斯坦、吉尔吉斯斯坦、塔吉克斯坦和乌兹别克斯坦，生长在大约海拔一千九百米的黏土和石质山坡上。3月开花。

紫基郁金香（T. BORSZCZOWII）

高二十厘米。三枚叶片，在花梗上间隔较疏，具白霜，叶片反折并呈波浪状，边缘缀白色窄边。花为黄色、橙色或朱红色，基部带尖状黑色斑纹。内轮花瓣稍长于外轮花瓣。花丝和花药紫色偏黑。4月开花。生长在哈萨克斯坦。和亚美尼亚郁金香很相似。1860年代以在土库曼斯坦卡拉库姆草原采集该物种的植物学家命名。后来，阿富汗划界委员会（1884—1885）的植物学家詹姆斯·艾奇森（1836—1898）在赫拉特附近发现了它，并写道："早春的查斯马-萨尔兹和提尔弗之间的平原上满是这种花的鲜艳色彩，从各种红色到纯净的黄色，而花瓣基部始终是深紫色。当地人采集并食用其鳞茎，味道非常不错。"艾奇森是一位杰出的十九世纪田野采集者，曾任职于孟加拉国医疗局，并于1879年至1880年参加库拉姆野战部队。

克佩特郁金香（T. BOTSCHANTZEVAE）

牛血郁金香（T. BUTKOVII）

高十五厘米。三至四枚叶片，紧束，宽阔，反折，具白霜，边缘处有轻微细毛。红色单生花，花色可以从牛血红到碧玉红不同，外轮花瓣有褐红色的长方形基部斑点。内轮花瓣上的斑点较小。花丝红色，花药黄色或棕色。近4月底开花。发现于乌兹别克斯坦，它们生长在海拔大约一千八百米至二千米间多砂石的斜坡上。与心斑郁金香（T. albertii）相似。

Tulipa Clusiana.

淑女郁金香（T. clusiana）

贝撒的《普通植物标本》（1819）

龙骨郁金香（T. CARINATA）

高三十厘米。三至四枚叶片，宽披针形，蓝绿色，叶片上部围绕着龙骨瓣扭转。花形较大，深红色，单生花，非常优美，花瓣排列成两个明显的螺纹。花瓣外侧深红色略带粉红色，逐渐变细，长有软毛的顶端。基部色斑较小，黄色或是带黄色边的黑色。花丝黑色，花药黑色带些许红色。花期至4月底。分布在帕米尔山区到阿富汗北部地区，生长在石质山坡上。与威武郁金香（T. ingens）相似。

朱砂郁金香（T. CINNABARINA）

淑女郁金香（T. CLUSIANA）

高三十至四十五厘米。三至五枚叶片，长，窄，直立，具白霜。叶片有细沟，还带着淡淡的红色斑纹。小巧的皱巴巴花蕾开出又高又细的白色花朵，很少会绽放成星形。一般为单生花，偶尔一枝茎上会开出两朵，茎在与花相连的地方有红色。花朵稳稳地直立着，有着狭长向内卷曲渐细的花瓣。外轮花瓣的背面有一抹深红色，在周围留下一道清晰的白色镶边。花朵的最美丽之处在于花心里面，白色衬着深紫色的基部斑点。花丝紫黑色，花药紫黑色。4月开花。在伊拉克北部和伊朗到阿富汗及喜马拉雅山西部都能发现；在欧洲南部归化后，种植在潮湿的土地中。它还利用地下蔓根自由蔓延。

这一物种以克卢修斯的名字命名，他在1611年于安特卫普出版的《后期养护》一书中提到：这种郁金香是1606年从君士坦丁堡送至佛罗伦萨的。他本人于1607年4月从一个佛罗伦萨人马赛·卡奇尼手中买来的。那时它甚至被称为"郁金香夫人"。帕金森只知道这是波斯早期的郁金香，并写道"这种稀有的郁金香，是我们最近才熟悉起来的"，但是他提供了准确的描述。"其根茎很小，覆盖着一种较厚的坚硬黑色外壳或薄皮，上面和薄壳之下都有一种黄兮兮的绒毛……开一朵花……全白的，所有叶片（花瓣）

都是白色，除了最外面的三枚花瓣的背部，从中间开始往两边都有些棕褐色或淡红色，不过中间较深，边缘还是保持了全白：花瓣的基部较深或带茶色，而细香葱（雄蕊）和花药都是暗紫色或黄褐色。这花确能产种子，不过我们国家中很少见。"这一物种现在在南欧的许多地方已经本地化很长一段时间了，在1920年代和1930年代沿海岸线一带培植为切花花卉。柯蒂斯在1811年7月出版的《植物学杂志》中描述道："我们能获得这一稀有物种的几株标本要归功于吐雷街的安德森先生。"编辑写道："这些鳞茎是他从西西里岛进口的，4月开花。在我们的花园里早在帕金森和杰拉德的时代就有了，那时可是贵重的投标商品，它们要比其他同类花卉更难保存。在佛罗伦萨和马德里都有野生种发现，在西西里岛和葡萄牙也可能有。"

1920年代的外交大臣，热心于岩间园艺的奥斯丁·张伯伦，在欧洲大陆高山植物方面的权威亨利·科雷冯家的花园里，一眼就认出了早春刚刚露头的这种郁金香。"每个国家都有一个外交部长，"科雷冯后来赞赏道，"但只有一位仅凭叶片就辨认出淑女郁金香。"

这是一种娇嫩诱人的郁金香，但不大爱开花。需要深植于温暖有遮庇的角落。很长一段时间，它都可能只长叶片并蔓延开去，因为它的习性就是会在长长的蔓根末端形成新的鳞茎球。在一个炎热的夏天过后，可能就会决定开花了。

范·图伯根在1959年间培育了多个品种，其中包括"辛西娅"，有着奶黄色的花朵，花瓣的外侧有一层红色，镶绿色边缘。"图伯根的宝石"（1969）的花朵也是黄色的，花瓣上有着同样的红色晕染。

淑女郁金香黄花变种（T. clusiana var. chrysantha）有金黄色的花，花瓣外侧有红色或紫褐色的斑。基部无斑点，雄蕊为黄色。叶片比原变种的更绿。霍尔指出，黄花变种的分布更偏南，出现在阿富汗、克什米尔和喜马拉雅山进入西藏的山坡上。阿富汗划界委员会的詹姆斯·艾奇森认为这是高海拔形态："这花出现的地点越高，它就越黄也越矮。"他写道。

淑女郁金香星花变种（T. clusiana var. stellata）长在高高的细线状花梗上。外侧有一层极淡的粉红色，花瓣基部没有深色斑点，雄蕊为奶油色。

"分裂派"，就是那些有整齐分类想法的植物学家，喜欢物种遵从可清楚识别的模式，于是在田野考察中看到了各种各样的淑女郁金香之后，就像撒五彩纸屑一样，大方地降了一场物种名称的阵雨（T. aitchisonii, T. aitchisonii cashmeriana, T. stellata, T. stellata chrysantha, T. chitralensis）。不过其中有几种完全不同的花形（如前所述）。戴格斯的《郁金香物种注释》中的插图里出现一株矮化的淑女郁金香，标题为"来自西藏"，生长在仅约六厘米高的花梗上。戴格斯把这株鳞茎送给了与约翰·英尼斯园艺研究所的霍尔合作的牛顿（1895—1927）。霍尔推测它来自小西藏，即克什米尔北部地区，他本人也收到过从朗伯山谷采集的鳞茎。它们长大后，也显示出了与戴格斯的鳞茎完全相同的矮化特征。

克里特郁金香（T. CRETICA）

高二十厘米。二至三枚长矛形叶片，绿色。花梗上最多可开三朵花，花白色，泛粉红，带着最浅粉红色的效果，一直覆盖到并不明显的黄色基部。外轮花瓣散开，内轮花瓣直立。外轮花瓣的背面有一抹粉红色和绿色。所有花瓣有明显的几乎透明的中脉。花丝黄色，花药黄色。4月上旬开花。分布在克里特岛的山中，吉尔摩斯一带，拉普西利、艾达山、马六甲角、锡特拉、阿克罗蒂里，特别是在刺猬灌木丛区。凭借着蔓根得以大量繁殖。可在鳞茎格内种植，或者是户外阳光充足的石质土壤中，夏季保持干燥。

塞浦路斯郁金香（T. CYPRIA）

高二十至三十五厘米。三至五枚长矛状叶片，光滑具白霜，两片基部叶片粗短，上面叶片狭窄而尖长。花深红色，花瓣外侧近基部带一抹绿色。基部斑纹为海军蓝，通常镶黄边。花丝深紫色，花药深紫色。4月开花。在塞浦路斯的迈图、潘特莱蒙和尼科西亚一带发现。在被原籍奥地利的英国植物学家奥托·斯塔夫（1857—1933）命名之前，挑剔的植物人和苗圃主克拉里奇·德鲁斯早已注意到了这一物种的优良品质。而在他人生的最后十一年，斯塔夫编辑了颇具影响力的柯蒂斯《植物学杂志》。他记述了戴夫从塞浦路斯寄往英国的鳞茎中出现的物种，类似于眼斑郁金香，可能是它的一个类型。

在英格兰种植不容易，因为它很早就开始生长，通常在12月，继而过不了接下来寒冷天气的关。即使在玻璃罩中，花瓣顶端的颜色也无法正常出现，植株很容易枯死。

毛蕊郁金香（T. DASYSTEMON）

高度十厘米。两枚叶片呈带状且狭窄，蓝绿色，非常光滑。开三至五朵花，鲜黄色，外面的花瓣背上有强烈的棕紫色斑纹。内部花瓣沿背面中脉有一条较窄，更绿一些的条状斑纹。基部没有斑点。开花时为有光泽的星形。花丝黄色，花药黄色。原产于中亚，从哈萨克斯坦和吉尔吉斯斯坦到中国西北地区，它生长在石质土地和二千米以上的亚高山草甸上。5月至6月开花。克里斯滕胡斯等人备注说："在贸易中出现的毛蕊郁金香并不是这一物种，而是商业系统；不是这个物种，而是乌鲁米耶郁金香（T. urumiensis）。"

红背郁金香（T. DUBIA）

高二十五厘米。二至四枚叶片，宽阔，具白霜，边缘具波浪状。花黄色，外面的花瓣几乎全部都有一抹带些淡蓝的粉红色。基部有橙色斑纹，往上隐入模糊的黄色中。花丝橙色，花药黄色。在哈萨克斯坦、吉尔吉斯斯坦和乌兹别克斯坦生长在一千八百米以上的土石坡上。5月和6月开花。

扎格罗斯郁金香（T. FARIBAE）

费尔干纳郁金香（T. FERGANICA）

高二十五厘米。三至五枚叶片，有些宽有些窄，但都为长矛状，反折，具白霜，边缘明显呈波浪形。一至两朵星形的花，黄色，花瓣的背面晕染一层淡牛奶巧克力色或粉红色。无基部斑纹。花瓣的顶端柔软。花丝橙黄色，花药橙色。发现于吉尔吉斯斯坦和乌兹别克斯坦，生长在大约一千八百米左右的石质斜坡上。4月和5月开花。与阿尔泰郁金香为近亲，并以天山的费尔干纳山脉命名。

吕基亚郁金香（T. FOLIOSA）

皇帝郁金香（T. FOSTERIANA）

高十五至五十厘米。三至五枚叶片，在略带粉红色的花梗上排列间隔较大。有时叶片的宽度几乎和长度相当，并且带着明亮有光泽的绿色。这是中亚郁金香中最大、最鲜艳的，花瓣可长达十五厘米长。花瓣钝圆形而不是尖形。鲜艳的红色花朵，外侧有一层金色或黄色，在阳光下绽放。基部斑纹为黑色，有时在每瓣花瓣上形成两三个尖峰状斑点，斑点镶粗黄边。花丝黑色，花药黑紫色。发现于塔吉克斯坦、吉尔吉斯斯坦和乌兹别克斯坦，特别是在撒马尔罕以南的山区，生长在约一千七百米高度的深石灰岩土壤中，4月开花。有淡淡的香味。在阳光充足和排水良好的地方很容易生长，夏季保持干燥或挖掘取出。

该物种是由约瑟夫·哈伯豪尔引入郁金香贸易的，他是范·图伯根的采集者之一。范·图伯根的霍赫回忆起："他住在撒马尔罕，我们能有这种为了纪念迈克尔·福斯特爵士而命名为皇帝郁金香的瑰丽的郁金香要归功于他。他于1904年在撒马尔罕附近的山区采集到了这些花，我两次都收到了不少。不过很有意思的是我称之为'红色皇帝'的品种只出现在第一批货中，之后就没有再出现。在1914年，他深入到博卡拉，并收集了大量极精致的花儿。遗憾的是，包括有这批货的箱子刚好在战争开始时到达了俄罗斯—奥地利战争前线。不用说，箱子停留在此，从此失去踪迹。这令我损失了数百英镑，更严重的是，要如何、要到何时我们才能再次得到那些失去的好东西？"

这一物种似乎至少有两种不同的形态。一种有大而宽的叶片，边缘处有着明显的紫红色细线，且高度至少三十厘米。花瓣基部的斑点多变。可能是全黄色，也可能完全没有斑点。当有基部斑点时，如上所述，花丝和花药呈黑色，有紫色花粉。没有基部斑点时，花丝和花药为黄色。

第二种形态是矮化型（请参阅下文中的"第一公民"），叶片平铺散开，可达十厘米宽，叶片伸缩成花环。花梗通常不再比十五厘米高。花和较高形态一样有不同的变化。它似乎比高大型的更不喜欢夏季的烘烤气温，因此在花园中并不总是开花或繁殖。

在与斑叶郁金香及睡莲郁金香杂交后，皇帝郁金香会培育出一批很有用的福斯特杂交群品种。"第一公民"的叶片很宽，至少十一厘米宽，花梗很短，高度不超过二十厘米。花几乎从叶片中间出现，花形大而无形。基部斑点很尖，黑色镶黄边。"红色皇帝"（也称为"勒费伯夫人"）则更大，也夸张。这一物种也在与达尔文郁金香杂交后，培育出很重要的达尔文杂交种。

祈望（渴望）郁金香（T. X GESNERIANA）

在克里斯滕胡斯等人编写的修订清单中，这一物种被描述为"仅在法国栽种业出现的一种复杂杂交种，在法国、意大利、挪威、俄罗斯、西班牙、瑞士和土耳其等地野化，有时归化"。物种名称为致敬早期植物学家康拉德·格斯纳，由林奈创造，用以包括所有已知的园艺郁金香，但此名对任何野生物种无效。

斑叶郁金香（T. GREIGII）

高四十五厘米。三至五枚叶片，花梗粉红色或是带些棕褐色，叶片紧贴茎上并反折。这是一个最独特的物种，叶片具白霜，上面有着深紫色长条形斑纹。叶片长而尖，但是越靠近花梗上端的越短越窄。花形较大，有方形的平底，而外表圆钝的外软化花瓣在顶端处大幅度反折，产生掐腰效果。内轮花瓣为宽阔圆形，保持直立。花的颜色变化差异很大，从耀眼的猩红色，透明有光泽，至橙色、黄色或奶油色都有。有些花是多色的。花瓣的背面颜色略淡。基部斑点可以延伸超过花瓣四分之一处，红底带深紫

PLATE XXXV

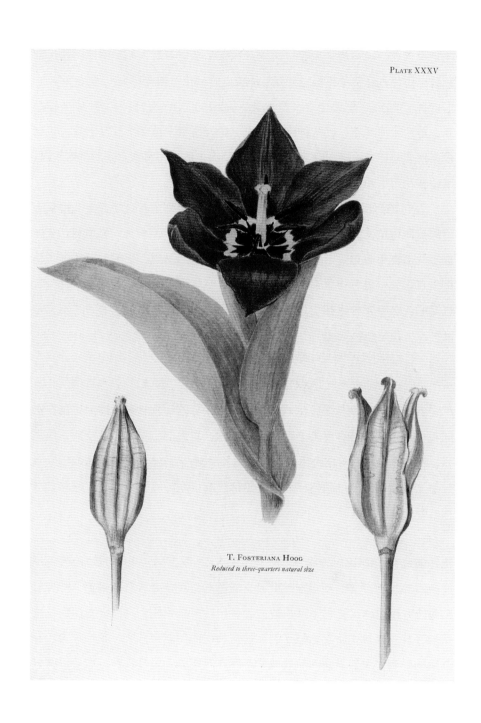

T. FOSTERIANA HOOG
Reduced to three-quarters natural size

戴格斯的《郁金香物种注释》中漂亮的皇帝郁金香（T. fosteriana）

色或黑色斑，或是黄底上带红色斑。花丝可以是黑色或黄色，花药紫黑色。发现于伊朗东北部、哈萨克斯坦、吉尔吉斯斯坦、塔吉克斯坦和乌兹别克斯坦，生长在土质斜坡上，4月开花。尽管它很少能产生小鳞茎，但是在排水良好、阳光充足、营养丰富的土壤中极易生长，夏季保持干燥或挖掘取出，覆盖下成熟。这一物种的几个品种，包括"小红帽"，都是在1953年培植的。

"我认为住在塔什干的德国人格里伯是第一个将大量的斑叶郁金香鳞茎运到欧洲的人。"范·图伯根的霍赫写道，"我认识他时，欧洲市场上出现大量的斑叶郁金香鳞茎已经有五六年了，由里加的一个园艺机构分销。可以肯定全都来自格里伯。然后我就想到，这个人装备精良，能在草原上采集鳞茎，那就可能帮助我们栽培阿尔伯特·雷格尔描述的那么多郁金香品种。于是我和他谈妥了一笔报酬，他前往中亚地区的东部边境为我采集。而在他妻子的协助下，他手下的人则继续采集斑叶郁金香。"

这是最早从野生引入到商业上的一个物种，1871年阿尔伯特·雷格尔把它寄往圣彼得堡，开始在栽培中出现。它被雷格尔的父亲爱德华·雷格尔以俄罗斯园艺协会主席的名字命名，爱德华·雷格尔曾任圣彼得堡植物园园长。采集者写道："它生长在锡尔河地区的丘陵草原上，鳞茎和当地的天然植被、草、罗莎橡树灌木、艾索龙、紫堇、独尾草等生长在一起。夏天五个月都不会下雨。鳞茎深扎于厚重的黏土中达一英尺深。"

到了1876年，亨利·哈普尔·克鲁牧师在赫特福德郡特林的德雷顿比全普教区的花园里种植了这一物种的郁金香，克鲁1860年至1883年期间在此任教区长。1876年5月20日，他在《花园》中写道，称赞它是"迄今为止我见过的最好的郁金香……在过去的几个星期里，它那带棕褐色斑点的叶片一直是花园里的引人注目的装饰品……看来这是一个非常强壮和健康的物种，并且可以很容易地从种子繁殖出来。"《花园》（1900）的伯布里奇提到该物种在意大利已育种成功，而且圣特杜西奥的达姆曼公司还有一些很不错的品种出售。而当时在巴黎的植物园还进行了杂交尝试，却未成功。

斑叶郁金香"奥瑞"是一种软坠蓬松的花，颜色是鲜亮的橙红色。宽阔的叶片上刻着长长的紫色的线段纹，就像印上了摩斯电码一般。外轮花瓣的中心有一抹紫红色，非常宽。外轮花瓣有黑色基部斑点，内轮花瓣有黄色基部斑点。雄蕊大，铲状，呈乳黄色。很大很丰富的一种郁金香。

哈拉兹郁金香（T. HARAZENSIS）

异瓣郁金香（T. HETEROPETALA）

异叶郁金香（T. HETEROPHYLLA）

高十至十五厘米。二到四枚叶片直立并有着深深的波浪边缘。刚出现花蕾时，它们在茎上低垂着，但是开花后则呈直立的杯状。花瓣内侧为黄色，外侧有很深的紫色或绿色斑点。基部没有斑。花丝黄色，花药黄色。发现于哈萨克斯坦南部、吉尔吉斯斯坦和中国西北部，生长在那里的石质山坡和二千五百米以上的高山草甸上。6月和7月开花。

萨朗郁金香（T. HEWERI）

高十五厘米。三至六枚叶片，比相似物种的多花郁金香（**T. praestans**）的叶片更小，边沿细毛也更少。单个花梗上可多达五朵花，通常为黄色泛红。花丝黄色，花药黄色。1971年在阿富汗北部萨朗山口首次发现，以汤姆·赫威尔的名字命名，赫威尔当时与植物学家克里斯托弗·格雷-威尔森共同在此地采集标本。

吉萨尔郁金香（T. HISSARICA）

霍赫氏郁金香（T. HOOGIANA）

高四十五至五十厘米。三到五枚叶片，深红棕色花梗，叶片间隔较大。叶片宽阔，生长角度相对水平。叶片浅灰绿色，折起和反折幅度都很大。这个物种有一个不同寻常的特性，即会在叶腋处长出小鳞茎。花的大小和高度比较起来就有些可笑，鲜艳的红色花瓣略有些羽化，而且和其他一些红色的中亚物种相比也不那么刺眼（少一些橙色）。高大的环状斑点形成黑色的内花。郁金香刚开花时有点香，但是软软的。花丝黑色，花药深酒红色，粉红色，米色或黑色。在土库曼斯坦南部到伊朗北部都有发现，生长在石头斜坡上，4月和5月有开花。这一物种以霍赫的名字命名，他是范·图伯根公司鳞茎公司的负责人。这是格里伯，一个住在塔什干的德国人，为范·图伯根采集的众多郁金香物种之一。

这是一种神奇又招摇的郁金香，尽管它的花瓣的宽度相较于长度而言显得较窄，因此花的形状不算好。像所有郁金香，在温暖、有遮庇的地方生长最好。霍尔指出："这些鳞茎有沉降的习性（在排水不良的土壤中可深达两英尺），很容易在掘取时被错过。"

彩虹郁金香（T. HUMILIS）

高十厘米。二至五枚叶片，长而细，有沟且略具白霜。杯形花，阳光下开放后呈星形，颜色从浅粉红色到深红色，再到紫色都有。内轮花瓣比外轮花瓣长且宽。基部斑纹黄色（偶尔为蓝色或紫色），并覆盖至少三分之一的花瓣。花丝黄色，花药黄色或紫色。发现于土耳其东南部，伊朗北部，伊拉克北部，黎巴嫩，叙利亚和阿塞拜疆，它们生长在刚好位于雪线以下一千米至三千五百米的岩石山坡或贫瘠的高山草甸上。4月到6月之间开花。

彩虹郁金香是非常多样性的一个物种，根据最新分类，包括了例如奥克郁金香（T. aucheriana）等一些郁金香，这些以前被认为是单独的物种。彩虹郁金香是由植物学家威廉·赫伯特（1778—1847）最早记录的，他的描述基于1838年从伊朗寄来的一颗鳞茎。1860年，埃德蒙·博西耶也记录了这种郁金香，并称之为堇花郁金香（T. violacea），也是1860年从伊朗寄出。他之后是芬茨尔，他根据从奇里乞亚托鲁斯山脉来的一颗鳞茎起了第三个名字：玲珑郁金香（T. pulchella）。在栽培中，这些物种看起来很独特，但是区别到了1930年就开始变得不那么明显了。当时为范·图伯根采集的埃格送回了来自同一地区，即来自伊朗西北的大不里士南面的乌尔米亚湖附近的大量鳞茎。它们开花时，这一组鳞茎表现出了这三种"物种"的典型特征，以及它们之间的各种变异。这是郁金香在嘲笑分类法。

"将这一组郁金香视为同一物种是合理的，"霍尔写道，"虽然某些特定地区已经有了一定程度的物种隔离，其统一性和繁殖力也相对可靠，可能值得做一个亚种的等级。可是物种的确定始终是一种主观的意见和判断，但在这意见和判断中地理分布及田野中变化的程度也得有一定的分量。"

与阿富汗划界委员会一起旅行的植物学家詹姆斯·艾奇森在1880年描写了在巴德吉斯省和哈里鲁德山谷中的这一物种："这种小小的非常像欧银莲的郁金香在潮湿黏稠的土壤中到处可见，特别是曾经有过栽种的地方。通常开一朵花，不过时不时也有开两朵甚至三朵的。"

这一物种首批用于培植的鳞茎在1838年由奥地利探险家西奥多·科茨奇（1813—1866）寄往英国，他在德黑兰以北的埃尔伯兹山脉中德文德之上找到这些鳞茎。他于1838年和1843年之间在伊朗采集植物，他将彩虹郁金香的鳞茎寄给了约克郡的植物园牧师威廉·赫伯特。就是赫伯特在约克郡哈罗盖特附近的斯伯福斯推广了这些从近东引进的鳞茎植物，1844年4月在他的花园里开出了彩虹郁金香。

亨利·约翰·艾尔维斯（1846—1922）于1880年重新推出这一物种，并经范·图伯根推广而流行开来，他们的鳞茎采集者科罗能伯格从位于伊朗西北部乌尔米亚湖以北的山区萨尔马斯发来这些鳞茎。

这是一种容易生长的郁金香，非常适合浅盆和假山，不过如果鳞茎在春季缺少水分，花蕾则不会发育。

"东方之星"开玫瑰色花，基部为黄色，花瓣的外面有青绿色耀斑。

"玫红女王"有着丁香紫花朵，中心为黄色，花瓣的外侧也有燎过绿色的耀斑。

"女姬"为浅紫色花配黄色基部。

"波斯明珠"花的颜色为鲜亮的仙客来紫色，每朵花都有黄色的基部。花瓣的外侧覆一层浅灰色。

玲珑变种蓝白眼斑群（var. pulchella Albocaerulea Oculata Group）极为迷人。白花配上令人称奇的深蓝色的花心，在花心中有一个夸张的三角形。花瓣尖尖，末端略微扭曲，带红色斑点。三瓣外轮花瓣外侧完全铺满了绿色。非常华丽。3月中旬开花。

紫罗兰群（Violacea Group）的花则很秀气，深紫罗兰色，尖尖的花瓣绽放呈瓮形，黄色的圆形基部斑纹，镶深蓝色或绿黑色边缘。

保加利亚郁金香（T. HUNGARICA）

高十五厘米。两至三枚宽阔钝尖的叶片，通常两枚排列在底部，第三枚在茎上。开干净的黄色花，开放时很宽，外轮花瓣钝尖，内轮花瓣圆形。基部有深色斑点。花丝黄色，花药紫色，花粉黄色或橄榄色。这是一种花香浓郁的郁金香，首次记录于1882年它在罗马尼亚的多瑙河峡谷喀山高处的石灰岩中被发现后。可能原产于保加利亚南部。在罗马尼亚归化。可能是参与祈望郁金香杂交的母株的其中一支。很可能是在奥斯曼帝国占领期间被带入欧洲这一带的。

伊犁郁金香（T. ILIENSIS）

高二十厘米。二至四枚叶片，直立，有深沟，具白霜色，边缘略有细毛。开一至五朵黄色的花，花瓣的外部有深红色或暗绿色的斑点。基部无斑纹。花丝黄色，花药黄色。在吉尔吉斯斯坦、哈萨克斯坦和中国的西北新疆都能看到，5月开花。和迟花郁金香（T. kolpakowskiana）极相似，但每个部位都小上一些，且至少要早两周开花。

威武郁金香（T. INGENS）

高四十五厘米。三至六枚叶片，在偏红色的花梗上排列紧密，宽阔，颜色偏淡。非常漂亮的花，花形宽大呈杯状，花瓣稍稍旋转。花瓣顶端有略带白色的尖峰。花外侧亚光浅黄色，但内表面是艳丽的猩红色。花瓣基部的黑色汤匙形斑点较大，占了每片花瓣四分之一。没有黄色边。花丝黑色，偶有暗黄色，花药黑色，深棕色或酒红色。不适合花园种植。这是德国人格里伯在布哈拉周边地区采集的郁金香之一。分布于塔吉克斯坦和乌兹别克斯坦。近4月底开花。

短斑郁金香（T. JULIA）

高三十厘米。三至四枚叶片，呈长矛状，略具白霜，带沟，棕褐色的花梗生叶片反折。开花为广口杯形，颜色从暗淡的绯红色到橙红色都有，花瓣的外侧覆盖了一层白色，产生粉红色效果，或带有一层黄色，使外侧变成了橙色。基部的短斑为绿黑色，有时略带黄色。花丝黑色，花药黄色或紫色。分布于高加索南部、伊朗北部、黎巴嫩和土耳其东部，特别是生长在阿勒省和埃尔泽勒姆一带一千六百米至二千四百米的干燥多石的山坡上。5月开花。

该物种由德国植物学家兼柏林皇家植物园主任卡尔·海因里希·埃米尔·科赫命名。从1836年到1838年和1843年到1844年之间，科赫在安纳托利亚东北部各地旅行，途经特拉布宗、伊斯皮尔、霍帕、埃尔泽勒姆、穆什、马拉兹吉尔特、卡厄兹吉曼和卡尔斯。他记录了来自安纳托利亚东北部七种不同的鳞茎物种。

该物种与亚美尼亚郁金香非常相似，尽管亚美尼亚郁金香通常较大。主要区别在于两个物种的鳞茎外衣。短斑郁金香有浓密的毛毡状鳞茎周围的一层绒毛。

睡莲郁金香（T. KAUFMANNIANA）

高二十厘米。二至五枚紧贴茎上的叶片，茎通常呈红色。叶片宽阔，略有起伏，灰绿色带更深色些的脉线。长长的花蕾一开始就有颜色。一至五朵花，和其他郁金香不大一样，都有着独特的花形。长而钝的花瓣大约在基部向上三分之一处大幅度地反折，也因此得名为睡莲郁金香。花完全绽放后成为宽宽平展的星形。颜色从白色到乳白色，到黄色，到砖红色，不一而足。典型的花内侧为乳白色，靠近基部变深黄色，每瓣花瓣上的黄色边上都镶有模糊的红色。外轮花瓣的背面轻染着红色和紫色。花略带香味。基部斑纹呈扇形，为明黄色，几乎覆盖了一半花瓣，斑纹边缘模糊地和底色融合。花丝黄色，花药黄色。分布于哈萨克斯坦、吉尔吉斯斯坦、塔吉克斯坦和乌兹别克斯坦，它生长在山区的石质山坡上，4月和5月开花。在花园中，它的开花时间往往要早一些（有时在3月第一个星期开花），这就可能是个问题。它通常表现不错，条件适合时能自由地繁殖。这是最容易繁殖的物种之一。将球茎深埋在干燥有遮蔽的地方，它一般会向母鳞茎纵深和侧面一英尺处生出些小鳞茎来。

该物种已经和斑叶郁金香及皇帝郁金香进行了广泛的杂交，培育出了一组非常出色的园艺郁金香。在野外，它应该与斑叶郁金香、红背郁金香以及奇姆甘郁金香（T. tschimganica）都有杂交。

这一物种是由替鳞茎公司范·图伯根采集鳞茎的德国人格里伯引入商业领域。"我从1879年到1914年雇用此人，"范·图伯根的霍赫写道，"他先是从塔什干向东，后来又探索了博卡拉的部分。是他最先送回了睡莲郁金香各个颜色的品种，后来我命名为'奥瑞'，'灿烂'等，我们用这些品种培育出了现在拥有的这些美丽的彩色睡莲郁金香。"这一物种1897年获得了皇家园艺学会颁发的FCC（一级证书），并由华莱士和巴尔于1900年展出。

睡莲郁金香立即被公认为是优良的园林植物，其中就有伟大的植物学家和园丁恩菲尔德麦道顿花园的鲍尔斯。霍赫在1902年写给鲍尔斯的信中说："采集到的鳞茎只有百分之一到百分之二是亮黄色的，而纯猩红色的比例则更小。在野生状态下，斑叶郁金香和睡莲郁金香生长在一起，杂交的形态就会出现，但奇怪的是，斑叶郁金香的影响似乎只会出现在叶片上。"霍赫描述道，我们看到这两个物种在哈萨克斯坦的天山山区一起生长，睡莲郁金香似乎更喜欢山谷的阴面，而斑叶郁金香则更喜欢阳面。

塔斯卡拉郁金香（T. KOLBINTSEVII）

迟花郁金香（T. KOLPAKOWSKIANA）

高度二十厘米。二至四枚叶片，一般较窄，挺拔，有深沟，具白霜，带波浪边，但非常多变。通常有数秆花梗或修长的花梗，每枝上开出一朵花。花蕾刚开始时会不时垂头，可当它们开放时，则会先开成杯形的花，然后变为星形。花瓣长而尖，内侧鲜黄色，花瓣背面有一层紫红色。无基部斑纹。花丝黄色，花药黄色。这是一个多变的物种，分布在哈萨克斯坦、吉尔吉斯斯坦、阿富汗东北部和中国新疆西北部，生长在海拔二千米多石的山坡上。在野外，它很容易与另一种金红郁金香（T. ostrowskiana）杂交。在花园中，它们通常在4月和5月开花，在阳光充足且排水良好的土壤中极易生长。

红迟花郁金香（T. KOROLKOWII）

科索沃郁金香（T. KOSOVARICA）

黄柔毛郁金香（T. KOYUNCUI）

库什卡郁金香（T. KUSCHKENSIS）

高三十厘米。三至五枚叶片，狭窄，直立呈长矛状，叶片分布间隔较大，花梗具白霜，且通常比叶片短。花为鲜艳猩红色，杯状花形，外轮花瓣向后反折。花瓣基部斑纹为黑色，延伸至花瓣的一半处。花丝黑色，花药黑色。鳞茎皮之下有一层厚厚的如羊毛般毛毡。生长于土库曼斯坦南部、伊朗和阿富汗的肥沃土壤中，4月至5月开花。这是很难在花园中成活的物种。

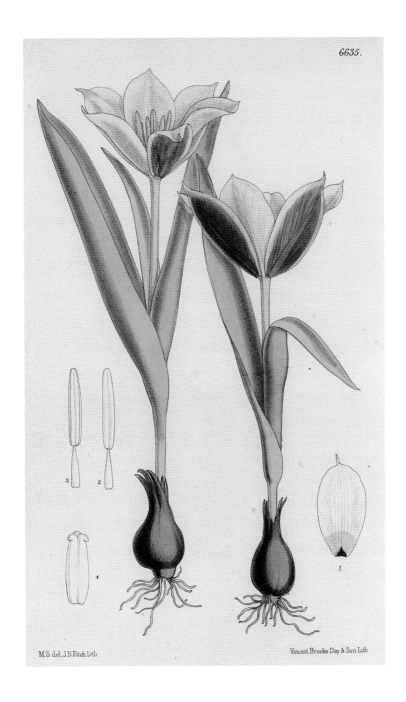

迟花郁金香（T. kolpakowskiana）

柯蒂斯的《植物学杂志》（1882）

绵毛郁金香（T. LANATA）

　　高四十厘米。四枚叶片，有时宽有时窄，具白霜，有反折，镶红色边。叶片顶端略略掐紧。大而优雅的艳丽花形，花蕾呈长方形，鲜艳的朱红色，但无光泽。花瓣尖尖，顶部略略外翻。花瓣背面有霜粉，奶油、浅黄色和非常淡的粉红色。基部有小巧的圆形斑纹，橄榄黑色，镶狭窄黄色边。花丝黑色，花药深紫色。极优秀的郁金香。发现于塔吉克斯坦、乌兹别克斯坦、阿富汗、巴基斯坦北部和喜马拉雅山西部。引入克什米尔后生长在寺庙和清真寺屋顶上，特别是在斯利那加附近。4月开花，花期比其他大多数物种都要长。其名称来自鳞茎皮内侧，上面厚厚覆盖着柔软的绵状毛。

　　这一物种是由替鳞茎公司范·图伯根采集鳞茎的德国人乔治·埃格引入商业领域。"他曾经住在伊朗西北部的大不里士，"范·图伯根的霍赫写道，"他从1929年至1933年间给我寄来了很多绵毛郁金香。"

　　霍尔在《郁金香属》中写道："是最优质、最出色的郁金香之一。耐寒且已经栽培成功。当它们在阳光明媚的花园中开放时，如何夸赞它们的优雅和光彩夺目都不算夸张。"

长皮郁金香（T. LEHMANNIANA）

　　高二十至二十五厘米。二至四枚叶片，长而细，极具白霜且呈波状起伏。花蕾倒垂，开放时花可能是黄色或深红色，花瓣背面晕染着一抹猩红色或红棕色。花瓣基部斑纹为黑色、深橄榄绿或紫色。花丝黑色，花药黄色。分布于伊朗东部、哈萨克斯坦、吉尔吉斯斯坦、土库曼斯坦、塔吉克斯坦、乌兹别克斯坦及阿富汗。4月开花。

马沙特郁金香（T. LEMMERSII）

亚麻叶郁金香（T. LINIFOLIA）（AGM）（园艺特色奖）

　　高十厘米。三至七枚短而细的叶片紧贴茎秆生长。有时候边缘有一

1934 年的柯蒂斯《植物学杂志》上的库什卡郁金香（T. kuschkensis）
插图根据约翰·英尼斯研究所的一个鳞茎绘制。这个鳞茎是列宁格勒的费岑科教授在当时苏联和阿富汗的边境发现，并通过范·图伯根寄到研究所

道淡淡的粉红线。花星形，内侧为带光泽的柔和红色，外侧亚光。黑色的基部斑点不大，边缘常镶有淡淡的乳黄色边。花丝黄色或黑色，花药灰黄色或黑色。发现于伊朗东北部、塔吉克斯坦和阿富汗，5月开花。它的物种名来自紧密包裹着茎秆的无数狭窄叶片，或是那些春天从底部长出的叶片。

这一物种出现在1893年5月13日的《花园》中，被描述为"一种令人愉悦的物种……现在还不为人知，但它肯定会流行起来，因为它极耐寒，易于生长，也没有表现出与斑叶郁金香相似的不确定性。《郁金香属》的作者霍尔认为它是"现有栽培郁金香中最美丽的物种之一，虽然不大，但优雅夺目。在岩间花园中栽种应选一处深些的洼地，能晒到直射阳光但避开风，在阳光下它们就是一大片无与伦比的艳丽色块。"

该物种曾经被单独称为马克西莫维奇氏郁金香（T. maximoviczii），现在被指定为亚麻叶郁金香马克西莫维奇氏群（T. linifolia Maximoviczii Group）。这一品种群的郁金香长约十厘米，有着长而具白霜的四至五枚叶片，有时叶片有波纹，一般镶红色边。外轮花瓣反折，背面为黄红色。花内侧为艳丽闪亮的猩红色。黑暗的基部斑点延伸至每瓣花瓣约六分之一处。花丝黑色，顶端为淡白色，花药淡紫色或黄色。在排水良好、阳光充足的地方极易生长，夏季保持干燥或掘取保存。在花园种植，5月的第一周开花。

亚麻叶郁金香巴塔林氏群（T. linifolia Batalinii Group）

这一品种群中包括了一些卓越的花园品种，在排水良好的地方极易成活并繁殖。戴格斯把当时被称为巴塔林氏郁金香的黄色郁金香和红色的马克辛维奇郁金香杂交，培育出了第一批杂交品种，这次杂交培植出了杏色和青铜色各种色度的品种。霍尔不赞成。"这些杂交种都很迷人，"他写道，"不过，在已经有了如此优秀的两种母株的情况下，我怀疑是否还需要这些杂交种。"后来的人们证明了他是错的。这是一组迷人的郁金香，因为是晚花型所以相当有用，通常在4月下旬开花。叶片窄而皱褶，第一组叶片像海星一样平躺在地上。透气的三角形金字塔花蕾绽放后，随着花龄的增长，

亚麻叶郁金香（T. linifolia）

柯蒂斯的《植物学杂志》（1905）

325

亚麻叶郁金香巴塔林氏群（T. linifolia Batalinii Group）

柯蒂斯的《植物学杂志》（1904）

花朵会自行卷曲。它们很快就能成活，从最初的一个鳞茎上长出四到五枝茎秆。品种群名是向圣彼得堡植物园主任巴塔林致敬。是他把这种郁金香送往邱园，在1888年开了花。它也是由替荷兰鳞茎公司范·图伯根采集鳞茎的德国人格里伯引入商业领域，他从博卡拉寄来了这一特殊类型。

"杏宝"：高二十厘米。杏子橙色花，黄色花心。

"亮宝"：高二十厘米。叶片浅灰色，直边，不像"黄宝"那样有褶皱。除此以外，和"黄宝"各方面都相似，但颜色更为丰富，带一抹青铜色。外轮花瓣的外侧有一抹极淡的红色，而这是"黄宝"中没有的。这会令颜色更丰富。每朵花的基部有一小块圆圆的灰色斑点。深色雄蕊。次年不但会复花，还会繁殖成一片。1952年由海姆斯泰德的扬·罗斯推出。那很明显的金字塔状花蕾真是非常可爱（三棱）。

"青铜吊饰"：高二十厘米。硫黄色的花，带杏铜色羽瓣。

"红宝"：高二十厘米。花期持久的鲜红色花朵。

"黄宝"：高二十厘米。淡淡的柠檬色花带一丝淡粉色。深黄灰色的基部。乳白色的雄蕊。1961年由哈格曼父子推出。

山地郁金香（T. MONTANA）

高十至十五厘米。三至六枚非常狭窄的长矛状叶片，带沟，有起伏，具白霜，生长在粉红色的茎秆上。叶片边缘有细细的红色勾线。很奇怪的大型杯状花，鲜艳的深红色，阳光下开放时呈平展的圆形。花呈杯状几乎像是坐在叶片中间，花瓣的宽度和长度相当。基部小斑点为深绿色或紫黑色。花丝为黑色渐变成葡萄酒色，花药呈乳黄色。土库曼斯坦南部到伊朗一带都有生长，尤其是在埃尔伯兹的大不里士附近，生长在海拔三千米的石质山坡上。4月下旬到6月开花。

这一物种是由约翰·林德利（1799—1865）根据奇斯维克园艺学会的花园里1827年开花的一朵郁金香首次记录的。这株花是亨利·威洛克爵士从伊朗西北部采集到并寄给协会的。

PLATE V

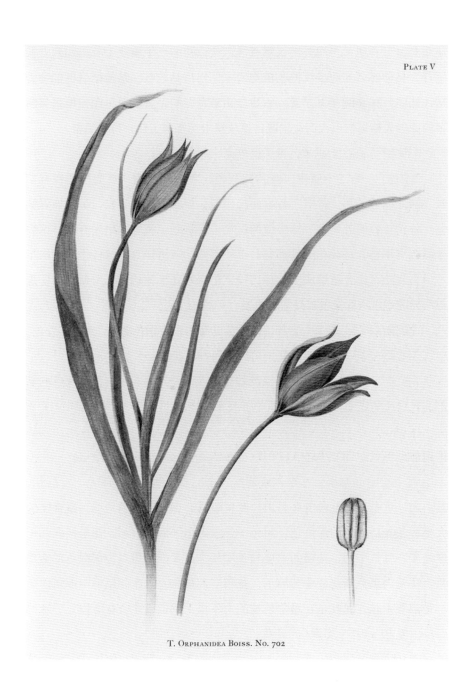

T. ORPHANIDEA BOISS. NO. 702

戴格斯的《郁金香物种注释》中的红焰郁金香（T. orphanidea）

长柱郁金香（T. ORITHYIOIDES）

高十厘米。两枚叶片，细长狭窄，逐渐变细。开白色小花，花瓣背面略染些淡紫色。花瓣基部斑纹黄色。花丝黄色，花药紫色。6月开花。阿列克谢·弗维登斯基于1935年记录，因其颀长的风格，指出了它和另一个亚属之间的极大相似之处。分布在塔吉克斯坦和乌兹别克斯坦，生长在帕米尔-阿莱西部的扎拉山山中约海拔三千米处。

红焰郁金香（T. ORPHANIDEA）

高度二十厘米。二到七枚颀长而散生叶片。一至四朵球形的花，但是没有了现在已降级为品种群的惠托尔氏郁金香那种典型纯粹形态。当花完全绽放时，花形宽而大方，但花瓣之间没有间隙。颜色为暗淡的棕红色、橘红色或橘黄色，花瓣外侧晕染着绿色或紫色。随着花龄的增长，绿色渐渐褪色，而底色更占主导。基部斑纹为清亮的黄色。花丝褐色或橄榄色，花药褐色或橄榄色。以雅典大学植物学教授西奥多罗斯·奥凡尼德名字命名。他于1857年在希腊伯罗奔尼撒的马累山上发现此物种。它分布在巴尔干东部、保加利亚、希腊、克里特岛和土耳其西部，生长在海拔两千米的黑松林间、玉米地以及石质地带，4月开花。在自然中，它与林生郁金香杂交。这是一种变化很多的物种，花形与以前的惠托尔氏郁金香相比没有那么招摇，惠托尔氏郁金香现在被视为红焰郁金香的一个品种群。

红焰郁金香惠托尔氏群（T. orphanidea Whittallii Group）

高三十厘米。三至四枚叶片修长，但比红焰郁金香的叶片更宽。叶片边缘有时会有细细的深红色纹。茎顶部与花相交处颜色很深。花瓣透气尖细，是一种出类拔萃的郁金香。颜色是焰烧焦糖橙色，非常独特，极不寻常。外轮花瓣比内轮的小，背面有一层淡奶黄色。内轮花瓣的中肋上有一条清晰的淡黄色细线，直得像是用尺子画出来的。花蕾呈完美的圆形，所有的花瓣都汇集到中间的尖顶上。烟黑模糊的基部斑纹，绿黑色带黄色光

9649.

S.Ross-Craig del L.Snelling lith

红焰郁金香惠托尔氏群（T. orphanidea Whittallii Group）

柯蒂斯的《植物学杂志》（1943）

晕，深色部分略晕染到花瓣的叶脉中，就像在湿纸上画水彩的效果。花丝深绿色或橄榄色，花药几乎为黑色。发现于地中海东部，特别是土耳其西部伊兹密尔（古老的士麦那）一带，4月开花。

这种郁金香是由爱德华·惠托尔推出的，他是英国后裔，家族于1809年在伊兹密尔定居并建立了从事出口业的惠托尔公司。在狩猎旅行中，惠托尔对安纳托利亚西部的花卉产生了兴趣，最终园艺成为他的主要业务。他自己在伊兹密尔附近的博尔诺瓦的花园里充满了稀有植物。许多当地的村民都为他采集植物和鳞茎，其中一些出口到英国和荷兰。库存太高时，惠托尔雇用一批人在伊兹密尔附近的尼夫山的山坡上种植，而到了1893年，他估计已有超过一百万颗鳞茎在本地驯化。

惠托尔向亨利·埃尔维斯寄去了当时被称为惠托尔氏郁金香的鳞茎，埃尔维斯是一位狂热的业余植物学家，在格洛斯特郡的科尔斯本从事园艺。埃尔维斯积累了一定库存之后开始分销。霍尔以爱德华·惠托尔的名字命名这一物种。尽管很小，但它不失为一种出色的花园郁金香，长势良好还能不断繁殖。颜色丰富而独特。在所有郁金香中，这是我的最爱。

红焰郁金香"黄色"（T. orphanidea 'Flava'）

高二十一厘米。可爱的郁金香，带狭长叶片和花形美丽的花朵：花蕾小巧细长，开花后有着华丽的具尖花瓣，黄色镶红棕色羽毛状边。所有花瓣从上到下都带着淡淡的绿色脉络。模糊的青铜色基部斑点，深色到几乎紫色的雄蕊，上撒淡黄色的花粉。无论是花形还是颜色，都是真正的美人。

金红郁金香（T. OSTROWSKIANA）

高十五厘米。二至四枚叶片，有褶皱，长得极低，几乎是与地面平贴生长，具白霜。花蕾椭圆形，开放后呈杯状，红色。颜色多变，也可能是橙色、黄色或三色组合。花瓣有尖顶，外轮花瓣略带一层紫色光泽。基部斑纹很小，就像是模糊的一抹深橄榄色，缀黄边。花丝橄榄色偏黄，花药紫色。此物种与迟花郁金香极其相似，但花形更大，开花更迟。在野外，

多花郁金香（T. praestans）

柯蒂斯的《植物学杂志》（1903）

它与迟花郁金香及红迟花郁金香的杂交很活跃。分布于哈萨克斯坦和吉尔吉斯斯坦，最早于1884年被记录。4月下旬开花。选对地方的话，是一种极容易种植的郁金香。

波斯郁金香（T. PERSICA）

宽丝郁金香（T. PLATYSTEMON）

多花郁金香（T. PRAESTANS）

高三十五厘米。三至六枚叶片，间隔很宽，宽阔，浅灰绿色，特征是叶片背面有严重突起的厚厚中肋。叶片偶尔会出现波形边缘。茎秆有时具毛，有二至四朵花，花形较大，花瓣有时尖细，有时宽圆。一些植株会出现明显的矮化习性，花几乎是挤在一堆叶片中。花开时平铺，颜色清亮，淡橘红色，到基部时渐变成黄色。花瓣外侧有黄色，但是内侧没有。有些花没有基部斑点，或者只是在花瓣底部有烟熏状的斑点。而其他一些则有着黑色斑点。它是变化较多的物种。花丝可能是红色或深紫色，花药黄色、紫色或暗红紫色。这种大花的郁金香直到十九世纪后期当俄国旅行者开始探索中亚地区时才为人所知。它原生于帕米尔-阿莱南部的塔吉克斯坦，生长在陡峭的土坡上和海拔二千米的疏林中，4月初开花。霍尔说它"很难保证植株健康，繁殖缓慢"，但它已成为一个流行的物种，并有几个出名的品种，这些品种在阳光充足、排水良好的土壤中都较容易生长。

"富斯利尔"是很好的品种，多毛具白霜的叶片，最多可以开出四朵带光泽的橘红色小花。

"统一"是一种艳丽但精巧不足的品种，叶片宽阔，带奶油色边缘。茎秆上最多可以有五朵花，红色和基部的黄色融合。

"范·图伯根异种"有着大型的橙红色花朵。它是以推出这一品种的鳞茎公司命名。范·图伯根1914年写信给戴格斯时说："去年寄去的鳞茎的采集地比以前那些来自博卡拉的还要更北。那些有红色花丝的矮化的早花型，我称其为'图伯根异种'。"

"茨瓦嫩堡异种"丰富而明亮的红色花特别引人注目，比其他品种开的花都要大。花药深紫色。

波叶郁金香（T. REGELII）

岩生郁金香（T. SAXATILIS）

高二十厘米。二至四枚叶片，与其他郁金香不同，较不寻常，宽阔带光泽，完全具白霜，颜色为特别丰富的正绿色。叶片边缘镶极细的红色（当叶片变老时，只有叶尖有红色）。带光泽的叶片在离开花还有很长一段时间的初冬就会出现，之后叶片向后卷曲呈刮胡刀状。与叶片相比，带有香气的球形花朵（一至三朵）相对较小。它们长在短短的茎秆上，颜色为偏粉红的淡紫色。花瓣内侧的颜色和质地与外侧几乎完全相同，这对郁金香来说不常见。外轮花瓣中间晕染着绿色，而较宽的内轮花瓣则只有细细的绿色的中脊。有清晰的黄色基部斑纹，镶白色边，几乎覆盖了花瓣的三分之一，从外面即可看见，三瓣内轮花瓣比外轮花瓣上的斑纹更重。花丝橙黄色，花药深黄色或巧克力色。4月和5月开花。

虽然这一物种很早就为园丁们所熟知，但它曾经在栽培界消失，直到亨利·埃尔维斯于十九世纪末从克里特岛再次将它引入。1606年克卢修斯和卡奇尼之间往来的信件中提到了这一点。它出现在克里斯平·范·德·帕斯[①]1614年出版的《花卉之园》，被称为坎迪亚郁金香（Tulipa Candia）。帕斯和帕金森也都将之记录为"坎迪亚郁金香"（克里特岛）。帕金森说他"尚未听说它之后经常在我们国家开花"。正如他一贯的记录，他又说对了。这一物种需要夏季高温才能促它开花。应将其深植于温暖、阳光充足的优质土壤中，开花后掘起，整个夏天都放在温室窗户附近的架子上。经过温暖的夏天，它才可能在之后的春天开花。该物种是明

---

① 即前文出现过的"克里斯平·德·帕斯"，此处为全名。

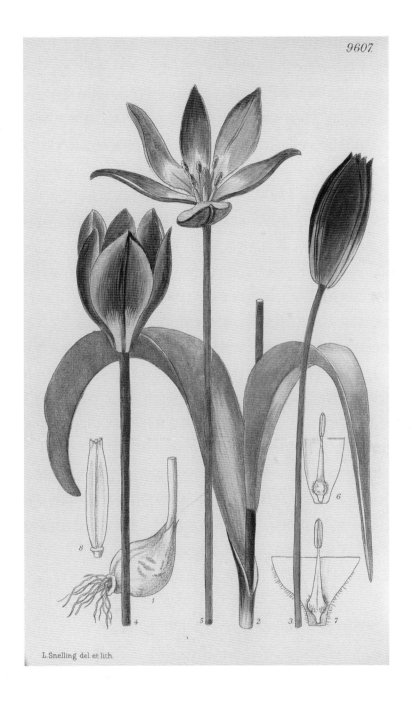

岩生郁金香贝克氏群（T. saxatilis Bakeri Group）

柯蒂斯的《植物学杂志》（1940）

显有蔓根的，鳞茎能生出三十厘米或以上的水平蔓根，在蔓根末端产生新的鳞茎。

优秀的园丁弗雷德里克·斯特恩认为就是这蔓根的特性使它无法开花。他在自己位于苏塞克斯海顿的白垩土花园中，将石板垂直砌入地下，把植物群落分围起来，也许就像你可能想到的，当蔓根填满所有空间后，郁金香开始开花了。

它是克里特岛原生物种，生长在田野和多岩石的地方，尤其是在马六甲角一带，4月开花。最近，土耳其权威贝托普教授在土耳其西南的马尔马里斯半岛上发现了一些该物种居群。

岩生郁金香贝克氏群（T. saxatilis Bakeri Group）

曾经被认为是单独的物种，现在被定为品种群。高十厘米。二至四枚鲜绿色叶片，略带光泽。细长的茎秆挺立着一朵淡紫色花（偶有两朵花），钟形，花瓣长而弯曲，呈汤匙状。外轮花瓣的背面有绿色斑点，而内轮花瓣的背面则有清晰的绿色中脊。花瓣内侧紫色连接着黄色的基部斑，斑纹覆盖至少花瓣的三分之一。斑点周围通常还有环状模糊的白色边。花丝橙色，花药橙色。3月上旬开花。生长于克里特岛的阿索马托斯附近，并以培植这一物种的贝克的名字命名。鳞茎明显有蔓根。与真物种岩生郁金香类似，但花的颜色较深，斑纹的边缘也不同。在野外，这两个物种在地理上并不分隔，可以看到它们在同一个地方生长。"丁香奇迹"是岩生郁金香贝克氏群的优选品种，有着该物种典型的奇妙带光泽叶片和比正常郁金香稍大的花朵。

巴尔干郁金香（T. SCARDICA）

绵革郁金香（T. SCHARIPOVII）

多叶郁金香（T. SCHMIDTII）

塞尔维亚郁金香（T. SERBICA）

新疆郁金香（T. SINKIANGENSIS）

伏蕾郁金香（T. SOSNOWSKYI）

高三十五厘米。花深红色，花瓣基部黑色。该物种的显著特征是花蕾平躺于地面，等到开花时花蕾才从地面抬起。1950年根据从亚美尼亚高加索地区发现的标本记录，5月开花。它也分布在阿塞拜疆。

夏郁金香（T. SPRENGERI）

高四十厘米。五至六枚叶片，长而细，有光泽的绿色。这种郁金香的显著特征是挺拔直立，花明显高出叶片，花蕾椭圆形，开花后为带尖长花瓣的星形。花瓣近基部处特别窄，花杯有间隙。花的颜色明亮，但并不鲜艳，橘红色至猩红色，花瓣外侧淡淡晕染了一层橄榄色和绿色，外轮花瓣的颜色要比内轮花瓣的薄。花瓣基部没有斑纹。花丝鲜红色，花药黄色。曾经在靠近土耳其阿马西亚的本廷山中发现，是各物种中最晚开花的，通常在5月至6月初开花。

这是一个非常独特的物种，不仅是因为它开花时其他所有郁金香都已经凋谢，而且从总体各方面来看都很独特，再有就是它的花丝长短交替排列的形态，长的花丝和子房一般高。

只要草皮不太粗糙，它是可以在英国草地中被驯化生长的少数郁金香之一。它也极容易从种子开始繁殖，有时神奇地在灌木丛下的阴暗位置也能蓬勃生长。

"住在梅济丰的亚美尼亚校长马尼萨德吉安一直为我提供夏郁金香，直到战前，"范·图伯根的霍赫写道，"除此以外他还提供了大量的其他可供选择的植物，例如需要专程去采集的盖茨鸢尾花。最后，因为他的生命一直处于危险之中，他不得不离开亚美尼亚。"

该物种最早由居住在阿马西亚的德国植物学家穆伦道夫于1892年首次发现。他将鳞茎寄给了一家名为斯普林格的苗圃，他的业务公司达姆曼设在那不勒斯附近，并于1894年将它引入郁金香栽培中。

准噶尔郁金香（T. SUAVEOLENS）

高十至三十厘米。三至五枚叶片，下面的叶片反折，上面的叶片间隔较大。狭长的花蕾开出独枝杯形花，通常为红边镶黄色。从颜色方面来看这是变化最多的物种之一：发现过深紫红色、黄色、粉红色、白色和彩色。花丝黄或黑色，花药黄色。发现于克里米亚的草原和半沙漠地区、哈萨克斯坦、南高加索、伊朗和土耳其东部。4月中旬开花。可能是最早的园艺郁金香的母株，有时被称为薛伦克郁金香（T. Schrenkii）。

近五叶郁金香（T. SUBQUINQUEFOLIA）

林生郁金香（T. SYLVESTRIS）

高度三十厘米。二至四枚叶片，间隔较大，细长的茎秆与花的交界处晕染了花的红色。这是叶片繁茂的物种，叶片长而窄，灰绿色且充满活力，尽管总体风格有些散乱。花蕾略略低垂，开出一至两朵优雅的金色带香气的花。外轮花瓣有厚厚的绿色网状纹，每瓣尖端带淡褐色。花瓣顶部略反折，花蕾也不例外。所有的花瓣都又长又窄，非常尖，内轮花瓣外侧有明显的绿色中脊。没有基部斑纹。花丝黄色，花药橙色。该物种的起源未知，但在北欧和西欧、西伯利亚、乌克兰、安纳托利亚西部、北非和中亚都有驯化生长。4月初开花。

"少校"的花朵比本物种其他品种大，通常有八瓣而不是六瓣花瓣。

"大不里士"更高，也比本物种其他品种更挺拔，叶片直立而不是下垂，柠檬黄色的大花散发着甜美的香气。1927年吉利亚特-史密斯在大不里士写道它时说："这个品种只在这里才有，还可能只在果园里才有。4月近月底时，街上就能买到。种植时我从没见过它在下午一点或二点之前开放，

PLATE XLVI

T. Sprengeri Baker
Reduced to three-quarters natural size

戴格斯的《郁金香物种注释》中的夏郁金香（T. sprengeri）

N.°839

Syd.Edwards del. Pub. by F.Curtis, St.Geo:Crefcent May 1.1805. F.Sanfom scuu

准噶尔郁金香（T. suaveolens）[T. schrenkii]

柯蒂斯的《植物学杂志》（1805）

"看到这块种满这种郁金香的花田时，我们欣喜若狂，
像是编织成了一张猩红色和金色的地毯，当被太阳照亮时，
会散发出如此令人难以想象的绚丽色彩。"杂志编辑写道

也总是在日落时闭合。我也没能在这一带的沙漠丘陵中找到它，虽然果园里发现的其他球茎植物都能在野外找到。"

林生郁金香从很早起就被称为熟地杂草，尤其是葡萄酒园里。洛贝留斯在他1576年于安特卫普出版的《植物物种历史》中对它进行了记录。他将其称为博洛尼亚的黄色郁金香，清楚地留意到了它与另一种相似的物种之间的区别，也就是现被称为林生郁金香广布亚种（T. sylvestris subsp. australis）的物种。而七年之后，塞萨尔皮诺也记录了他知道林生郁金香生长在巴尔加的上谢尔盖奥山谷。林奈也在1753年记录了这一物种，伦敦林奈学会的标本室中仍存着一株标本。第一次提到它生长在阿尔卑斯山以北的是让·鲍恩（1541—1612）。在他发表于1651年的《植物史》中，提到了在蒙贝利亚尔生长的这种郁金香。据阿尔萨斯科尔马区的葡萄园主索尔姆斯-劳巴赫说，它是一种坚不可摧的杂草，比如他在尼德莫施维的葡萄园就因为它的花而变成一片鲜艳的黄色。

两个物种之间的区别主要是在于它们的生长区间。在欧洲林生郁金香几乎完全是一种耕地植物，在意大利、法国南部和西班牙南部都有生长，一般是葡萄园中的杂草。它有强烈的蔓根习性，可以随着葡萄藤蔓的生长而蔓延。它在法国北部、德国、瑞士、比利时、荷兰、瑞典和英国也都能看到，这就表明它在这些地区已从园林中逃逸。林生郁金香广布亚种则偏爱法国南部西西里岛亚平宁山脉的高山荒地，以及西班牙和葡萄牙。它比林生郁金香的花更小、茎秆更细。威廉·牛顿在1927年进行的实验表明，林生郁金香是四倍体，而林生郁金香广布亚种则是二倍体，得出的推论就是后者才是真正的物种而前者是变种。

1762年出版的《英伦花语》中并没有出现这种花，但它在英格兰的记录出现在1790年诺福克的某个地方。在邱园的植物标本室中收集了从英格兰几处发现的植物，包括约瑟夫·胡克爵士和詹姆士·莱顿在诺里奇的发现，以及塞普蒂默斯·沃纳在贝德福德郡的发现。克拉里奇·德鲁斯记得在泰晤士河谷看到过已经驯化的该物种。"它出现在基督教堂的草地上——我看到一朵花，"他写道，"但毫无疑问，最初是由人种植。另外，在贝西

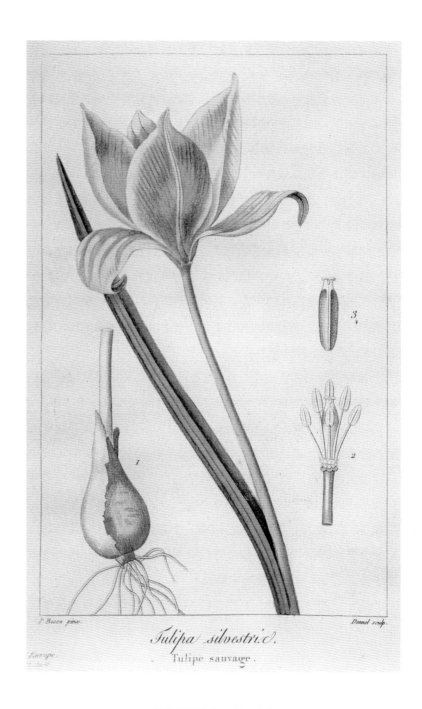

Tulipa silvestris.
Tulipe sauvage.

林生郁金香（T. sylvestris）
贝撒的《普通植物标本》（1819）

斯利，那里有伦特豪尔花园遗迹，去年（1927）也开了花。还有，在查尔伯里的一处小灌木丛中，曾是詹金森勋爵宜宫的遗迹，以及在萨斯登达克勒勋爵的花园中。"

丹尼尔·霍尔的一位朋友戴维森寄给他一枝从他的花园剪下的花，它在汉普郡希尔斯特切斯特的草地中长出，生长繁茂。它是被罗马人随他们的葡萄藤带来的吗？霍尔猜想它可能在某些地方已经持续存在了一段时间而未被注意到，因为它很少在草丛中开花，而叶片本身又太稀疏，且和草极相像。英国已经是它首选生长地的最边缘地带了。

菲利普·克里布和汤姆·科普在《高山花园协会简报》（1996年12月）中写道，林生郁金香在英国的群落得益于1995年异常炎热的夏天，在米德尔塞克斯郡哈雷菲尔德教区教堂后面的树林中一直热烈地开到4月底。"今年，"他们写道，"哈雷菲尔德的数量大约变为五十朵，其中令人称奇的是大约在一平方米之内有一整片三十朵花。那是一个可能几代都不再会重复的真正壮观景象。"

它还零散而美丽地出现在诺丁汉郡的霍尔姆·皮埃尔波因特庄园后面的一小片草地上。虽然那里有些花偶有八或九瓣花瓣，但颜色、高度或习性并未出现变异。

一位记者在1893年5月6日的《花园》中写道："林生郁金香应在林间和野生花园中广泛种植。那依附力极强的蔓根令它很快能蔓延成一片，另外，它生命力极强也有能力保证自己存活。这一物种独特的辛辣气味，那带深红色条纹的黄色花朵使之成为极理想的花。三年前种下的一打鳞茎现在已经在光照充足而营养丰富的土壤上长成五英尺左右的一片。我认为如果在坚硬的土质上可能不会这么容易。"确实如此。

像岩生郁金香一样，如果用嵌入地下二十至二十三厘米的石板将匍匐茎限制在地下牢笼中，是令这林生郁金香开花的最好办法。虽然它有这种蔓延的习惯，但是当阳光轻触上它那有香味的花蕾时，花朵绽放，有着迷人的魅力。

广布郁金香（亚种）（T. SYLVESTRIS subsp. AUSTRALIS）

高二十五厘米。三至五枚叶片，长而窄，中间处向下折叠。叶片从略高于地面之上处就开始生长，紧贴茎秆，上面略具白霜，下面有光泽。茎秆窄，细长，和花相接处带紫红色。有时，同一鳞茎能生出两枝茎秆。花为黄色，有香味，瓮形花蕾，开花呈星形。外轮花瓣较窄且比内轮略短一些，背面覆一层绿色和粉红，花蕾期是这种花最有吸引力的时候。内轮花瓣中间绿色的中脊延伸向上。花瓣的内侧为明亮、清晰的黄色，基部无斑点。花丝黄色，花药黄色。4月开花。

霍尔认为这一物种确实是地中海北部未耕种丘陵地带的野生植物，例如亚平宁山脉、塞文山脉和西班牙南部的塞拉山脉、摩洛哥和阿尔及利亚。他在洛贝留斯于1576年在安特卫普出版的《植物物种历史》中明确指出了其中一种黄色郁金香为广布郁金香（T. australis）（他将另一个命名为林生郁金香 [T. sylvestris]）。但是业界其他权威认为没有一种郁金香是真正在欧洲土地上生长的，尽管有些物种已经被驯化，特别是在生长条件适宜的地中海周围的地区。广布郁金香的花蕾通常会垂头，直到准备开放时才挺直，但这也不是恒定的特性。霍尔指出，同一颗鳞茎可以一年生出垂头的花蕾，第二年又生出直立的花蕾。该物种和林生郁金香几乎没有区别，尽管林生郁金香的各个部位一般都会大一些，也不容易产生种子。该物种的多样性使分类学界的"分裂派"感到高兴，而二十七个和广布郁金香相似的郁金香被赋予了独立的物种地位。克洛科夫和佐兹这两位仅在1930年代就命名了十种几乎没有明显特征区别的郁金香物种。幸运的是，"集群者"还是占了上风。

广布郁金香的名字还被用在了郁金香柔毛亚属的一个主要亚群，也是和广布郁金香一样黄色的花，或者是在黄色的底色上有紫色的花青素，从而产生褐色效果，就和红焰郁金香一样。这一亚群的分布包括了从中亚到葡萄牙，再到摩洛哥和阿尔及利亚。

报春状郁金香（T. sylvestris subsp. primulina）

柯蒂斯的《植物学杂志》（1884）

报春状郁金香（亚种）（T. SYLVESTRIS subsp. PRIMULINA）

　　高十五至二十厘米。四至五枚叶片紧贴茎秆，似草，较细，灰绿色，略带沟槽。两到三朵带香味的花，每朵似乎都长在一枝单独的花梗上。花瓣看起来较薄，呈纸质，外轮花瓣背面尖端一般有一抹绿色和淡紫色。内轮花瓣比外轮的要长，沿中脉有明显的绿线向下。内侧颜色为乳白色，洇至黄色的基部。花瓣的尖端有淡淡的紫色。霍尔指出："生命力强的幼花直到中午后大约一个小时才会开花，而花龄较长、快枯萎的花已经没有了闭合的力量，会一直开着。"花丝为偏绿的淡黄色，花药黄色。原生于摩洛哥和阿尔及利亚，尤其会生长在巴特纳以西的奥瑞斯山脉海拔二千米的雪松森林中。在花园中，这是一种相对容易种植的郁金香，在温暖的气候下可以迅速繁殖并自由开花，但是正如霍尔指出的那样，缺点是"它的脆弱，以及哪怕是在阳光下也不会在下午之前开放的特性"。

　　它是由维多利亚时代著名的植物学家亨利·埃尔维斯发现的，他住在格洛斯特郡的科尔斯伯恩，他大部分的幸福生活是在寻找消遣和植物的旅行中度过的。"我穿越了喜马拉雅山和安第斯山脉，"他写道，"探索过西伯利亚和台湾，在挪威狩猎垂钓，随着我的年纪增长，我发现园艺和植物比我尝试过的任何事情都有更多的陪伴、安慰和真正的乐趣。"

　　埃尔维斯在1882年7月1日的《园丁纪事》中写道："这种小小的美丽郁金香是我1882年5月在阿尔及利亚东部离巴特纳以西三个小时路程的奥瑞斯山中发现的。它生长在大约海拔八千英尺雪松森林的山脊和空阔草地上，虽然并不多，5月开的花。它有着非常香甜的气味。我以前通过埃尔坎塔拉的哈蒙德先生收集的绘图和标本就知道这一物种的存在，埃尔坎塔拉比我发现它的地方还要再向内陆走三十英里，而且超出了雪松森林的范围。那是我在奥瑞斯山发现的唯一好的鳞茎植物，那里既没有兰花也没有蕨类植物，而且几乎也很少有其他球茎植物。"

林生郁金香原亚种（T. SYLVESTRIS subsp. SYLVESTRIS）

高三十厘米。二至四枚叶片生长在细长的茎秆上，间隔较大，与花的交界处有时会晕染成红色。叶片较繁盛，长而窄，灰绿色且充满活力，不过总体习性有些散乱。从略微低垂的花蕾开出一至两朵金色的花，带香味。分布于意大利、西西里岛地区、利比亚西北部，但已在北欧和北美广泛引入并驯化。

荒漠郁金香（T. SYSTOLA）

高二十五厘米。三至五枚叶片，具蜡质，通常比茎长。下层叶片有时宽阔且呈波浪状，所有叶片都逐渐拉长出现尖顶。花的颜色为深番茄红色，松散平坦，花瓣较宽，外侧偶有灰色条纹。黑紫色尖针形基部斑纹，有时缀黄色边。花丝海军蓝色，顶端黄色。分布在土耳其东部、伊拉克北部和伊朗西部，尤其是大不里士附近的巴赫蒂亚里山区，生长在海拔三千米以下的田间和岩石地带。3月至4月开花。

在剑桥的林德利植物标本室，有一株这种郁金香的标本，采集自切斯尼将军的幼发拉底河的远征，但林德利错误地贴上了山地郁金香的标签。就像其他起源于伊朗或巴勒斯坦的郁金香一样，该物种也不易在原栖息地以外种植。它的生长期开始得较早且不算太耐寒。

塔拉斯郁金香（T. TALASSICA）

四叶郁金香（T. TETRAPHYLLA）

高三十五厘米。三至七枚叶片，细而挺立，间隔紧密，花蕾出土时，底端的叶片通常还仍在地下。开一至四朵淡黄色的花朵，花蕾下垂，外轮花瓣反折，中脉处有一抹紫色或柠檬绿。它们也呈掐腰状，但和百合花群郁金香不同，花瓣在顶端又会折回，令花呈瓮形。内轮花瓣狭窄且具尖。基部斑呈黄绿色。花丝黄绿色，花药黄色。于1875年被记录。分布在吉尔吉斯斯坦、哈萨克斯坦和中国新疆西北部。4月开花。

奇姆甘郁金香（T. TSCHIMGANICA）

高度二十厘米。三至四枚叶片，叶片宽阔，大而长，紧贴柔软的茎秆。圆锥形的花蕾开花呈星形。高大的外轮花瓣为黄色，背面常覆有一层红色，但花瓣留有一圈整齐的黄色边缘。外轮花瓣的内侧为黄色，带着很奇怪的V形红色斑点，向花瓣上端延伸得很长。内轮花瓣是黄色的，有一抹淡红色晕染。花丝黄色，花药黄色或偏黄的棕色。原生于乌兹别克斯坦，特别是在因而得名的塔什干东北部奇姆甘山谷。它生长在海拔二千米的岩石地，5月开花。这种郁金香和红背郁金香及睡莲郁金香的生长地点相同，极有可能是两个物种之间杂交。

牙色郁金香（T. TURKESTANICA）

高二十厘米。二至四枚叶片，叶片比花梗长，细且间距大，边缘和尖端镶有粉红色。虽然在官方的描述中叶片较细，但是剑桥植物园的标本明显为宽阔的叶片，《球茎植物》（菲利普斯和里克斯著，1989）中牙色郁金香图片也一样。开一至七朵花，花小，开放时呈尖尖的星形。花瓣象牙白，外轮花瓣背面有着重重的灰紫色斑点。内轮花瓣几乎是外轮的两倍，小脊处有绿色细线。基部斑点为橙色，覆盖约三分之一的花瓣。花丝橙色，花药紫色或巧克力色。和柔毛郁金香非常相似，但是更大、开花也较晚一些，而且这一物种闻着有种很恐怖的气味，柔毛郁金香却气味香甜。它分布在吉尔吉斯斯坦、塔吉克斯坦和乌兹别克斯坦，生长在石质斜坡上，在海拔一千八百米至二千五百米的溪边和山梁上。它开花很早，3月初就开始了，但取决于海拔高度，野生种可能会持续到5月。

鸦葱叶郁金香（T. ULOPHYLLA）

桃红郁金香（T. UNDULATIFOLIA）

高二十至三十厘米。三至四枚叶片间隔较宽，宽阔，反折，具白霜，强烈的波浪形。最低的两枚基生叶通常平铺在地面。杯形花，颜色为带光泽的大红色或深红色，外轮花瓣外侧在中间有浅奶油绿色的耀斑。开放时外轮花瓣随着花龄增长向内卷曲。透气基部斑点是黑色或紫黑色，通常镶黄边。花丝黑色，花药紫色。原生地为希腊、土耳其西部、巴尔干南部和外高加索地区，生长在耕地中。4月和5月开花。

单花郁金香（T. UNIFLORA）

乌鲁米耶郁金香（T. URUMIENSIS）

高十厘米。二至四枚叶片呈平铺的环状，光滑具白霜，叶片几乎是茎秆的两倍长度。开一至两朵花，有香味，低垂的花蕾开放后呈典型的黄色杯形，在阳光下变为平展的星状。外轮花瓣的背面晕染了一层绿紫色。内轮花瓣带紫色的中脉。外轮花瓣的内侧和内轮花瓣的外侧都有着紫色的顶端。花丝黄色，花药黄色。

这是郁金香中最矮的一种。1928年由范·图伯根的霍赫引入商业种植。它是由科罗能博格采集自阿塞拜疆乌尔米亚湖北岸的萨尔马斯。从此之后，虽然它在栽培中极常见，却再也未发现过野生品种。4月开花，在花园里比较容易维护。

乌兹别克郁金香（T. UZBEKISTANICA）

弗维氏郁金香（T. VVEDENSKYI）

高二十五厘米。四至五枚叶片，宽大具白霜，紧贴花梗。花形夸张呈杯形，花朵笨重，鲜红色，花瓣有尖端，略略扭曲。外轮花瓣卷曲反折，外侧泛着层紫色。内轮花瓣的背面带一抹黄色。基部带不明显的淡黄色斑

T. turkestanica Regel

戴格斯的《郁金香物种注释》中的牙色郁金香（T. turkestanica）

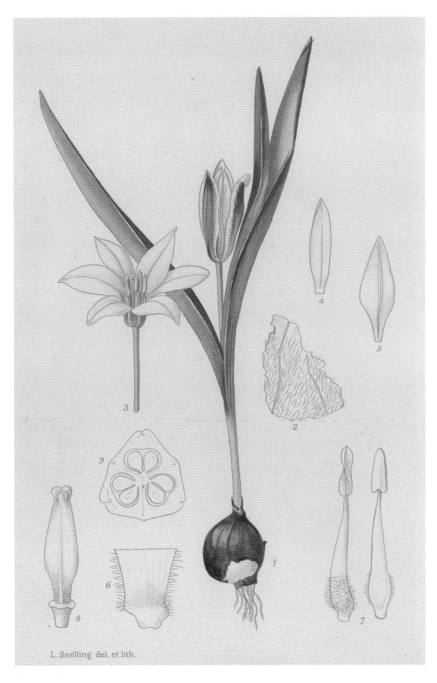

乌鲁米耶郁金香（T. urumiensis）

柯蒂斯的《植物学杂志》（1932）

纹，短短地延伸入花瓣的红色中。花丝黄色或棕色，花药黄色或黑紫色。原产地为乌兹别克斯坦，尤其是在塔什干东南部天山西部的安格伦河的山谷中，5月底至6月开花。栽培品种通常于4月下旬开花。这一物种以俄罗斯植物学家和分类学家弗维登斯基的名字命名。"橘美人"是这一物种中非常优秀的品种，花色偏橙色而不是红色。

新郁金香

这些"新郁金香",一度曾经被以为是物种,现在被认定是栽培品种的早期形态,在栽培的某个阶段逃逸到野外并驯化,特别是在意大利北部佛罗伦萨附近(那里自1550年起就已经建立了植物园),以及位于法国东南部的萨瓦省和上阿尔卑斯省地区。它们最早于十九世纪初就开始被命名。到1884年,埃米尔·里维埃在他的《欧洲郁金香》中就记录了十七种。理查德·威尔福德在他2006年出版的《郁金香》中指出,在法国的萨瓦地区(以及瑞士的瓦莱州),这些美丽的郁金香出现在栽种藏红花的地方。是否从八世纪开始,郁金香鳞茎与在这些地区种植的藏红花、番红花的球茎就被一起引入开始种植?最早采集这些郁金香的许多地方现在已经被混凝土和柏油覆盖。幸运的是,其中大多数在栽培过程中幸存了下来,凭借着它们杂交种的活力,成为极精美的园林植物,它们的花朵也通常大于那些"合适"的物种。比起现代园艺郁金香品种,它们的花瓣质地更细腻,颜色变化更微妙和复杂。

银芽郁金香(T. AXIMENSIS)

高三十厘米。花为鲜艳的深红色,开花时呈现碗形,直径达十二至十四厘米。花瓣基部为绿色缀黄色边。仅在萨瓦的艾姆市某一个地方出现过,但是自1894年首次被记录以来,就已经消失了。

东征郁金香(T. DIDIERI)

高四十至五十厘米。三至四枚叶片,直立,长矛状,具白霜,花梗上部的叶片比下部的叶片更窄更尖。花通常为深粉红色,不过也出现过白色和黄色的花。长而尖的花瓣略微反折。花瓣基部有带宽阔奶油色边的黑色斑纹。花丝底部呈黄色,中间大部分为黑色,在顶端又变为黄色。花药紫黑色。花蕾尖细,是一种非常优雅的郁金香。5月开花,曾在欧洲南部被发现。

霍尔同意这种所谓的物种很可能是栽种品种归化野外的说法，是新郁金香最常见和最典型的形式之一。它最早是于1846年被认定为物种，被记录为圣让-德-莫里安（St Jean-de-Maurienne）一带萨瓦省和意大利北部的原生品种。

上世纪初，邱园植物标本室的管理员约翰·吉尔伯特·贝克在1890年的一篇描述中记录了这一物种的变异性。他说："去年从上萨瓦省的意大利野生居群中获得这一物种。第一年就开花了，是纯黄色。今年的花朵带上一种偏红的色调。这与鳞茎的年龄有关系吗？也许第一季开花是黄色，适应了之后就变为更常见的红色。"

1899年的《园丁纪事》报道了科克郡阿德·凯恩的贝勒·哈特兰的苗圃中开了一种白色的东征郁金香品种"阿尔巴"。他说，它的花蕾看起来像是"尼菲托斯"玫瑰，但闻起来却像香豌豆花的味道。

在我的花园中，它在4月中旬开花时如神奇降临，和另一种新郁金香平斑郁金香（T. platystigma）花形相似，但表现力更好。花瓣不怎么圆，更尖细，是鲜艳的深粉红色，没有平斑郁金香那一层红色的覆盖色。雄蕊大，颜色较深，花瓣基部带黑色斑点，有一圈清晰、轮廓分明的乳白色边缘。叶片比平斑郁金香显得更灰，折叠在一起并略有皱褶。一种美丽的郁金香。

谷仓郁金香（T. GRENGIOLENSIS）

高二十五至四十厘米。三至四枚叶片，尖长具白霜，稍有波浪。花杯形，绽放时呈星形。花瓣淡黄色，边缘或带深红色条纹。也有红色或淡黄色花形，都没有深红色边。基部斑点黑橄榄绿色。花丝和花药深紫色。在瑞士发现，并以布里格东北部上瓦莱州的格朗日奥勒小镇命名，生长在海拔九百米处。1946年，业余植物学家爱德华·汤蒙（1880—1961）在国际劳工局工作之后，转行致力提契诺州和瓦莱州地区的野花研究。他在一片黑麦地中发现这一种郁金香，但是由于农业活动的改变，它在原生地已经灭绝了。1960年代，一位法国植物学家从格勒诺布尔大学收集了鳞茎并送到荷兰，由荷兰种植者大量种植。它曾出现在1975年的切尔西花展上。5

月开花。

爱城郁金香（T. MARJOLLETII）

高四十厘米。三至四枚叶片，灰色，挺拔且很宽，比例上和花园郁金香相似，但是整体规模都要小一些。花淡黄色或奶油色，镶精致粉红色细边。花瓣外侧有一层玫瑰紫红色，尤其是沿着中脉处。这晕染的颜色看起来像是由花瓣两侧向着底部呈羽化状。内轮花瓣中间有向上绿色耀斑。无基部斑点。花丝蓝灰色，花药淡黄色。发现于法国东南部，尤其是萨瓦的艾姆一带，5月上半月开花。于1894年推出。

莫里安郁金香（T. MAURITIANA）

高四十五厘米。三至四枚叶片，长而宽，具极淡的白霜而有波浪状。钟形花朵为深红色，三瓣外轮花瓣与内轮花瓣分得很开。外轮花瓣的外侧有一层灰色，与花朵内部那耀眼艳丽的红色形成鲜明对比。基部斑点有些是黄色，也有带黄色边的黑色。花丝紫色，花药黄色。在法国东南部，尤其是圣让-德-莫里安的萨瓦能找到。这个区域，连同佛罗伦萨和博洛尼亚，是新郁金香的主要中心之一。1858年被记录。5月下旬开花。"辛迪"是以种子培养的品种，开报春花般黄色的花。随着花龄增长，花瓣上的红色边缘慢慢覆盖整个花瓣表面。

罗马涅郁金香（T. PASSERINIANA）

高二十厘米。叶片较细，间隔很宽。深红色的花朵带夸张的黑色斑点，镶黄色细边。自1884年由埃米尔·里维埃记录之后为人所知，并曾经在意大利卢加尼亚诺附近的艾米利亚-罗马涅附近被发现，4月开花。

紫蕊郁金香（T. PLANIFOLIA）

高度四十厘米。深红色的花朵，每朵花的基部都有很大的黑色斑点。花丝紫罗兰色，花药紫罗兰色。最早是在法国的萨瓦地区圣让-德-莫里安

Tulipa stenopetala.

蜘蛛郁金香（T. acuminata）（以前被称为海星郁金香 [T. cornuta]）
贝撒的《普通植物标本》(1819)

356

（St Jean-de-Maurienne）附近发现。

平斑郁金香（T. PLATYSTIGMA）

高四十至五十五厘米。三至四枚披针形叶片，较高且略呈波浪状。花蕾包得很密实。花瓣顶端有扭转，开花时为紫玫瑰色的带香味花朵。基部斑点为蓝色，边缘橙色。花丝紫色，花药紫色。发现于法国东南部，特别是在上阿尔卑斯山的吉耶斯特尔一带，4月下旬至5月开花。1855年被记录。易感染病毒而产生花羽化和对比色耀斑。可能是法国和英国花匠郁金香的早期品种之一。

我种植这一品种时，它能长到三十厘米高，4月中旬开花。宽阔的叶片和极出众的花形——花瓣宽大、有尖端、略略反折。绚丽的颜色——深红粉色，三瓣内轮花瓣背面有非常清晰的中脊棱线。基部有模糊的深色光环，颜色泅入花瓣本身的颜色。精致深色的花蕊。绝对是真正的美人。

栽培中仍使用的物种名

蜘蛛郁金香（T. ACUMINATA）

高五十厘米。三枚叶片，高且宽大，稍有起伏波纹，具白霜。夸张、高大，很细的花蕾，开出乳白色的花，有时带红色的条纹和斑点。花瓣呈一种长长的索状，非常尖细，也因此得名。花瓣还会随着生长而扭曲。整体效果便如同蜘蛛而显得疯狂。花丝黄色或白色，花药红褐色。它只出现在人工栽培中。它的花瓣很奇怪，不超过半英寸宽，可能就是《郁金香集》（约1725）等奥斯曼帝国手稿中详细描绘过的优雅匕首花瓣郁金香的早期形态，并被人从伊斯坦布尔带到了欧洲。它在1813年获名，由教授马丁·瓦尔将其种在哥本哈根植物园中，并为其命名。

这是亨利·哈普尔·克鲁牧师新引进的几个物种之一，将它们种在赫特福德郡特林的德雷顿比全普教区的花园中。1876年5月20日，他在《花园》上描写蜘蛛郁金香道："如此古雅而奇特，我想凡是种植过它的人都不愿意失去它。"4月初就开始开花。也曾被称为海星郁金香，现在归入眼斑郁金香。

扁星（奇特拉尔）郁金香（T. AITCHISONII）

高十五厘米。三至五枚叶片，短而狭窄，稍具白霜。生长低矮的鲜红色花，在阳光下开放时呈扁平的星状。偶尔会有白色的花出现，花瓣背面有深红色晕染。极小的紫黑色基部斑点。花丝和花药颜色相同。4月开花。发现于阿富汗、克什米尔和巴基斯坦的奇特拉尔，于1938年被记录。现在被认为是淑女郁金香的二倍体形态。

番红花郁金香（T. AUCHERIANAI）

高十至十五厘米。三至四枚叶片，狭窄，线形，具白霜，有光泽，有槽，顶端微带粉红色。叶片完全压倒生长低矮的星形小花，花色从浅玫瑰色到深玫瑰色不等，外轮花瓣比内轮花瓣窄。它们在看似巨大的叶片基部

阿特拉斯郁金香（T. celsiana）

1804 年柯蒂斯的《植物学杂志》发布的一幅

在布朗普顿植物园绘制的郁金香插画，标为 T. breyniana

成束出现，形状和番红花相似。紫粉色到内侧基部会逐渐褪为更淡的粉红色。花丝黄色，花药橙色。1883 年被记录。4 月至 6 月开花。曾在伊朗西部的德黑兰、伊斯法罕一带，以及阿富汗被发现，但现在人工栽培品种比野生的更广为人知。这是人工改造最少的一种郁金香，但它在排水良好的土壤和阳光充足的花园中适应得不错，也不需要在夏天掘取和干燥。现在通常被当作是彩虹郁金香的一个变种，彩虹郁金香番红花变种（T. humilis var. aucheriana），有着更小也更多的星形花。

咸海郁金香（T. BIEBERSTEINIANA）

高二十厘米。二至四枚叶片，蓝绿色，呈带状，间隔较大。花为鲜艳的黄色，花瓣背面有一层暗淡的棕绿色。有香味。原生于克里米亚的巴尔喀什湖一带，高加索和咸海—里海地区。4 月初开花。现被认为是林生郁金香的一个变种。

阿特拉斯郁金香（T. CELSIANA）

高十五厘米。三至五枚叶片，长而窄，在中间弯折，有时镶红色边，但是颜色似乎取决于生长条件。叶片通常为匍匐状，沿着地面扭曲。同一花梗可能开出两至三朵花，花蕾下垂，花梗短。花有香味，开放后呈明黄色的扁星状。外轮花瓣比内轮的短，背面有一抹红色。花丝黄色，花药黄色。5 月开花，比林生郁金香晚两到三周。在西班牙南部、摩洛哥和阿特拉斯山，也就是林生郁金香栖息地的最南一片有生长。和林生郁金香非常相似，但是更小，开花更晚。它有明显的蔓根习性。根据柯蒂斯《植物学杂志》，弗朗西斯·梅森于 1787 年将其引入邱园（以 T. breyniana 之名），之后由德堪多在《可怕的百合科》（1803 年出版）一书中命名，并有可能是由荷兰花匠引入人工栽培中。它是以其中一位花匠的名字命名。霍尔认为这是非常适合岩石花园的郁金香，能自由繁殖，定期开花。它在阳光下热烈绽放，并略带香味。现在被认为是广布郁金香（T.sylvestris subsp.australis）的一种形态。

粟田郁金香（T. EICHLERI）

高三十厘米。四至五枚叶片，宽阔带尖端，具白霜，地面的基生叶最大，上面的叶片短些也窄些。巨大的、艳丽的花朵开放时呈宽口钟形，所有的花瓣都微微下弯，令花有了一个明显的腰形。花瓣尖端有一簇簇白色短毛。花的颜色为鲜艳的绯红，花瓣内表面有一层明亮的光泽。花瓣的外侧呈淡黄色，尤其是三瓣外轮花瓣，所以鲜艳的颜色在花蕾期并不显现。外轮花瓣上有一个很大的圆形基部斑点，黑色镶黄边，在背面不显。内轮花瓣的背面也有斑点，为楔形。花丝紫黑色，花药紫黑色。这是一种中亚地区的郁金香，分布在外高加索东南部和伊朗西北部，生长在干燥的山坡和玉米田里，4月和5月有开花。霍尔认为这是园林郁金香的最佳品种之一。它很容易生长在室外阳光充足的地方，夏季保持干燥，能靠产生小鳞茎迅速繁殖。它是以在巴库一带最早发现了这种郁金香的埃希勒先生的名字命名。

虽然这种郁金香在十九世纪七十年代末和八十年代在邱园就有种植，但它在世纪之交前都没有被引入广泛贸易中，直到鳞茎公司范·图伯根雇用了探险家科罗能伯格寻找来具有市场潜力的花卉。科罗能伯格在小业细亚工作了大半辈子，为博物馆收集昆虫，在1899年至1909年间为范·图伯根沿俄罗斯和土耳其之间边界旅行。他还从伊朗北部、博卡拉和帕米尔，远至与西藏交界处寄回物品。

1876年初，《花园》中对它的描述是："一个非常艳丽的物种。原产于格鲁吉亚……由埃尔维斯先生引进，并在今年春天首次开花。"亨利·埃尔维斯是住在格洛斯特郡科尔斯伯恩的一位出名的园丁。他在下一期杂志中谦虚地澄清了事实。在1876年1月22日的《花园》上他说："这还不完全是事实，虽然我确实可能是第一个在英国令它开花的人，但引进它我可毫无贡献。我的鳞茎来自圣彼得堡的雷格尔博士，还有来自我在卡尔斯鲁厄的朋友莱希特林先生。我甚至认为这种郁金香是由爱尔福特的海格先生和施密特先生引进的，当时以为是短斑郁金香，但我不是十分确定。"现在被认

粟田郁金香（T. eichleri）

柯蒂斯的《植物学杂志》（1875）

为是桃红郁金香的一种形态。

加拉太郁金香（T. GALATICA）

高二十厘米。三至四枚叶片，宽阔，挺立，具浓厚白霜，皱褶的叶片边缘明显有毛。两片茎生叶比基生叶明显要窄。反折的花瓣宽大而钝尖，内侧为淡黄色，外侧晕染一层绿褐色。基部斑点为黄灰色或橄榄绿色。花丝黄色，花药黄色。应原产自土耳其。5月开花。比其他黄色的郁金香都要小，现在被认为是亚美尼亚郁金香的一个黄色品种，采集自阿马西亚一带。

基西拉郁金香（T. GOULIMYI）

高二十五厘米。三至五枚叶片，间隔紧凑，有些宽，有些狭窄，反折且具白霜，边缘通常为波浪状。开一至两朵橙色或砖红色的花，没有基部斑点。花丝橙黄色，花药橙色。在希腊南部的基西拉岛上发现，但是现在已不再当列为物种，并入红焰郁金香中。

铜色郁金香（T. HAGERI）

高二十厘米。二至七枚叶片，通常细而长，也长过花梗，呈带状，微微有波浪，暗紫红色的边缘有时会起到提升叶片绿色的作用。它们紧贴地面，像是串星星。开一至四朵球形的，暗铜红色。花瓣背面有显著的一层绿色或浅黄色。随着花龄的增长，花的颜色越来越红。基部斑点为深橄榄绿色，有时几乎为黑色，有时是边缘镶黄色细边。花丝棕色或橄榄色，花药棕色或橄榄色。发现于东地中海的希腊帕纳塞斯一带、加利波利、士麦那。近4月底开花。有一个品种"绚丽"，花是古铜色的，染些许红色。这一品种花瓣外侧是深红色的。它是以汉诺威的弗里德里·哈格命名，他与植物学家西奥多·冯·赫德利希（1822—1902）在帕纳塞斯山的德塞莱亚遗址附近发现了这种花。这是一种非常好的花园郁金香，极容易在温暖、排水良好的环境中生长。现在被认为是红焰郁金香的变种，但仍有用它的旧名销售。丹尼尔·霍尔爵士总是坚持认为铜色郁金香是更古老的品种，而红焰郁金香起源于它。

莲座郁金香（T. KURDICA）

高十五厘米。二至七枚叶片，长而细，通常比花梗长，镶深酒红色边。球状的花为浓郁鲜艳的棕红色，花瓣外轮常覆有浅浅的一层绿色或紫色。花瓣基部上有一个绿黑色的斑点。花丝棕色或橄榄色，花药棕色或橄榄色。发现于伊拉克东北部，生长在海拔二千四百米至三千米的石质山坡上。5月和6月开花。现在普遍认同它是彩虹郁金香变异范围内的形态。

礼萨郁金香（T. MICHELIANA）

高三十五厘米。三至五枚叶片，细长的叶片在花梗上间隔较大，灰绿色带酒红色条纹。花为绯红或深红色，花瓣有些微波浪，非常有光泽。基部斑点为紫黑色，通常镶淡黄色薄边，几乎覆盖了花瓣的一半长度。斑点透过内轮花瓣背面也明显地显示出来。偶尔内侧花瓣上的斑点是流苏形的。花丝黑色，花药紫色或黄色。生长在伊朗东北部，帕米尔-阿莱和中亚，它在4月开花。这种郁金香是由西里西亚的植物学家、昆虫学家和范·图伯根的采集者辛特尼斯（1847—1907）引入商业领域的。他在一次前往里海以东地区的探险旅程中带回了这种郁金香和美丽的波斯大花葱。海军上将保罗·福斯提到："很神奇的是，我们采集时它们几乎都是黑色的斑点，没有任何黄色边。可是在家里开花的时候，它们往往就有黄色的缘。"他很幸运能让它们开花。这种郁金香并不容易种植。现在归类在粟田郁金香名下。

蜜香郁金香（T. NEUSTRUEVAE）

高二十至三十厘米。两枚叶片，排列稀疏，线形，鲜艳的绿色镶红色的边。开一至三朵金黄色花，呈星形。它们有蜂蜜般的香味。花瓣背面沿中脉有棕紫色的标记。花药为黄色。和费尔干纳郁金香一样，它生长在中

T. Hageri Heldr.

戴格斯的《郁金香物种注释》中的铜色郁金香（T. hageri）

亚天山的费尔干纳山脉，但比其他物种海拔高度要低。3月中旬开花。现在被认为是毛蕊郁金香的低海拔形态，叶片更绿，黄色也更鲜艳。

白花郁金香（T. POLYCHROMA）

高十厘米。一至二枚叶片，与花梗等长或长于花梗，明显直立并有深深的沟槽。花蕾刚出土的时候是有颜色的，之后开花呈平展的杯形，开一至两朵花，颜色为死白，而非象牙色。花瓣的外侧为绿色，带红色或灰色的薰衣草的脉络纹。内轮花瓣外侧中间有一条向上延伸的细线。基部的斑点为黄色，并向上延伸至每瓣花瓣约三分之一处。花丝黄色，花药黄色。原产于伊朗和阿富汗，它生长在海拔三千米左右的高原或石质山坡上。现在被认为是柔毛郁金香的变种。开花很早，为2月开花。通常与牙色郁金香同时开花。

我买这种郁金香时标记为白花郁金香，在花园中2月中旬开花。高十厘米，叶片淡灰绿色，稀疏，典型地在花梗两侧对生。杯状的白色花朵，外轮三片花瓣的背面有覆有一层绿色、灰色，还有一种几乎是蓝色的颜色。花瓣簇起成一个尖顶。它小巧甜美，一枝花梗上有四至六朵花。开花时几乎与地面齐平。

蛮蛮郁金香（T. PRAECOX）

高五十五厘米。三至五枚叶片，宽大具白霜，逐渐收窄成具尖的顶端。花生长在粗壮的花梗上，和其他的园艺郁金香一样，橙红色的大花，尖尖的外轮花瓣比圆圆的内轮花瓣更长更宽，并带有绿色的条纹。随着花龄的增长，花瓣会向后卷曲。内轮花瓣的中脉上有黄色的耀斑。花瓣通常宽度大于长度。基部的小斑点呈圆锥形，深绿褐色镶黄色边。花丝黑色或深绿色，花药黑色或深绿色。它生长的心脏地带可能是中东，不过它在南欧，特别是普罗旺斯、朗格多克和罗讷河谷以及土耳其西部等地，都已经驯化，生长在岩石山坡和耕地中。在土耳其，这种郁金香很常见，还有个通俗的名字叫"卡巴拉蕾"。它在3月底至4月初开花。

玲珑郁金香（T. pulchella）

柯蒂斯的《植物学杂志》（1877）

这一品种耐寒，生命力强，并且有匍匐茎，可以自由生长繁殖，但霍尔这位郁金香的最高权威，不认为它是一种很好的园艺品种："除非在一个好的季节和温暖的土壤中，不然花的颜色太过暗淡；花形有些不够优雅，茎似乎太粗糙，而且和花相比也太粗了。"现在它被认为是眼斑郁金香的变种。

玲珑郁金香（T. PULCHELLA）

高十五至二十厘米。二至三枚叶片，细窄且带沟槽，略具白霜，紧贴花梗。开一到三朵花，从狭窄的漏斗状基部开放成高脚杯状。花的颜色为浓郁的玫瑰紫，外轮花瓣的背面覆盖一层绿色或灰色，内轮花瓣中脊有深色脉胳纹。外轮花瓣比内轮的要薄得多。基部斑点为深蓝色镶白色边。花丝基部为白色或黄色，顶端为藏青色，花药深紫色。最早发现于土耳其南部的托罗斯山，在3月下旬至4月初开花。现在被当作为彩虹郁金香的一种变种。

薛伦克郁金香（T. SCHRENKII）

高十至三十厘米。三至五枚叶片，下方叶片有反折，上方叶片间隔较宽。单生花，狭窄的花蕾开放后呈杯状。这就是郁金香中颜色变化最大的一种：深酒红色、黄色、粉色、白色以及多色都曾有出现。花丝黄色或黑色，花药黄色。在克里米亚、下顿河、高加索和库尔德斯坦的草原及半沙漠地带都有发现，在当地于4月中旬开花。现在归入准噶尔郁金香物种中。

粟特郁金香（T. SOGDIANA）

高十至二十五厘米。二至三枚叶片，平展，稍扭曲，光滑呈线形。开一至两朵花，颜色为白色带些许极淡的玫瑰紫，花瓣宽度只有长度的一半。基部黄色。花丝和花药为黄色。生长在沙质和石质的沙漠地带，特别是在中亚的布哈拉和克尔曼之间，3月和4月开花。现在被认为是柔毛郁金香的一种形式。

T. DASYSTEMON REGEL

戴格斯的《郁金香物种注释》中的花环郁金香（T. tarda），标记为 T. dasystemon

卢旺迪斯郁金香（T. STAPFII）

高二十五厘米。四枚叶片，宽大具白霜，大的一对基生叶平躺于地面。茎生叶更窄也更尖。花非常挺拔，呈闭合的内曲杯形，颜色为深绯红。基部斑点为深紫色，有时有黄色镶边。花丝深紫色，花药深紫色。发现于伊朗西部和伊拉克北部，4月开花。

这一物种的记录是根据洛克里夫人从伊拉克北部的赖万杜兹所采集的一株标本完成。它以奥地利裔英国植物学家奥托斯塔普夫（1857—1933）的名字命名，他毕生的研究都奉献给了郁金香属。现在被包括在荒漠郁金香中。

卓越郁金香（T. SUBPRAESTANS）

高四十厘米。茎上稀疏分布三至四枚叶片，会反折并有波纹。开二至三朵花，从上部叶片中生出，花瓣狭窄且尖，呈有光泽的橙红色。具反折的花在阳光下绽放，在基部出现淡淡的一丝黄色。花丝红色，基部褪为黄色，花药黄色。原生于中亚，特别是帕米尔-阿莱和萨拉里亚克，在当地它一般4月开花。它和多花郁金香为近亲，现在也包括在同一物种中。

花环（花丛）郁金香（T. TARDA）

高十厘米。三至七枚叶片密实地生长在细茎上，像是缠绕的花环，叶片长，鲜绿色，边缘呈暗紫红色，通常会向内卷曲。开四至五朵有香味的花，呈宽阔的星形。内轮花瓣比外轮的更宽大，开花时为黄色，花瓣内侧尖端有白色。外轮花瓣背面有一层灰绿色。内轮花瓣外侧尖端有白色，中间带深色的中脊，有三条线，中间一条线为绿色，两侧为紫色。没有基部斑点。花丝黄色，花药黄色。原生于中亚，特别是天山和中亚地区东部，它曾被发现在跨伊犁北麓的阿拉图的石质和岩石斜坡上生长。花期为4月下旬和5月，花期往往持续一个月。

这一物种也明显有匍匐茎，如果种植地点合适可以迅速繁殖。它需要阳光，由于它很短，所以最好是种植在岩穴或低矮盆器中。市场上以这个名称出现的有很多。

凝露（凝华）郁金香（T. TUBERGENIANA）

高五十厘米。三至四枚叶片，宽阔挺拔，在生长初期紧贴花梗并折叠，在背面形成V形中脉。叶片与艳丽、花形优美的花比例相当，这种花有一种奇特的絮状质感，仿佛水分凝结在叶片表面。花梗先端连接大花处有一点红粉色。宽大的花瓣反折得很厉害，并露出内表面绚丽的橙红色，背面稍显暗淡。所有的花瓣都有明显的楔形斑点。明显的黑色基部斑点在外轮花瓣上呈圆形，内轮花瓣上则为三角形。它镶有细窄的黄橙色边。斑点和镶边的变化都很大。花丝黑色，在花药下有有橙色的尖点，花药有时为黄色，有时为深紫色。它原生于中亚，特别是帕米尔-阿莱地区，四月开花。

霍尔说，它并不算好品种，不过当它真的开花时，"它光芒四射，有着中亚郁金香那种闪闪发亮光滑的特质"。从有记录和被命名来看，这算是一种年轻的物种。它是1901年从布哈拉引进的。鳞茎公司范·图伯根的霍赫为纪念C. G. 范·图伯根而命名，是他以公司名义进行了这些昂贵而艰难的中亚考察。它和斑叶郁金香及威武郁金香都极相似，可算得上是它们的变种。戴格斯认为凝露郁金香的颜色更深，有更丰富的叶片，开花比威武郁金香稍晚些，但在修订的清单中，它被包括在威武郁金香中。

别洛沃郁金香（T. URUMOFFII）

高十五至二十五厘米。三至五枚叶片，具白霜，光滑，顶端周围有细毛。花通常为单生，极偶然会有两至三朵花，颜色为黄色至红褐色。每片花瓣的中心都有一道强壮的中脊，外侧有着灰色的光泽。基部斑点可能是黑色镶黄色边，但变化很多，有时呈星状，有时则完全消失。花丝黄色，花药淡黄色或淡绿色。在保加利亚南部的别洛沃附近发现，在当地4月开

Plate XXXVI

T. Tubergeniana Hoog

戴格斯的《郁金香物种注释》中的凝露郁金香（T. tubergeniana）

花。在最新的分类中，它被归入保加利亚郁金香。

粉背（阿拉图）郁金香（T. ZENAIDAE）

高十五厘米。三枚叶片最初排列紧凑，但快开花时叶片分隔得更开，浅绿色，带更鲜艳的绿色脉络，具白霜，尖端常带红色。花朵有时会生出带褶皱的花瓣，就像是鹦鹉郁金香的花瓣。它们有优雅的掐腰，花的上三分之一向外翻折。花瓣为黄色，背面覆以粉红色，并有一小块方形的黑色基部斑点。花丝和花药为黄色。有的会开橙色和红色的花，有的无黑色基部斑点。生长在天山的石质山坡上。4月下旬开花。现在被认为是长皮郁金香的一种变种。

第九章

郁金香的培植品种

　　郁金香可以通过两种方式进行自我繁殖。母球可以萌发小鳞茎，与母鳞茎共同生长，小球需要经过数年才能长成开花大小。郁金香的花也能结出种子，种子需要五到七年才会长成能开花的鳞茎球。分离生长的小鳞茎始终保持与母株相同的特征。而从种子培育的郁金香就不一定了。因此，育种者可以通过杂交具有特定特征的郁金香品种，再通过撒种就可以很容易地培育出新的郁金香品种。但是，早期的郁金香爱好者们很快发现，并不是所有郁金香物种都具有相同的可塑性。好几位对此感兴趣的郁金香种植者尝试着追溯不同园艺郁金香所传承自的野生郁金香物种，但是由于物种本身就极变化多端，因此很难建立起清晰的关联性和繁殖线。例如，多变的准噶尔郁金香（红色的尖形花瓣镶黄边）是否与古老的单瓣早花群品种"范·图公爵"有亲属关系？似乎有可能。但是准噶尔郁金香是否带有其他单瓣早花群（比如"皇冠郁金香"）的基因呢？这就不得而知了。

　　从一开始，园丁们就惊叹于郁金香非凡的变色能力，从单纯一色变出带耀斑和羽毛纹的鲜艳混杂色，白色中生出玫瑰色，芥末黄上生出深褐色，红色上带紫色，每一种色调，每一片花瓣的复杂程序堪比指纹。但是在早期的园艺实践中，植物的命名是没有科学依据的。在这件事上要感谢瑞典博物学家卡尔·林奈，他是第一个制定出为植物不同科系和种类命名的逻辑清楚的方案的人。在林奈之前发布的植物名单，例如卡斯珀·鲍欣

(1560—1624) 在 1623 年发布的清单里，郁金香只简单地分为早花、中花和晚花。最早开花的通常在 3 月，最晚的开花高峰在 5 月底。夏郁金香很少在 6 月之前开花。在十七世纪，培植郁金香通常以培育者的名字命名。例如 "Tulipa Iacobi Bommii"，雅各布·伯姆是来自哈勒姆的种植者，范·凯克尔也是哈勒姆的，用他的名字命名了"神奇范·凯克尔"。"波特巴克尔海军上将"也根本不是海军上将，他是亨利克·波特巴克尔，来自荷兰高德的郁金香种植者。其他的名字还包括用来形容花朵的美丽的："美丽的海伦娜"，"恩楚森的新娘"，"花衣"，"无以伦比"。

某些颜色组合，玫瑰色和白色，芥末色和黄色，一直都是很值钱的，玫瑰种、奇异种、比布鲁门这些品种后来被那些耐心而直觉敏锐的会员们保留了下来，不致绝种，比如韦克菲尔德和英格兰北部郁金香协会的成员们。（这是曾经遍布英格兰和苏格兰工业区的郁金香协会中唯一剩下的一个。）花梗的长度和强度，花的大小和形状，雄蕊的颜色，对某一种郁金香品质的最终评估都起到了作用。

羽毛纹（花瓣边缘斜斜的短条纹）和耀斑（斑点从花瓣中心一直延伸到边缘）是现在郁金香爱好者最常用的两个术语，用来形容双色郁金香的花瓣，但在过去，词汇量要大得多。玉髓郁金香是指带斑点的郁金香。其他则被称为锯齿纹、条纹状或大理石纹。有时候还会被描述为带翼、火燎边、擦伤色和碎色。

十七世纪到十八世纪初参与了"郁金香狂热"的富有的园丁们所能获得的有关郁金香的最佳信息来自那一时期出版的关于郁金香的书籍和绘画。但是没有人掌控郁金香的命名，或是确认那些所谓的新品种不只是旧品种换了一个名字的伪装而已。绘画作品也展示了十七世纪中郁金香品位是如何发生变化的。从轮廓清晰、花瓣尖细、花朵腰部线条明显、更具东方风情的花朵，慢慢变成花形更大、花身更圆而色彩范围更广的郁金香品种。色斑的精细程度也越来越重要。当郁金香在十八世纪后期至十九世纪渐渐开始势衰时，是那种带着精美色斑的、被称为英国花匠郁金香的，将这些最早的古老品种的基因带入了二十一世纪。

　　到十九世纪末，当荷兰种植者逐渐主导市场的时候，园艺郁金香的命名陷入一片混乱。同一种郁金香被不同的种植者命名了超过六个以上的名字。1913年，皇家园艺学会成立了郁金香命名委员会，并在学会的威斯利花园对郁金香品种的培植实验进行指导。学会从混乱中逐渐建立了秩序，并于1917年公布了郁金香品种初步清单。亚瑟·西蒙兹凭着委员会秘书长耐心细致的工作，在与哈勒姆布隆博根文化学院（荷兰鳞茎种植者协会）的合作下，更完整的清单（尽管仍然标题为"暂定"）于1929年公布。从那时起，新的清单定期发布，从1958年开始，荷兰的组织全权负责郁金香的注册和命名。已有七千多种郁金香登记在册，其中一半可能是一般培植品种。一些历史悠久的品种在商业市场上已经找不到了，但仍被位于利门的霍特斯郁金香园等机构收藏。新品种一直不断出现，颜色、大小、花形和耐力一直是育种者努力想提高的品质。对园艺品种来说，花梗的长度和强度也很重要，同样重要的是抗病能力。但是，很多漂亮的"裂变"的郁金香再也看不到了。既然发现了裂变色是由病毒引起的，荷兰种植者就不再种植某一些郁金香，例如精美绝伦的伦勃朗郁金香。他们不希望裂变病毒传播开来，感染了纯色品种。对园丁来说，这是巨大而重要的损失。

　　经过多次重新排序和重新编组，一些比如"英国育种者和孟德尔郁金香"之类的分类不再被使用，杂交品种和培植品种被分列在十五个不同的类别中。这个清单按照逻辑顺序以最早开花的类型开始，例如单瓣早花（第一类），按开花早晚一直持续到第十一类（重瓣晚花），并以四类直接从睡莲郁金香之类的物种而来的郁金香结束。不同类别之间的杂交令类别之间的区别越来越难保持，而现在已经有了一种朝着更简单的分类推进的趋势，就像卡斯珀·鲍欣在1623年所建议的那样，仅仅分为"早花"，"中花"和"晚花"郁金香。

　　第一类　单瓣早花群：相对较小的一类郁金香，3月末至4月初开花，花梗短而结实，很少能长到四十厘米，一般只有二十厘米左右。说起十七世纪的花园就会经常被提到的重要的古老品种"范·图公爵"郁金香就属于这种类型，在1939年的分类中，它有自己专属的一类，就在表格的开头。

第二类　重瓣早花群：通常在4月上旬或中旬开花。它们一般比单瓣早花群高一些（三十至四十厘米）。花形一般宽度超过高度，花瓣密密实实地包裹在一起。曾经有一度大部分重瓣早花群郁金香都起源于十九世纪中期的"穆里略"郁金香及其变种。这样这一类花的高度和开花时间就很统一。丹尼尔·霍尔爵士说："重瓣的花一直是一种难得的恩赐，但是让郁金香重瓣则是摧毁了它应具有的最优秀最独特的品质。重瓣郁金香可能会开得更持久些，但是噩梦如果连做两晚比一晚也没有什么好处吧。如果恒久不变是你想要的品质，那就用陶器或搪瓷制花好了……在某些和建筑风格匹配的园林设计之中有一排重瓣郁金香可能还是有些用的——坚实的小小花朵，是那些洛可可风爱好者喜爱的那么一点点怪诞风格。"重瓣早花是室内花盆栽种催花用的最佳选择。在户外，在恶劣的天气下，它们明显比单花型要更不耐受。

第三类　凯旋群：这个名字是由一名荷兰种植者，来自里恩斯堡的赞伯根，于1923年发明的，用以区分他五年前从哈勒姆的佐赫公司购买的一批郁金香种苗。其他荷兰种植者随后也通过早花群郁金香和荷兰种苗、村舍以及达尔文群培育出了类似的种苗。高度一般在四十五至五十厘米，开花时间为4月下旬。由于培植者不断追求新品种，这一类已经发展得极为庞大，开出的花体现出许多不同父株和母株的特征。

第四类　达尔文杂交群：1943年由利瑟的勒费伯推出，是将达尔文群郁金香与明艳的皇帝郁金香杂交培育出的一个新族群的郁金香，覆盖了整个黄橙红色光谱。这一单瓣花品种是园艺郁金香中最高的（通常为六十至七十厘米），5月开花。很多年里，这一类型是荷兰很重要的一种商业花卉。"阿珀"郁金香以及它的几种变种是这一群中最重要的几个品种。

第五类　单瓣晚花群：这一大类包括了达尔文和村舍这两种之前是单独分类的品种。但是这两个种类被荷兰育种者交叉培植到已经无法保留它们之间的差异。最早关于达尔文郁金香的描述规定，它们从来不会出现"黄色或棕色"，但是在1929年，培植者就已经不理会这一规定。从一开始，村舍郁金香这一分类就成为一种"统称"，所有达不到英国花匠高标准但又值得保留的老牌郁金香都归在此类。这通常就意味着它们拥有长长的杯形花朵，花瓣尖细配上掐腰花形。这一特征后来被人们用来培植了大受欢迎的，被称为百合花群的郁金香。有些是带香味的，最常见的是黄色或橙色底色的品种。最早的村舍群是比达尔文群更古老（也更短）的郁金香，由一家荷兰公司克雷拉奇推出的。这些达尔文种是从一脉古老的郁金香品种中选出的，代表了佛兰德斯花商称之为巴格特的品种，全部是高大、生长力极强的品种。郁金香首次出现是在1886年，在哈勒姆的克莱因·胡特维格城的克雷拉奇父子苗圃。"在标本帐中种植了两块郁金香畦田——包含前一年克雷拉奇夫人向里尔的儒勒·伦格拉特购买的佛兰德斯的晚花品种（只有紫罗兰种和玫瑰种），也是那里最后一批优质收藏。这里种两块畦田——每一块上有八百四十株。"这份报告确认了达尔文种最初是法国/佛兰芒血统，是里尔一带的种植者们优选了几代之后的郁金香的后代。

第二年这些郁金香又再次展出，并被称为"佛兰芒培育者们无与伦比的收藏，紫罗兰种和玫瑰种，带着最醒目鲜艳的色彩，不仅仅是作为种苗，作为花田郁金香也非常具有吸引力"。他们作为种苗的功用比作为花田郁金香的评价更高（也就是说，单色郁金香可能会"裂变"成为一种极受英国花匠欢迎的漂亮的郁金香）。在1880年代，大面积分块种植单色的郁金香的热潮还未形成，而鲜切花郁金香贸易也还没有开始。1880年代考文特花园出售的鲜切花价格表上从未出现过郁金香。

几年后，克雷拉奇先生开始销售他们的种苗，称之为"达尔文郁金香"，以将它们与类似的村舍郁金香区分开来。在那个时候它们是一个独特的类别，特点是花梗的长度、大小和活力。真正达尔文种的花瓣倾向于顶部偏圆形（与村舍郁金香不同），花瓣宽大厚实。花朵开放时呈方形矮杯状。

这一类别最受那些热爱荷兰花卉绘画中的郁金香的人的喜爱，因为村舍郁金香的血统中仍流淌着古老的郁金香的血液。这种血缘一直延伸到最

TULIPA.

Variegated Tulips.

W. Mallinson sculp.

Publish'd by Henry Fisher, Caxton, Liverpool, Aug. 1819.

利物浦的亨利·费舍尔·卡克斯顿于 1819 年出版的
铜版画中的一组羽毛纹和耀斑郁金香

379

初在东方花园中培植的园艺郁金香。在所有类型中，它们是最容易在花园中"突变"，出现对比色的斑点、条纹和耀斑的。单瓣晚花群的郁金香保留了原始达尔文种的活力，5月开花，能长到六十至七十五厘米。

第六类 百合花群：这一类中最好的品种是由伦格特·科尼利斯·塞格斯培植（1899年出生），他从1919年开始培育这一类型，用了一株名为"巴蒂冈"的古老的达尔文杂交群郁金香作为其中一个母株。到1939年，皇家园艺学会的郁金香命名委员会已经在考虑当时还被包含在村舍群的郁金香是否应该获得自己的一个分类。到了1958年，单独分类终于成功了，这一类型现在非常流行，它们能长到四十五至六十厘米，5月开花，花形修长带掐腰，花瓣尖长，反折，散得很开。它们在风格上与十八世纪的奥斯曼郁金香非常类似。

第七类 流苏花群：相对来说这是比较现代的一类，于1981年才首次被提及。早期的流苏花群品种比如"茅膏草郁金香"（达尔文群"猎户座"的变种）是被与鹦鹉群郁金香放在同一类型的。这一类型的花朵有着带卷曲精致流苏边的花瓣，这些流苏边有时与花瓣的颜色相同，如黄色的"五月"（波兰语），有时又是对比色，比如"勃艮第蕾丝"中白色流苏边配深紫红色花瓣。这是增长极快的一类，花能长到三十至五十厘米，5月开花。

第八类 绿花群：并非顾名思义地说这一类开的花完全是绿色的，而是指这一类郁金香的花瓣上都有着绿色的斑纹或条纹。与村舍郁金香一样，这也是一个古老的居群，早在1613年，就有插画家注意到了这种花的花瓣有出现绿色斑纹的趋势。这一类型的花通常高三十五至六十厘米，5月开始开花。该类群于1981年推出。

第九类 伦勃朗群：这是一个深受园丁喜爱，但逐渐被鳞茎种植者们放弃了的类型。因为种植者们发现引起伦勃朗群产生那种艳丽的条状和羽毛状斑纹的病毒会感染到其他他们希望保持纯色的郁金香。这些"突变"的郁金香是本世纪初从达尔文群郁金香培育出来，以荷兰画家的名字命名，和那些经过数百年的培植、在十九世纪中叶达到完美顶峰的英国花匠郁金香非常类似。英国花匠郁金香的狂热捍卫者丹尼尔·霍尔爵士对伦勃朗群不屑一顾。他写道:"对于任何一个有花匠品位的人来说,这都是不能接受的,它们不像英国突变郁金香那些光彩夺目,纹路清晰。它们的斑纹是不规则的,粗糙的,带有星星点点的来路不明的种苗的颜色,而且白色的底色也通常脏兮兮的。"他单单挑出了由单瓣晚花郁金香"克拉拉·巴特"突变而来的一种,却对剩下的那些都嗤之以鼻。他身处的年代,他身周围环绕着的优雅品种,让他可以极致地优化他那些英国花匠品种开出的花。今天的园丁倒也是想有机会如此挑剔。可只有极少的古老的突变郁金香品种,每一种都能让人赞叹不已。郁金香种植者现在时不时将粗劣的杂交品种当作"伦勃朗"出售,但是与原来的那些一般为棕色、芥末色和模糊紫色的品种无甚关联。如果想感受一下这种缺失,您需要去韦克菲尔德及英格兰北部郁金香协会的年度秀展朝圣。在这里,英国花匠郁金香由专注的种植者维持着生命力,从克卢修斯于1576年首次发现的突变郁金香并保持着不间断的血脉中蓬勃地发展着。"科德尔·赫尔"白底配玫瑰色(第五类),"条纹贝罗纳"黄色底配红色(第一类),淡淡地提醒着我们那些古老的突变郁金香的辉煌。

第十类　鹦鹉群:这一类品种起初是一些表现稳定的郁金香的"变种"或是异化,例如"克拉拉·巴特",被变种培植出了鹦鹉群郁金香"幻想"。原来的柔和玫瑰色戴上了冠饰,出现了绿色条纹,花瓣的边缘被深深割裂,朝各个方向卷曲和扭曲。这种产生皱褶的花瓣就是鹦鹉群郁金香的显著特征。这个名字来自花蕾期的外形,被认为就像是鹦鹉的喙。鹦鹉群中包括园艺郁金香中一些最华丽、最大胆的品种,杂交出了一些花梗比早期这一类型的植株更能撑起花朵的品种。郁金香容易向这一方向变异的倾向从1665年就开始被人发现了,因此鹦鹉群郁金香出现在许多早期的花卉绘画作品中。1907年之前,它们都是"奇异"种(即红黄两色),直到那年巴尔父子推出了紫色和白色的鹦鹉群品种"直觉",一株在比布鲁门种"西班牙女王"的花田中发现的变异种。该类群包含了许多有意思的品种,高度在四十至六十厘米间,5月开花。其中有一些,例如"橙色鹦鹉"是有香味的。

第十一类　重瓣晚花群："最好都死光"，霍尔说，他理所当然地从来都没有想过要掩饰他的偏见。这一类郁金香，有时被称为"牡丹花型"，开出的花花形巨大，花瓣绽放时显得凌乱。和单瓣晚花群一样，它们也不太能经受恶劣的天气，但是在凉爽的温室里栽种在花盆里看起来就很棒，一般5月中下旬盛开。它们能长到四十五至六十厘米。它们在1613年出版的古抄本《艾希施泰特花园》中就被提及，不过直到十七世纪的最后二十五年左右才开始流行起来。尽管像霍尔这样的郁金香发烧友认为它们极度粗糙，有一种叫做"蓝色旗帜"的古老的重瓣晚花品种在我自己的花园里保持了花期最长的记录，盛开良好的状态可以有近一个月的时间。

第十二类　考夫曼杂交群（睡莲杂交群）：以下三类有时被称为"植物学郁金香"，都是用最早所选择的野生物种来命名的。而现在这三类中杂交出了如此多的新品种，再也难以维持原来的区别。考夫曼杂交群郁金香起源于睡莲郁金香物种，因为它的花瓣在阳光下平展开放而得名。花瓣一般又长又薄，有些叶片会间杂着深紫褐色。这一类郁金香是早花型（3月中旬开始开花），而且通常比较短（十五至二十五厘米）。

第十三类　福斯特杂交群（皇帝杂交群）：由皇帝郁金香和其他物种，例如斑叶郁金香和睡莲郁金香等杂交培育出了这一类有用的品种和杂交种。艳光四射的福斯特杂交群"红色皇帝"是范·图伯根的霍赫从在撒马尔罕附近的山区收集的野生鳞茎中挑选出来，之后与达尔文种杂交培育出极为重要的达尔文杂交郁金香。有些叶片是干净带着光泽的绿色，比如极出众的猩红色的"颂唱"的叶片，也有的叶片可能是偏灰的绿色。福斯特杂交群通常从4月初开始开花，也比考夫曼杂交群要高（二十至四十五厘米）。

第十四类　格里克杂交群（斑叶杂交群）：斑叶郁金香那色泽斑驳、间有条纹、离地面很近的叶片是这一类型突出的特征之一。叶片通常带着波浪状边缘。花的内轮花瓣通常保持直立，而外轮花瓣则极度舒展。勒费伯通过将斑叶郁金香与达尔文种杂交培育出了这一类中最杰出的品种，例如"东方灿烂"和"皇家光辉"，花朵特别大且花梗极长。它们最早在荷兰的库肯霍夫花园中展出。像考夫曼杂交群一样，它们植株较低（二十至三十厘米），通常在3月下旬或4月初开花。

　　第十五类：混杂群：第291—361页列出了这些物种。园艺种植最有用的物种包括亚麻叶郁金香、彩虹郁金香和红焰郁金香。夏郁金香是极晚开花的类型，通常在6月开花。在英国，这是最有可能自己在花园中用种子种植成功的郁金香。

郁金香品种修订清单：

哈桑（ABU HASSAN）（凯旋群）

　　高五十厘米。深桃花木色，花瓣上半部边缘缀深金色边。花朵外面部分有向内卷曲的趋势。花朵不会完全展开，或绽放露出内部。基部内侧呈明显的黄色箭头状。柱头硫黄色，雄蕊为深紫黑色。5月初开花。于1976年由范·登·伯格父子公司、罗艾特父子公司培育。

雷姆（AD REM）（达尔文杂交群）AGM（园艺特色奖）

　　高六十厘米。开壮实的圆形花，叶片偏灰色。明艳的橙红色，外轮花瓣外侧覆着极淡的三角形淡紫色，花瓣的边缘略有几丝橙黄色，花内侧为箭头形状的基部，黄色和黑色叠加产生橄榄绿色的效果。雄蕊颜色极深。4月下旬至5月开花。于1960年由科尼英堡和马克培育。

亚的斯（ADDIS）（格里克杂交群）

　　高二十厘米。细而窄、基部呈方形的花朵，内侧为硫黄色，外侧为温暖的杏黄色，随着花龄的增长，花瓣顶端晕染的红色会逐渐蔓延开来。基部青铜色。叶片浓密。4月开花。1955年由奥维德维斯特培育。

阿拉巴斯特（ALABASTER）（单瓣晚花群）

　　高五十五厘米。叶片色淡，偏灰色，并不太多。纯白色的花朵，基部没有杂色。浅乳黄色雄蕊。非常纯净，优雅，但是随着花龄的增长，花会慢慢变黄。5月中旬开花。1942年推出，培育者不明。

阿拉丁（ALADIN）（百合花群）

　　高五十五厘米。质地极薄的黄化花瓣，开放时呈蜘蛛状的开放型花朵，极度舒展。花是柔和的红色，色谱上接近橙色，基部是淡乳白黄色，雄蕊颜色很淡。5月中旬开花。1942年由纽文胡斯培育。

阿拉丁记录（ALADIN'S RECORD）（百合花群）

高五十五厘米。非常细腻的一种郁金香，细腰小花，不像"阿拉丁"那么打眼，红色花缀不太稳定的奶油色边。花瓣极狭窄且尖细。花的中心是淡黄色，带着乳黄色雄蕊。这是一种非常娇美的郁金香，室内盆栽放在清凉的窗台上会极其迷人。4月中旬开花。这是阿拉丁的一种变异，1984年由莱特阿特兄弟注册。

阿尔比恩星（ALBION STAR）又称"麦克·泰尔坎普"（MIEKE TELKAMP）（福斯特杂交群）

高二十五厘米。宽阔的灰色叶片。三角形的花蕾，开放时舒展出象牙柠檬色的花，基部为均匀的黑色，带一抹黄色。每瓣花瓣基部都有非常明显的唇膏状斑点。柱头极小，雄蕊整齐呈乳白色。花株强壮，适合花盆栽种。花朵完全开放时中心极为好看。花瓣背面带着一抹淡粉红色。4月中旬开花。1964年由CV杂交公司培植。

阿勒颇（ALEPPO）（流苏花群）

高五十厘米。花外侧呈暗红色缀着杏色晶状流苏边。花内侧是杏色，带着紫色耀斑。基部内侧是明黄色，但是花瓣外侧基部弥漫着蓝灰色。花药呈柔和的黄色。由塞格斯于1969年培植。

科特（ALFRED CORTOT）（考夫曼杂交群）AGM（园艺特色奖）

高三十厘米。漂亮的叶片是它很大的一个特色。阔叶，初始时完全平摊开，带着极重的紫色条纹。基部有两片极宽的叶子，上面是另一对较窄的与之成直角的叶片。外观比较统一，鲜艳的红色花朵（不会有例外），每瓣花瓣的基部有清晰的黑色色斑。花瓣质地细密，形状尖细，每瓣都有些细微卷曲，花朵在外形轮廓上看起来极富魅力。淡黄色的雄蕊有黑色花粉。典型的塔形风格。鲜绿色的花梗。4月初开花。于1942年由范·图伯根在

1942年培植。

爱丽丝（ALICE LECLERCQ）（重瓣早花群）

高三十厘米。花朵为明亮的橙红色，花瓣边缘镶一道黄色窄边。绝对漂亮。4月中下旬开花。由戴姆斯于1952年培植。

快板（ALLEGRETTO）（重瓣晚花群）

高三十五厘米。花形圆而粗短，花瓣非常浓密。花色为棕红色缀黄色窄边，整体看起来有"阿布哈桑"的效果，那红色是更接近褐色而不是蓝色谱系。花形松散但是很华丽，像许多其他重瓣品种一样，开花非常持久。4月下旬至5月初开花。由范·登·伯格父子公司于1963年培植。

美国梦（AMERICAN DREAM）（达尔文杂交群）

高五十五厘米。花蕾为乳黄色，花瓣边缘镶着细细的橙红色边。虽然三瓣外轮花瓣外侧仍以乳白色为主，但开放时会成为一朵令人眼花缭乱的橙红色花朵。基部主要是黄色，带着清晰至极的花瓣状黑色斑纹。花药颜色很深，柱头颜色很淡。从外面看这是一朵奇妙的花，有着清冷的厚奶油色的花瓣，而内部却是活泼明艳的。4月底开花。1977年由范·伊登·古浩夫有限公司培植。

女仆（ANCILLA）（考夫曼杂交群）AGM（园艺特色奖）

高十五厘米。花的两边有着两片宽阔的灰绿色叶片，花梗旁还有第三片小叶片。以整体高度来看，花似乎大得有些可笑。花蕾紧闭时呈细长形，三瓣乳白色外轮花瓣覆着一层深粉红色。三瓣内轮花瓣外侧有着更淡一些的粉红色。基部内侧为宽阔黄色，镶一圈红色边，这倒是不常见的组合。阳光下花开放时几乎是平展的。盆栽较佳。3月初开花。据说这是和原始物种最相似的品种。1955年由范·图伯根培植。

天使（ANGÉLIQUE）（重瓣晚花群）AGM（园艺特色奖）

高四十五厘米。非常漂亮的苹果粉色重瓣花，随着花龄增长颜色逐渐变深，所以常常能在同一组花中看到不同的色彩强度，算是一个好的属性。皱褶明显，非常女性化。花瓣边缘有淡一个色度的条状纹，外轮花瓣的中脊带着一抹绿色。狭窄的灰色叶片。花中心很小，为极淡的黄色，几乎看不见。这是一种华丽的郁金香，发育得很好。略有香味。5月初到中旬开花。是1959年由勒费伯培植的一种"格兰达郁金香"的变种。

席尔德（ANNIE SCHILDER）（凯旋群）

高四十五厘米。一种可爱的老式郁金香，花形不大，但漂亮，而且是华丽的太妃糖色和橙色，花瓣边缘颜色略略淡一些。花瓣背后是一种挺奇怪的半粉红半紫色的光泽，能从橙色中明显看出来。不是像"艾琳公主"那样的明显斑记，更多像是一抹晕色。这种极精美的郁金香，有着像天竺葵般的漂亮的浓绿色叶片。4月下旬开花。由皇家球茎种植者协会（KAVB）在1982年培植。

无烟（ANTRACIET）（重瓣晚花群）

高四十厘米。粗短的重瓣花，花瓣极密，介于玫红色和深红色之间。和所有重瓣品种一样，在花园中可以持续很长的花期。4月中旬开花。由盖托于1998年推出。

阿珀（APELDOORN）（达尔文杂交群）

高五十五厘米。比其他品种都要大的圆形橙红色花朵，基部带有非常明显的三叉形黄色斑记。内部有边缘为黄色的黑色斑点。雄蕊呈黑色。4月中旬开花。1951年由勒费伯公司推出。

珀悦（APELDOORN'S ELITE）（达尔文杂交群）AGM（园艺特色奖）

高度五十五厘米。花形矮方，侧面看也呈方形。生命力旺盛，健壮，不过不算罕见。花色为偏橙色的红色，外轮花瓣的边缘由红色渐变成淡淡的橙色。基部的黑色很明显——这是这一品种最好的特质。花粉同样也是黑色。对恶劣的天气的耐受力强。有淡淡的香味。4月下旬至5月上旬开花。是1968年由韦地格选出的"阿珀郁金香"的变种。

杏丽（APRICOT BEAUTY）（单瓣早花群）AGM（园艺特色奖）

高四十五厘米。三角扁平的花蕾，开放时花呈三文鱼的淡粉色，边缘有淡淡的橙色。"凯旋将军郁金香"的变种。4月上中旬开花。由范·金门坎德于1953年培植。

杏色鹦鹉（APRICOT PARROT）（鹦鹉群）AGM（园艺特色奖）

高五十厘米。一种凭借狂野花瓣而美得令人难以置信的鹦鹉群郁金香，花瓣从光滑紧致的中脉往外出现褶皱。花瓣的背面为白色，偶有绿色条纹斑，或者边缘有粉红色羽毛状条纹。它们在阳光下疯狂地张开，能看见粉红色的内部。花异常大。基部是有些略略偏色的乳白色，向每片花瓣的中脉处延伸。黄色花心中的雄蕊呈深紫色。4月下旬开花。是"多曼"的变种，由于格于1961年推出。

阿拉伯之谜（ARABIAN MYSTER）（凯旋群）

高四十厘米。奇妙的浓丽紫罗兰色，花瓣边缘为银白色。5月中旬开花。由霍普曼父子公司于1953年推出。

阿美（ARMA）（流苏花群）AGM（园艺特色奖）

高三十五厘米。很优秀的郁金香，主教大红色，花瓣边缘有褶边和流苏。矮胖花形，有极容易裂变出不同外表的倾向。大部分是红色的花，也可能出现一些极特别的，比如在黄色底色上有红色条纹，以及黄色的花上有淡淡的红色羽毛状斑纹。一些花瓣上有放射状的浓重绿色斑纹。基部有小团明黄色。雄蕊呈深紫黑色。花形不大，但是很灵动，有一抹黑色从花朵向花梗延伸。4月下旬开花。是"红衣主教"的变种，于1962年由格恩兄弟推出。

艺术家（ARTIST）（绿花群）AGM（园艺特色奖）

高三十厘米。花形宽大粗短，柔和陶土色的细长尖瓣。外轮花瓣中间有绿色宽条纹带着紫色斑点。花瓣内侧是深三文鱼色和绿色。5月中旬开花。1947年由开普顿兄弟培植。

亚特兰蒂斯（ATLANTIS）（单瓣晚花群）

高四十厘米。植株高大健壮，开出的花矮胖，但花形完美。花瓣紫色，中间较深，边缘较浅。最有趣之处在于花瓣基部是令人称奇的翠鸟青绿色。非常可爱。雄蕊呈淡淡的暗橄榄绿色。花心极为迷人，因为内轮花瓣在基部围成了高低不一的紫色圆环。外轮花瓣的紫色一直延伸到花瓣的顶端。干净的灰色叶片。有趣而优雅的郁金香品种。4月下旬开花。1981年由范·登·伯格父子培植。

阿提拉（ATTILA）（凯旋群）

高五十厘米。强壮的花梗承托着花期持久的淡紫罗兰色花朵，圆形花，花瓣厚实浓密。花瓣边缘颜色略淡，让花看上去更加丰富。底色是白色，蓝色条纹，雄蕊的深茄色花粉斑驳在花瓣上。很可爱的花，非常优雅，贵妇型的花。已经培植出七个变异品种。4月中旬开花。1945年由范·德·梅培植。

阿提拉涂鸦（ATTILA GRAFFITI）（凯旋群）

高五十厘米。很有妙趣的精致郁金香，基本上是深红色，但花瓣外侧会有一抹紫色，花瓣内侧是发光的红宝石色。4月下旬至5月上旬开花。1986年施密特推出的"阿提拉郁金香"的变种之一。

诗韵（BALLADE）（百合花群）AGM（园艺特色奖）

高五十五厘米。优雅的尖长花蕾，开放时顶端细尖的花瓣反折变成宽大浅碗花形，花色粉红带紫，边缘白色。三片外轮花瓣向后卷曲，但刚开花时内轮花瓣依然关闭，遮住中心。花瓣外侧基部有淡淡的一抹很小的奶油色。花瓣内侧基部在白色底色上有颇令人惊讶的绿松石色斑点。花瓣的内侧都比外侧颜色淡。黄色雄蕊带绿色条纹。5月上中旬开花。1953年由纽文胡斯兄弟培植。

芭蕾舞者（BALLERINA）（百合花群）AGM（园艺特色奖）

高五十五厘米。优雅的小花郁金香，尖细的花瓣。可爱的落日橙色和红色色调，两种颜色紧密交织在一起难以区分。花瓣外侧柠檬黄的底色上有着血红色耀斑，边缘脉状橙黄色。花瓣内侧红底上带万寿菊橙色的羽毛状斑纹，花瓣有一种自动向内卷曲的趋势。基部是毛茛黄色带有淡绿色星状斑纹。淡黄色的雄蕊。植株高挺瘦长，有非常漂亮的花蕾；叶片灰白，并不厚重。有香味。优雅，细腻而精致，尽管第一眼看上去可能被认为是纯橙色的。5月初开花，比其他百合花群的品种要早。是唯一一种橙色百合花群的郁金香，1980年由范·登·伯格父子培植。

卢卡（BANJA LUKA）（达尔文杂交群）

高六十厘米。花瓣外侧黄色，边缘有红色耀斑，每瓣花瓣中间的黄色呈清楚的三角形。花瓣内侧颜色相反，大部分是红色，有一条窄窄的黄色羽毛状边。斑纹和颜色的对比度极不寻常，这是一种令人惊艳的郁金香。基部中间黑色，窄窄的黄色边。深紫色花药。4月上旬开花。海斯曼和海恩于1995年培植。

女爵（BARONESSE）（单瓣晚花群）

高五十五厘米。优秀的干净灰色叶片，伊丽莎白·雅顿粉红色的大朵花。这种粉红色略带侵略性，但花形较大且结构完美。大片且不规则的白色底色，明显的白色条纹沿着花瓣中脊向上，在内侧尤为明显。淡黄色雄蕊。高大而健壮，花期特别持久。5月初至中旬开花。由范·登·伯格父子公司于1981年培植。

巴斯（BASTOGNE）（凯旋群）

高六十厘米。相当粗短的花，顶部平整呈半球形。内外都是干净明艳的红色。基部为丰富的深色，绿色叠加黑色（或黄色叠加黑色，有一种偏绿卡其色的效果）。淡紫色花药。和"红衣主教"一样在花瓣背面有一层深层光泽。4月中旬开花。由柯第加父子公司于1980年培植。

美世（BEAU MONDE）（凯旋群）AGM（园艺特色奖）

高六十五厘米。样子像是老式的郁金香，花形小，花蕾为浅黄奶油色，随着花的生长，浅黄色变为粉红色。花开时变成淡雅精致本白色，花瓣中间有一抹淡淡的粉红色。不规则的黄色基部斑点，花蕊和柱头颜色很淡。花梗狭窄修长，所以容易弯折。适合村舍花园，传统上与勿忘我和银扇草等伴生。4月中旬开花。赫氏于1986年培植。

珀丽（BEAUTY OF APELDOORN）（达尔文杂交群）

高五十五厘米。花内部是金黄色，黑色基部，外侧是金黄色带着一层玫红色。黑色雄蕊。是"阿珀郁金香"的变种。4月中旬开花。由本特维森于1960年培植。

贝丽（BELLICIA）（重瓣早花群）

高三十厘米。花瓣不够繁复到能遮盖住雄蕊，雄蕊紫黑色，与花瓣形成鲜明对比。花为白色，色调淡，带着覆盆子粉红色的羽毛状斑纹。叶片浅灰色，微微起皱并向内卷曲。4月下旬开花。于2006年由维图科有限公司培植。

世媛（BELLE DU MONDE）（单瓣晚花群）

高六十厘米。淡雅的郁金香，杏色，花瓣边缘颜色逐渐变淡，内部可见深色雄蕊。4月下旬至5月上旬开花。由好友有限公司于1998年培植。

铃花（BELLFLOWER）（流苏花群）

高六十厘米。淡玫瑰粉，同色的细细晶状穗边。叶片颜色明显较淡，显得很柔软。花形结构良好，但是粉红色极淡，花瓣中部颜色较深些，至边缘处已经变成最淡的粉红色。小巧的基底环，极淡的本白色，略带蓝色。花药紫色。花心中间结构复杂又极有趣。5月中旬开花。由塞格斯兄弟于1970年培植。

贝纳（BELLONA）（凯旋群）

高五十厘米。圆卵形，深金黄色，是本群中上佳之品。有香味。4月中旬开花，和相类似的"烛光郁金香"相比，花期更长。由格拉夫父子于1944年培植。

柏兹（BERLIOZ）（考夫曼杂交群）

高三十三厘米。小型窄长的花，花瓣有尖顶，明黄色，三片外轮花瓣的外侧有清晰的向上红色条纹。外轮花瓣与内轮花瓣分得很开。外轮花瓣内侧还有红色小斑点。黄色雄蕊。窄窄的叶片，灰绿色，带淡紫色条纹。适合盆栽的郁金香。3月中旬至4月初开花。1942年由范·图伯根培植，是最早推出的考夫曼杂交群品种之一。

1984 年由毕尔普特推出的重瓣晚花群郁金香"黑英雄"

畅销（BESTSELLER）（单瓣早花群）

高四十厘米。花形巨大，就像在美国被称为"法式郁金香"的品种。细腻的淡橙色，不是纯色，基部颜色淡些，不太明显的箭头状斑纹处又深一些。花瓣背面带着一抹玫瑰色。绝对可爱的花，但是无法适应恶劣天气。4月下旬开花。由伏·范·金穆那达于1959年培植。

领袖（BIG CHIEF）（达尔文杂交群）AGM（园艺特色奖）

高六十厘米。叶片宽阔且凌乱，这算是一个缺点，不过花蕾期是非常令人惊艳的郁金香。紧闭的花蕾背面为奶油色，边缘缀以渐变的柔和橙红色。随着花龄变化，花的颜色也随之慢慢发生变化，花盛开期花瓣背面仍然有着一层淡淡的奶油色。开花时花形很大，呈三角形，令人叹为观止，不过不是常见的颜色。基部模糊，金丝雀黄色在内轮花瓣上一直向上延伸。4月下旬开花。1960年由福林格父子培植。

黑英雄（BLACK HERO）（重瓣晚花群）

高六十厘米。叶片偏灰且不喧宾夺主。为绝对惊艳的郁金香品种，在重瓣品种中属于高大健壮的。花梗不易折断。花非常黑，颜色至少和单瓣晚花品种"夜皇后"一样深，重瓣密度很大，开花呈粗短的圆球状。外轮花瓣上有很重的绿色，但对黑色的效果只增不减。4月下旬开花。1984年由毕尔普特推出的"夜皇后"的变种。

黑鹦鹉（BLACK PARROT）（鹦鹉群）AGM（园艺特色奖）

高五十厘米。带光泽的棕褐色，花内部为深紫色，很独特的品种。5月中旬开花。"科米郁金香"的变种。1937年由柯尔父子培植。

黑天鹅（BLACK SWAN）（单瓣晚花群）

高七十厘米。圆形的花，有着神奇的极深的缎面棕褐色。基部为淡蓝色，与深褐色的雄蕊相映衬。和壁花或风铃草一起栽种极为可爱。4月下旬至5月上旬开花。1963年由瑞恩维尔父子培植。

蓝可爱（BLEU AIMABLE）（单瓣晚花群）

高六十厘米。一朵美丽的花，柔和低饱和度的紫罗兰色，可随着花期越来越好看。花中心为黄色，环以白色。霍尔谴责其"丑陋、形状张狂"，但颜色为它换回了一切。是这一居群中最好的品种之一。5月初开花。由哈勒姆的克雷拉奇父子苗圃（1811—1931）于1916年培植。

蓝莓波（BLUEBERRY RIPPLE）见苏瑞（ZUREL）

蓝钻（BLUE DIAMOND）（重瓣晚花群）

高四十厘米。相当漂亮的郁金香，花蕾为青铜色，开花时粗短，花瓣肥厚，像是盛放得过度的毛茛花（西洋牡丹）。花形散乱，但是艳丽招摇，有着可爱的老式色彩。蓝色基部隐藏在重重花瓣中。灰绿色的叶片。很优秀的郁金香，但和许多重瓣品种一样，经不住雨水。4月中旬开花。"查尔斯王子"的变种，由赫氏在1990年培植。

蓝鹭（BLUE HERON）（流苏花群）AGM（园艺特色奖）

高六十厘米。双色的花，紫罗兰色的花瓣越靠近晶状流苏边越淡。基部白色带蓝色边，秀气漂亮，衬托着褐紫色的雄蕊。叶片窄，正绿色。5月初开花。由塞格斯于1970年培植。

蓝鹦鹉（BLUEPARROT）（鹦鹉群）

高五十五厘米。巨大的郁金香，花梗健壮，花呈一种独特老式的蓝紫色调，花瓣外侧略带青铜色，青铜色延伸到花梗上部。这一品种鹦鹉群特征不明显，花瓣不像这一类群其他品种那样极度卷曲。狭窄而尖长的叶片，与花的比例很合适。隐藏的底色是令人惊讶的孔雀蓝，柱头奇怪地卷曲着。

帅气，优雅，这是很经典的郁金香，是"蓝可爱郁金香"的变种。5月初开花。迪克斯于1935年注册。

蓝带（BLUE RIBBON）（凯旋群）

高三十五厘米。花形极好的郁金香，圆形非长形。粉调紫色，基部颜色较深，一直延伸到花梗上。这一点为它增添了魅力。叶片略偏灰色，不太宽。花蕾有明显的绿色，开花后需要一些时间才能褪去花瓣尖端的淡绿色。基部淡淡的乳白色并不显眼，边缘是模糊的蓝色。雄蕊暗紫色，接近基部有一圈惊艳的明蓝色环带。4月上旬开花。由伊默泽尔于1981年培植。

蓝爱（BLUMEX FAVOURITE）（鹦鹉群）

高三十五厘米。和"艾琳公主"一样有着极复杂的色调。花瓣内侧中心红色，起皱的花瓣边缘有一抹狭窄的深黄色。花瓣外侧有一层缎子般的惊艳光泽感，带一抹深紫色，整个表面布满绿色条纹。花瓣非常执着地向内卷曲着。花的深色有一些晕染到花梗上。花心有小小的黄色斑纹。乳白色柱头，黑色雄蕊，下半部分为黄色。非常淡的香味。叶片简单，呈浅灰色。这是极精致艳丽的郁金香。4月初开花。最早的"蓝爱郁金香"是图·范·丹在1992年选出的"洛可可郁金香"变种。后来再由蓝爱郁金香有限公司于1999年做出进一步的选择。

醉美人（BLUSHING BEAUTY）（单瓣晚花群）

高七十厘米。非常高的郁金香品种，经典的细长尖顶花蕾，开花后形成一朵巨大的花朵，玫瑰粉镶宽阔黄色边缘。花朵至少高十二厘米，直径达六厘米，都有斑记。黄色基部斑纹呈马耳他十字形，周围有极淡粉红色光晕。奇怪的钩状黄色雄蕊。花形发育良好，花期持久。叶片相当狭窄。5月初开花。勒费伯公司于1983年推出的"美人堂"的变种。

害羞女孩（BLUSHING GIRL）（单瓣晚花群）

高六十五厘米。虽然花特别高，花形巨大，但叶子并不太厚重。花蕾极美，卵形，花瓣包裹得整整齐齐，带精致尖顶。象牙白，缀狭窄粉色边。但颜色有时会不完全晕染整片花瓣。没有对比色基部，花药淡芥末奶油色。5月初开花。由潘宁斯于1996年培植。

美景（BOA VISTA）（重瓣晚花群）

高四十五厘米。这是最不同寻常的郁金香，因为它几乎是全绿色的，花瓣质地厚实，会被误认为是叶片。肉乎乎的花瓣只有在顶端才有一点点淡粉色。花期非常持久，但最好和颜色淡些的花一起种植效果更好。5月下旬开花。由维图科有限公司于2011年培植。

灿星（BRILLIANT STAR）（单瓣早花群）

高三十厘米。矮小粗壮的郁金香，鲜艳明亮带光泽的红色。宽大的双色基部，黑色镶黄色宽边。刚开花时花形并不好看，但它在阳光下盛开时，呈颇完整的杯形（尽管带尖瓣）。深紫色花粉柱。主要由荷兰鳞茎作物种植者马丁·坎普种植，他独自生活在鳞茎花田旁的一间小屋里，因他种植了大量的这种郁金香，被称为"星花之王"。多用作催花，用于圣诞节装饰。适合盆栽。4月中旬开花。1906年培植。

布朗尼（BROWNIE）（重瓣早花群）

高四十厘米。厚实的郁金香，深青铜偏棕色的花瓣长得很密实。花瓣上随意点洒着些黄色斑点。是盆栽的好选择。4月下旬至5月上旬开花。由维图科有限公司于2015年培植。

红糖（BROWN SUGAR）（凯旋群）

高四十五厘米。因为花瓣上有明显的腮红色斑纹，品相不如"开罗"

好，看起来没那么像可可奶脂糖。但它有香味，这就成了它的优点。4月下旬至5月上旬开花。由维图科有限公司于2008年培植。

棕幡（BRUINE WIMPEL）（单瓣晚花群）

高五十厘米。华丽繁复的郁金香，花形经典造型，紫色为主色，但花瓣边缘渐变成暖色调的铜棕色。极优秀的培育成果。带光泽，有香味。5月中旬开花。于2000年由里艾克及里兹阿特培植。

勃艮第（BURGUNDY）（百合花群）

高五十厘米。深紫罗兰色。5月中旬开花。1957年由J.J.格鲁曼斯父子培植。

灼心（BURNING HEART）（达尔文杂交群）AGM（园艺特色奖）

高五十五厘米。大型达尔文种，花形巨大，有不同斑纹变化。有些是淡奶油色带红色条纹，有些则是几乎整片花瓣泛着红色。基部没有明显的斑点，黄色底色漫延至内轮花瓣。外轮花瓣颜色更淡，奶油色更浓。红色由花瓣中脊向四周辐射。内轮花瓣带更明显的斑纹。花粉柱深紫罗兰色。阔叶。4月中旬开花。"象牙弗罗戴尔"的变种，范·伊登于1991年注册。

奶油杯（BUTTERCUP）（格里克杂交群）

高二十五厘米。花形非常漂亮的郁金香，宽大尖细的花瓣从宽阔的基部反折。明亮干净的黄色，基部带星状黑色斑痕。黑色雄蕊。叶片带轻微的紫色线纹。4月上旬开花。由杰克·罗森（Jac. B. Roozen）于1955年培植。

开罗（CAIRO）（凯旋群）

高四十厘米。可爱的亚光浅橙棕色，随着花期变化颜色变淡，变棕色，失去了橙色的基调。非常可爱的颜色，精致，惹人喜爱。提到橙色常常会给人留下错误的印象。花瓣宽阔呈方形，开花时短而平，阳光下开成杯形。纹理上有辐射状，但颜色上没有，就像叶片上的叶脉一样，花瓣上也有向两侧倾斜着向上的纹路。花底中心有不明显的黄色斑点，周围有更深色些的光晕。花内侧有淡黄色辐射状条纹。柱头整齐，黑色雄蕊。有香味。深青铜色延伸到花梗上部。非常精致的郁金香，这种颜色近年来才广泛出现。4月中旬开花。由维图科有限公司于1998年培植。

卡吕普索（CALYPSO）（格里克杂交群）AGM（园艺特色奖）

高三十厘米。外侧番茄红色，镶亮黄色边，基部黑棕色，边缘柠檬黄色。斑驳的叶片。3月下旬至4月初开花。由扬·范·本特姆于1992年培植。

烛光（CANDELA）（福斯特杂交群）AGM（园艺特色奖）

高三十五厘米。花形较大，呈长方形，稳定统一的淡金黄色。黑色花药。4月上旬开花。1961年由范·埃格蒙特父子培植。

颂唱（CANTATA）（福斯特杂交群）

高三十厘米。极出众的郁金香，尖而细长的花蕾，侧面看呈三角形，开放时花形完美，令人惊艳的橙红色。外轮花瓣背面有宽大淡黄奶油色的耀斑。箭头形基部，黑色镶清晰的黄色边。花朵完美地被光滑的正绿色叶片承托。很出色的郁金香，3月下旬至4月上旬开花。范·图伯根于1942年培植。

好望角（CAPECOD）（格里克杂交群）

高三十厘米。黄色的花，外轮花瓣中间有宽阔的不规则的红色条纹。基部黑色带红色边。灰绿色叶片上有些蓝褐色条纹。3月下旬至4月初开花。由CV杂交公司于1955年培植。

敏真谛主教（CARDINAL MINDSZENTY）（重瓣早花群）

高二十五厘米。短而壮实的花，外轮花瓣非常尖，白色上覆盖着一层浓浓绿色。花蕾期完全是绿色，随着花龄增长逐渐淡化到只在最外层的花瓣上有淡淡一抹绿。花完全开放时，花瓣基部呈黄色。和所有的重瓣型一样花期持久。4月中旬开花。是"苔斯夫人"的变种，1949年由范·莱森父子推出。

尼斯嘉尼华（CARNAVAL DE NICE）（重瓣晚花群）AGM（园艺特色奖）

高五十厘米。粗短浓密的重瓣花，完全开花时呈花幅很大的浅碗形，两个不同色度的深粉红色上有着闪亮的羽毛纹。非常艳丽的花园郁金香，淡奶油色花底上衬托着深色的雄蕊。"尼斯郁金香"的变种。叶片矛状，呈灰绿色的，镶极细白色边。5月开花。1953年由范·图伯根推出。

鱼子酱（CAVIAR）（凯旋群）

高五十厘米。浓烈的紫色郁金香，花瓣质地完美，像是叶脉般呈放射状从花瓣中脊向着略内卷的边缘延展。紫色延伸到花梗上，也算是一个优点。4月下旬至5月上旬开花。荷兰博洛伊市场公司于2017年推出。

弗兰克（CÉSAR FRANCK）（考夫曼杂交群）

高二十厘米。外轮花瓣外侧胭脂红镶柠檬黄边，内侧为金黄色。两种颜色都很干净清晰，但组合起来却很生硬。三片外轮花瓣向后反折。漂亮的叶片，带紫色蛇皮状条纹。3月中旬开花。瑞恩维尔父子于1940年培植。

媚娘（CHRMING LADY）（重瓣晚花群）

高四十五厘米。时髦的淡桃杏色，外轮花瓣上有一抹绿色。随着花期变化，绿色逐渐消失。4月下旬至5月初开花。德克于1994年推出。

查托（CHATO）（重瓣早花群）

高四十五厘米。紫偏粉红色的花，还有一层深浅两种粉红色巧妙的层叠。非常可爱的花，也是很有用的早花型花。3月下旬至4月初开花。由萨弗洛于1996年推出。

中国粉（CHINA PINK）（百合花群）AGM（园艺特色奖）

高四十五厘米。古老而又极其优雅的郁金香，紧缩尖细的花蕾到绽放时花瓣略略反折。阳光下，花开放时呈宽平的星形。浅浅的缎粉红色花瓣渐渐淡为基部的白色，花心中间一圈淡奶油色的雄蕊。花期持久。5月初开花。1944年由纽文胡斯培植。

唐人街（CHINA TOWN）（绿花群）AGM（园艺特色奖）

高三十五厘米。叶片浅灰色，边缘乳白色。花色近"格陵兰郁金香"；粉红色的花瓣，基部褪为淡奶油色，每片花瓣中间都有极阔的绿色耀斑。花瓣内外侧都有耀斑。基部并非对比色，主要为绿色，柱头令人惊奇地扭曲着，四周环绕着比正常小很多的花药。这种花花形较大，轮廓呈方形。5月初开花。由开普顿兄弟于1988年注册，是"艺术家郁金香"通过"黄金艺术家郁金香"培育的变种。

肖邦（CHOPIN）（考夫曼杂交群）

高二十五厘米。内侧柠檬黄色，基部有深色斑点。灰绿色的叶片也有褐色驳斑。3月开花。范·图伯根于1942年培植。

圣诞梦（CHRISTMAS DREAM）（单瓣早花群）

高三十五厘米。小巧的浅灰色叶片，花朵小而简单，伊丽莎白·雅顿粉红色。最多能有八片花瓣，因此花形略显混乱。整齐的白色圆形基部，中间有黄色条纹，花药呈黄绿色。是"圣诞奇迹"的变种，比原品种深一个色度。4 月上旬开花。1973 年由肖尔培植。

圣诞奇迹（CHRISTMAS MARVEL）（单瓣早花群）

高三十五厘米。小巧的灰色叶片，花形小，发育良好，纯深粉红色，比它的变种"圣诞梦"更讨喜的颜色。花瓣外层有光泽，变种则没有。基部也类似，有一圈白色，淡淡带一抹黄色。花药黄绿色。有香味。4 月中旬开花。肖尔于 1954 年培植。

彩境（COLOR SPECTACLE）（单瓣晚花群）

高六十厘米。多花，单枝花梗上最多能生出四朵花（有时也只有一朵）。极明艳的黄红两色条纹花朵，黄色花瓣外侧浓密地布满红色耀斑。花瓣边缘也晕染着一丝红色。非常艳丽的郁金香，花瓣的内侧和外侧是同样浓烈的标记和斑纹。黄色底色，外轮花瓣的基部勾勒着模糊不清的黑色斑纹。雄蕊和花粉呈乳黄色。叶片相对薄，可有可无。4 月下旬开花。"乔其纱郁金香"的变种，由维瑟于 1990 年培植。

协奏曲（CONCERTO）（福斯特杂交群）

高三十厘米。高大而纤细，阳光下盛开时花幅宽大。灰色的叶片。花色为非常淡的硫酸黄色，花瓣顶端微红。基部不规则的斑纹，带黄色光晕的黑色渐渐融入颜色更淡的花瓣中。配红褐色的桂竹香一起种植非常迷人。或是配油点百合，或是配肺草紫草。3 月下旬开花。由 CV 杂交公司培植。

花冠（CORONA）（考夫曼杂交群）

高二十五厘米。花淡黄色，外侧带一层红色。叶片有斑纹。3 月开花。由范·图伯根于 1948 年培植。

胸花（CORSAGE）（格里克杂交群）AGM（园艺特色奖）

高三十厘米。花外侧玫瑰色缀黄边，内侧是更浓一些的玫瑰色配金黄色的羽状斑纹。青铜色基部，黄色雄蕊。叶片带斑纹。3月开花。由CV杂交公司于1960年培植。

红衣主教（COULEUR CARDINAL）（凯旋群）

高三十五厘米。是早花郁金香中开花最晚的品种之一。花形很大，发育良好的杯形，明艳的酒红色或者是主教红色，花瓣外面带着神奇的深色。这种颜色优美地泛着光泽，如同最昂贵的缎子，一侧平淡，另一侧浓郁。1911年当沃尔特·赖特在皇家植物园邱园看到步道两侧看见种着的这种花时，曾说："像是陈年的葡萄酒发出朦胧的光芒。"非常秀气有序的花心，完美的圆形黄色基部和细长的黑色雄蕊。特别能耐受恶劣天气。4月下旬开花。1845年培植。

奶油新星（CRÈME UPSTAR）（重瓣晚花群）

高四十八厘米。花短而宽，不是很密的重瓣。蜜桃奶油色，花瓣边缘带有一抹粉红，外侧明显，内侧颜色更混合些，奶油色占主导，粉色不显。有一种像"天使郁金香"那样的迷人气质。雄蕊贴向中间未成形的花瓣。非常讨喜的郁金香。有香气。四月中旬开花。由里兹阿特于1994年推出，"新星郁金香"的变种。

水晶美人（CRYSTAL BEAUTY）（流苏花群）AGM（园艺特色奖）

高五十五厘米。花形优美，流苏边比较克制。花瓣整齐地互相环抱。清亮浓郁的红色，非常打眼、非常精致。花心对称，有较大的黑色箭头形斑纹，缀以窄窄的黄边。深紫色的雄蕊。干净小巧的一种郁金香。花梗的纤维比较奇特，不易折断。4月下旬开花。是"阿珀郁金香"的变种，1982年由范·迪约克父子培植。

舞团（DANCELINE）（重瓣晚花群）

高四十厘米。花瓣较短，浓密的重瓣花，奶油白略带深粉红色斑纹。

外轮花瓣覆盖着一层浅浅绿色。4月下旬至5月初开花。维图科有限公司于2006年推出。

舞秀（DANCING SHOW）（绿花群）

高四十五厘米。肢体纤长的黄色花瓣郁金香，质地较薄。秀气的灰色叶片不会喧宾夺主。细长的花蕾开放后呈特征明显的百合花形，花形呈蜘蛛状，狭长的花瓣向内卷曲。花期后期，它会完全张开，极似一只疯狂的海星。因为花形的腰身很明显，也可以归类为百合型郁金香。花瓣两侧都是灿烂的黄色，花瓣中心有往上的绿色条纹。绿色是区别它和"西点郁金香"的元素。基部无斑纹。小而整齐的柱头，长而稀疏的雄蕊，比花瓣略浅的黄色。一种小巧、容易搭配的花，可以大胆地和黄花九轮草与紫罗兰搭配种植。很淡的花香。4月中旬开花。由科尼英堡和马克于1969年培植。

特尼（DAVID TENIERS）（重瓣早花群）

高二十五厘米。和所有的重瓣早花群一样，花形矮胖。花瓣极尖细，初开花时花瓣中的绿色极盛。这一点与亚光的浓郁紫色相结合，造就了一种阴郁而内向的花朵，极有趣。4月上旬开花。像许多其他重瓣早花一样，也是"穆里略郁金香"的变种。1960年由贝克挑选。

白日梦（DAYDREAM）（达尔文杂交群）AGM（园艺特色奖）

高五十五厘米。轮廓呈明显的三角形，三片外轮花瓣平展地以金字塔形围绕三片内轮花瓣。漂亮的亮黄色，少数花在花期之初有变橙色的趋势，很显然是内在的隐性红色不小心渗出。花期结束时会呈现相当复杂的发光的浅橙色，与"杜威将军郁金香"搭配种植相映成趣。雏菊形的深色基部斑纹，深紫黑色雄蕊。4月初开花。"黄鸽郁金香"的变种，范·伊登于1980年培植。

戴安娜（DIANA）（单瓣早花群）

高二十八厘米。凌乱有褶纹的花瓣组成的卵形大花。有些花有八瓣而不是六瓣花瓣。皱褶的花瓣有斑纹沿中脊向下。基部有不规则的黄色斑纹围绕着浅色的柱头和雄蕊。叶片灰色，特别是在花盆种植时极窄，这算是优点。4月中旬开花。1909年由范·登·伯格·格恩培植。

娃娃小步舞（DOLL'S MINUET）（绿花群）

高五十五厘米。极有光泽的紫色，花瓣外侧有纵贯向下的深绿色条纹。基部较小，乳白色。5月开花。1968年由科尼英堡和马克培植。

堂吉诃德（DON QUICHOTTE）（凯旋群）AGM（园艺特色奖）

高五十厘米。花期异常持久，花形发育极好，紫粉色。5月中旬开花。1952年由科尼英堡和马克培植。

唐纳（DONNABELLA）（格里克杂交群）

高三十厘米。花内侧乳黄色，外侧胭脂红配奶油色边。基部黑色，带有猩红色的斑纹。漂亮的斑驳叶片。3月开花。1955年由CV杂交公司培植。

梦船（DREAMBOAT）（格里克杂交群）

高二十五厘米。瓮形，长花瓣，琥珀黄色花，带些许红色。基部青铜色，带红色斑纹。灰绿色叶片上有棕色条纹。3月开花。1953年由CV杂交公司培植。

梦少女（DREAMING MAID）（凯旋群）

高五十五厘米。偏灰色的淡紫色花瓣镶白色边。这种郁金香极易"突变"，有时会开出白色的花，有非常漂亮的粉红偏紫色的羽毛纹和耀斑。基部浅色不清晰，浅乳白色雄蕊。4月下旬开花。1934年由柯伯特培植。

梦田（DREAMLAND）（单瓣晚花群）AGM（园艺特色奖）

　　高六十厘米。卵形花，花外侧红色带有奶油色耀斑，花内侧呈粉红色，基部白色。花药黄色。5月初开花。1959年由辉格培植。

触梦（DREAM TOUCH）（重瓣晚花群）

　　高四十五厘米。深色浓郁的红紫色郁金香，就像覆盆子泥的颜色，每片粗短的花瓣都缀有极细的白色边。5月开花。2011年由维图科有限公司推出。

早收获（EARLY HARVEST）（考夫曼杂交群）AGM（园艺特色奖）

　　高二十五厘米。花外侧橘红色，镶黄色细边，内侧黄色带浅浅一层胭脂红。基部深黄色。叶片带斑点。3月开花。1966年由瑞恩维尔父子培植。

复活节惊喜（EASTER SURPRISE）（格里克杂交群）AGM（园艺特色奖）

　　高四十厘米。浓郁的柠檬黄色，花瓣顶端的颜色逐渐变深呈橙色。基部青铜色。花药深紫色。叶片有斑纹。1965年CV杂交公司培植的"探戈郁金香"的变种。

厄勒克特拉（ELECTRA）（单瓣晚花群）

　　高二十五厘米。花形优美，体态极佳，为明亮发光的樱桃红色。"穆里略"的变种。4月中下旬开花。1905年后出现。

端庄小姐（ELEGANT LADY）（百合花群）

　　高六十厘米。花苞细长优雅，开花后奶油黄色的花朵上有玫瑰色条纹。5月中旬开花。1953年纽文胡斯兄弟培植。

世界语（ESPERANTO）（绿花群）AGM（园艺特色奖）

高三十厘米。花绿白两色，缀以覆盆子粉边。基部黄绿色，花药绿色。叶子驳杂，镶整齐的白边。5月开花。1968年普林杰培植的"好莱坞郁金香"的变种。

艾斯黛拉（ESTELLA RIJNVELD）（鹦鹉群）

高五十厘米。大花，最好的鹦鹉群品种之一，花瓣有较深切口，波浪状，像覆盆子波纹冰淇淋般，白底带浓艳的红色。偶有绿色斑点。5月中旬开花。1954年由塞格斯兄弟公司的德莫尔博士以他妻子的名字命名。

埃斯特（ESTHER）（单瓣晚花群）

高六十五厘米。糖粉色，越近花瓣边缘颜色越淡。三片内轮花瓣有质地硬实中脊延伸向上。叶片秀气，相对花来说较小。花梗虽不肥大，但健壮挺拔。这种迷人的郁金香基部颜色非常漂亮，浅蓝色上覆盖着呈整齐星形的绿色。雄蕊深紫色，和乳白色顶部形成鲜明对比。这个品种显然在日本很受欢迎：让人不禁怀疑是带花梗的樱花。5月中旬开花。是1967年由开普培植的"粉红至尊"的变种。

异域皇帝（EXOTIC EMPEROR）（福斯特杂交群）

高三十五厘米。极度夸张的郁金香，可以算得上是重瓣，花幅很宽——完全开放时花幅达十四厘米——外面紧扣着奇异的绿色爪状条纹，就像玫瑰的花萼。是郁金香中极不寻常的花形，这种全新的结构能立刻吸引人的注意力。这种结构在这个品种上的效果尤其好，因为花萼般的爪纹像是给整朵花穿上了束胸衣。基部覆着一层深黄色。花心中间凌乱有些变形，但整体花形很棒。迷人而漂亮的花，带着一丝科学怪人的味道。巨大艳丽的郁金香，适合盆栽或者在花田边缘种植。非常宽阔的灰色叶片。4月中旬开花。2001年由赫多克注册（当时名为"白色山谷郁金香"）。

2001 年由赫多克注册的福斯特杂交群郁金香"异域皇帝"

精致花边（FANCY FRILLS）（流苏花群）AGM（园艺特色奖）

高四十五厘米。花朵为闺房粉，白色基部向上延伸占花瓣三分之一，再呈线状向顶端延展。内轮花瓣中有白色的突出中脉。流苏边随意地向四面八方舒展。内侧基部是清晰的白色，浅乳白色柱头，稀疏雄蕊，花药淡黄色。配上淡绿色花梗，这真是极漂亮的郁金香。5月中旬开花。1972年由WAM潘宁斯公司的塞格斯培植。

幻想（FANTASY）（鹦鹉群）AGM（园艺特色奖）

高五十厘米。绝美，巨大而又招摇的花，阳光下绽放时展示出疯狂的浅玫瑰色花瓣，绿色的冠状和条状斑纹。这粉红色（很具侵略性）覆上一层奶油色和绿色之后会显得柔和一些。绿色通常是在花瓣上部中脉两侧各有一抹。边缘皱褶，但不像鹦鹉群那么有攻击性。方方正正的花，花瓣内侧中脉位置颜色会浅一些。基部有白色光晕，从中心辐射出蓝色的细小斑纹。柱头整齐，雄蕊是极深的紫色。花瓣略带褶皱，但恰到好处。叶面很宽，颜色较浅，很自然的绿色。一种迷人的郁金香。4月下旬开花。是1910年推出的"克拉拉·巴特"的变种。

时尚（FASHION）（考夫曼杂交群）

高三十厘米。猩红色花配黄色基部。3月开花。1962年哈根兄弟培植。

费德里奥（FIDELIO）（凯旋群）AGM（园艺特色奖）

高五十五厘米。花形颇大，长形，花形松弛但非常吸引人，柔和浓郁的黄色，花瓣外侧带些淡粉红色和绿色。5月初开花。1952年由特伦普培植。

火焰女王（FIRE QUEEN）（凯旋群）AGM（园艺特色奖）

高三十五厘米。生动到令人惊艳的郁金香，不太高，适合盆栽。叶片

1910 年推出的鹦鹉群郁金香"幻想"

缀细细的奶油色边。花蕾期很特别，奶油色的叶片斑纹也包裹着花，令其看上去有了丰富性。开花时则变成令人惊奇的橙色，像"艾琳公主郁金香"一样覆着层深紫色、古铜色和绿色耀斑。花瓣边缘微微有些羽毛状，非常迷人。中心是干净明亮的橙色，基部为黄色的圆形。雄蕊橄榄绿色，顶端蓝色。是"艾琳公主郁金香"的变种，但颜色是比它更深一度的橘红色。4月中旬开花。1980年由范·本特姆父子注册。

天赋（FLAIR）（单瓣早花群）

高三十五厘米。整齐紧紧包裹着的花朵（非常紧凑），花色是互不相让的鲜红镶黄色边。引人注目，但不算精致。基部是星夜黑色，缀着黄色边。叶片宽阔柔软，有些太多。4月中旬开花。1978年范·登·伯格父子公司培植。

火焰鹦鹉（FLAMING PARROT）（鹦鹉群）

高七十厘米。极美丽的鹦鹉群品种，乳黄色，红色耀斑和羽毛状斑纹。底色报春花般的黄色。5月中旬开花。1968年由希姆格克与韦地格推出。

火焰皇帝（FLAMING PURISSIMA）（福斯特杂交群）

高四十五厘米。因其可变性，极其令人着迷。花瓣纹理细腻，仿佛极淡的报春花花瓣上扫过一层柔和的红色（比如"耀斑"状）。沁色的深浅因花而异。有些花几乎看不出，有些花却沁色极深。它比"白色皇帝"更细滑，真的是非常可爱，引人注意。宽大（六厘米）的圆形花瓣，在阳光下从细尖的花蕾中盛开。叶片宽大，呈淡灰绿色。花梗上半部为偏红的花青素。花梗上有细毛，毛茸茸的。细细的黑色雄蕊略带若有若无的黄色斑点。柱头扭曲。真正是极成功的品种。3月下旬开花。1999年由芬克及西特安公司推出。

火焰春绿（FLAMING SPRINGGREEN）（绿花群）

高五十厘米。顾名思义，是著名的"春绿郁金香"的后代，多了树莓粉色的斑点，斑点从花瓣中间的绿色条纹处延伸到边缘。花期异常持久。

通常在4月下旬至5月上旬开花。1999年由西特安公司推出。

绮丽（FLOROSA）（绿花群）

高六十五厘米。因其粉红和白色的花瓣外侧有浓烈的绿色耀斑而被归为绿花群。但同样也可以被认为是一株合格的百合花群郁金香。花朵有明显的掐腰，花瓣优雅地外翻。4月下旬至5月上旬开花。1979年由范·伊登和潘宁斯推出。

宝岛（绿花群）

高四十厘米。茎特别直，上半部完全没有叶片。与"春绿"相似，但底色是极淡的酸黄色，泛着绿光。花瓣微微皱起，没有形成杯形，是一种迷人的花形。绿色出现在花瓣的中间，淡淡一抹，延伸至基部。雄蕊为紫色和绿松石色。此花异常优雅。5月开花。1926年由波尔曼·穆伊培植。

法兰西（FRANCOISE）（凯旋群）

高六十厘米。经典的卵形郁金香，乳白色，靠近基部带一抹淡黄色。4月下旬至5月上旬开花。1981年，由范·文特父子公司推出。

莱哈尔（FRANZ LÉHAR）（考夫曼杂交群）

高三十厘米。花瓣内侧硫白色，外侧硫黄色，缀有红色斑点。基部黄色。花期在3月。1955年由范·德·弥尔培植。

典雅流苏（FRINGED ELEGANCE）（流苏花群）

高六十厘米。非常艳丽夺目的郁金香，亮丽的淡酸黄色，带轻盈优雅的流苏。花瓣外侧的颜色比内侧稍浅。花朵巨大，在阳光下开出十五厘米宽的花。花梗在花朵重量的作用下略微弯曲，但这也给了它们一种迷人又随意的感觉。部分花带一丝红色，极细地缀在花瓣边缘，或是在花瓣外侧有条纹。基部有非常明显的黑色斑点（箭头状）。黑色的雄蕊，花内侧有淡色的中肋。叶片宽大，和花朵的大小相比，倒也不出奇。5月初开花。"春宝郁金香"的变种，1974年由尤亨·范·莱森培植。

克莱斯勒（FRITZ KREISLER）（考夫曼杂交群）

高三十厘米。深粉色，花瓣外侧为淡紫色，边缘为硫黄色。基部深黄色带有胭脂红斑点。3月开花。1942年由范·图伯根培植。

致艾丽丝（FÜR ELISE）（格里克杂交群）

高三十厘米。迷人的郁金香，叶片健壮，灰绿色底上有上下纵横的栗色。两片基生叶宽大，其余的叶片较窄。花蕾为完美的三角形轮廓，呈三面金字塔状。花长度大于宽度，好看的杏奶油色，花瓣有明显的尖角。花瓣上端外侧都有淡淡的粉红色，内侧也有，但更像是围绕黄色的基部斑点带了一层橙色的光泽。柱头整齐，雄蕊为黄色。非常成功的品种，适合盆栽。花期持久。3月下旬开花。"春美人"的变种。1986年由范·本特姆推出。

喜乐（GAIETY）（考夫曼杂交群）

高二十厘米。花形像睡莲，内侧乳白色，外侧为粉紫色，缀乳白色边缘。基部为橙黄色。3月开花。由范·图伯根培植。

狂想雄鹅曲（GANDER'S RHAPSODY）（凯旋群）

高六十厘米。底色白色，有斑点，缀樱桃红边。5月中旬开花。是1970年由杰克·托尔推出的"雄鹅"的变种。

花园派对（GARDEN PARTY）（凯旋群）

高四十厘米。底色白色，外轮花瓣有清晰的覆盆子色纹路，两条线在花瓣中间顶端交汇。花形很大，开花成宽大的杯形，花瓣尖端略略反折。内轮花瓣大多为红色，靠近花瓣基部有一抹箭头状的白色。外轮花瓣的内侧的斑点没那么清楚，但整体呈有规律的图案。基部白色。柱头浅乳绿色。

雄蕊白色，花药黄色。5月初开花。1944年由霍普曼父子公司培植。

格沃塔（GAVOTA）（凯旋群）AGM（园艺特色奖）

高四十五厘米。不知算是红色带黄，抑或是黄色中间带着浓重的红色斑纹？颜色还是以黄色为主，因为边缘处强烈的红色并没有出现在花瓣中间。花期为4月下旬至5月初。1995年由维尔克雷克及西贝克推出。

杜威将军（GENERAAL DE WET）（单瓣早花群）

高四十厘米。丹尼尔·霍尔称之为"早花中最美的郁金香"，"奥地利亲王"的变种，底色亮黄色，上有深橙色或红褐色的细细丝网纹。香味甜美。花非常多变，底色上红色出现的密度和浓度都各不相同。花瓣背面也有红色的脉状纹，通常是在边缘凝成极细的流苏状。花形品相最佳时，这是一种绝佳的郁金香。和现代品种相比，它轻枝细茎，花瓣纹理更细腻。基部黄色不清晰，深色花蕊。4月初开花。与葡萄风信子、蓝紫罗兰或勿忘我搭配极美。培植者不明，但在1904年就已知存在，并以南非布尔战争中一名指挥官的名字命名。

乔其纱（GEORGETTE）（单瓣晚花群）

高五十厘米。叶片比较狭窄，不显眼。极有魅力的多花郁金香，一枝花梗上开出三到四朵花。刚开花时是纯黄色的，淡淡的清亮的颜色。然后，该品种特有的狭长红边渐渐出现在花瓣边缘。这种红色非常迷人，随着花龄增长，两侧逐渐羽化。这种变化非常优雅。花形秀气，发育完美，一般呈卵状。基部不明显，雄蕊呈嫩黄色。花的表现力非常完整，极适合盆栽。4月下旬开花。1952年由CV杂交公司培植。

威尔第（GIUSEPPE VERDI）（考夫曼杂交群）

高三十厘米。花朵细长，有尖顶。外侧为胭脂红，边缘镶黄色，内侧金黄色带红色斑纹。叶片有斑纹。花期为3月下旬至4月上旬。1955年由范·德·弥尔培植。

格鲁克（GLUCK）（考夫曼杂交群）AGM（园艺特色奖）

高二十厘米。硫黄色，外侧有一层胭脂红。基部金黄色。叶片有斑纹。4月中旬开花。1940年由范·图伯根培植。

金珀（GOLDEN APELDOORN）（达尔文杂交群）

高四十五厘米。宽大的杯形花，内侧金黄色，带着星形的黑色基部，外侧青铜绿色。雄蕊黑色。4月中旬开花。是"阿珀"的变种，1960年由高特及奥维德维斯特培植。

金色艺术家（GOLDEN ARTIST）（绿花群）

高三十厘米。明亮的金黄色，每片花瓣的背面都有宽阔的绿色耀斑，耀斑沿着花瓣向上在顶端形成一个尖。"艺术家"的变种。5月开花。1959年由开普顿兄弟培植。

金帝（GOLDEN EMPEROR）（福斯特杂交群）

高四十厘米。花朵大而招摇，淡淡的粉雾黄色，没有任何细微的斑纹。完全只是黄色，连基部都无杂色，也没有其他突出的特点。4月中旬开始开花。1957年由CV杂交公司培植。

金色牛津（GOLDEN OXFORD）（达尔文杂交群）

高五十厘米。帅气的经典郁金香，带着澄澈明亮的黄色，只在边缘上有极细极淡的红色。强壮的花梗上开出卵形的花，花瓣整齐地向中心包裹着。基部没有鲜明的对比色，但壮实的黑色雄蕊极吸引注意力。花梗的顶端颜色较深（紧贴花下）渐变成绿色，很是夸张。这是一种结实稳定的郁金香，与"金珀"非常相似。有香味。4月下旬开花。"牛津"的变种，1959年由奥维德维斯特推出。

金色巡礼（GOLDEN PARADE）（达尔文杂交群）

高六十厘米。黄色，外侧比内侧色浅。基部青黑色。花蕊黑色。"巡礼"的变种。4月中下旬开花。1963年由奥维德维斯特推出。

高登·库柏（GORDON COOPER）（达尔文杂交群）

高六十厘米。宽大的花瓣圆形的花，开出巨大的经典花形，颜色纯粹、浓郁，永远都是淡淡的三文鱼色。令人叫绝的美丽颜色。黑色的雄蕊从基部奶油色箭头形斑纹中伸出。典型的畦床郁金香，生长规律稳定，花梗无比强壮。叶片极为宽阔，但是配上花的大小，这种尺寸的叶片是可以接受的。4月初开花。1963年由科尼英堡和马克培植。

大猩猩（GORILLA）（流苏花群）

高五十厘米。这种相当优美的郁金香有着这样的名字，颇有些怪异。深紫红色，花瓣边缘有同色的狂野流苏。4月底至5月初开花。2008年由西艾尔朱维森测试公司注册。

高特斯达克（GOUDSTUCK）（考夫曼杂交群）

高三十厘米。花瓣内侧为深金黄色，边缘深胭脂红，外侧黄色。3月开花。1952年由范·图伯根培植。

戈雅（GOYA）（重瓣晚花群）

高二十五厘米。橙红色配黄色的基部。"奥兰治·拿骚"的变种。4月中旬开花。1947年由贝克培植。

娉婷（GRACEFUL）（格里克杂交群）

高三十五厘米。外侧为醋栗红，边缘带淡淡的樱花草色，内侧绯红。基部为毛茛黄色，有青绿色斑纹。3月开花。1963年由伊坦布卡德培植。

1905 年培植的单瓣晚花郁金香"格勒兹"

417

绿眼睛（GREEN EYES）（绿花群）

高五十五厘米。绿黄色，带更深一点的绿色条纹。花药黄色。4月下旬至5月上旬开花。1968年由科尼英堡和马克培植。

绿里（GREEN MILE）（百合花群）

高四十厘米。花瓣有尖尖的顶端，明亮但柔和的黄色，中间有浓郁绿色的条纹。花瓣边缘围绕着细细的黄色流苏。花期为4月底至5月初。2014年由穆莱克斯郁金香公司注册。

绿意（GREEN SPIRIT）（绿花群）

高五十厘米。花形比"春绿"更大，但是姿态同样潇洒：白色花瓣，夸张地抹了绿色细条纹。强壮，顶端方平的花朵。4月下旬至5月上旬开花。2015年由马韦里奇国际公司注册。

绿波（GREEN WAVE）（鹦鹉群）

高五十厘米。淡粉红色带些许紫色的花，弯曲皱褶的花瓣上大面积地覆盖着一层绿色。紫色花药颇为惊艳。5月中旬开花。是"格陵兰"的变种，1984年由罗森布鲁克注册。

格勒兹（GREUZE）（单瓣晚花群）

高五十五厘米。丰满的杯状花形，紫罗兰色。5月中旬开花。1905年由克雷拉奇父子公司培育。

格陵兰（GROENLAND SYN GREENLAND）（绿花群）

高六十厘米。绿花郁金香中的佼佼者之一，是老牌的最受欢迎的品种，也是我最早种植的郁金香之一。花朵相对较小，但却很强壮、挺拔，生长在优雅却并不粗壮的茎上。叶片伏贴整齐。花色是那种淡淡的、温柔的、老式的粉红色。花瓣内侧中间位置有一抹淡绿色，而内侧从中间出现的沁色纹，颜色就非常明显。花瓣顶端尖细，边缘微微撅起，呈聚拢状。小而明显的黑色花蕊。4月下旬开花。1955年由范·登·伯格父子培植。

哥达斯涅克（GUDOSHNIK）（达尔文杂交群）

高六十厘米。一朵巨大的淡黄色的花，带红色和玫瑰色的斑点及耀斑。颜色不稳定，从极普通的乳白桃色到几乎整体都带着浓厚深玫瑰色条纹的都有。基部蓝黑色，雄蕊黑色。4月底开花。1952年由勒费伯公司培植。

汉弥尔顿（HAMILTON）（流苏花群）

高六十五厘米。品种优秀而强壮的郁金香，高大、挺拔，明亮的毛茛黄色。浓重的流苏花瓣，向四面八方张开。完全没有对比色斑纹。雄蕊和柱头都是淡绿的奶油色。艳丽，坚实，极优秀。4月下旬开花。1974年由塞格斯兄弟培植。

幸福家庭（HAPPY FAMILY）（凯旋群）

高五十厘米。暗粉色到花瓣边缘时渐渐转化成柔和的粉色。5月初开花。1985年由于格注册。

哈夫兰（HAVRAN）（凯旋群）

高五十厘米。无论从哪方面看，都是一种很可爱的郁金香：形态出众且带有光泽的紫红色。它唯一的奇怪之处在于花梗顶部有两朵花，而不是一朵。灰绿色的叶片，优雅的花梗，有着从花上渗透而来的深色——这是一个决定性的特质。花瓣尖，内侧比外侧更有光泽。基部为乳白色，淡淡覆盖着一层蓝色。深灰色的雄蕊围绕着一个皱褶明显的柱头。帅气逼人的郁金香——非常挺拔。4月中旬开花。1998年由靴子球茎精选公司注册。

心悦（HEART'S DELIGHT）（考夫曼杂交群）

高二十厘米。高大、纤细的花，外轮花瓣呈深粉红色，缀更浅的一抹粉红色边缘，内轮花瓣为淡粉色。基部为黄色带红色斑点。斑驳的叶片。3月开花。1952年由范·图伯根培植。

舵手（HELMAR）（凯旋群）AGM（园艺特色奖）

高五十五厘米。水灵灵的郁金香，黄色的花瓣上覆有深红色耀斑。里面的花药为蓝黑色。4月底至5月初开花。1986年由诺特兄弟注册。

半球（HEMISPHERE）（凯旋群）

高五十厘米。这种郁金香多变，不过对于园丁来说，这一特点通常很受欢迎。部分花是深樱桃红色的，而有些则几乎是全白的，只有些极淡的粉色羽毛纹。在这两个色度中间就有了无穷无尽的变化，包括出现一些羽毛纹非常漂亮的，羽化（白底上深粉红色）极细腻的花朵。方形花，平顶，有宽大的圆形花瓣。叶片呈灰色。茎强壮。令人惊奇的是，花中心为带着白色光晕的蓝色，配上红色的花就显得特别突出。极为漂亮。4月中旬开花。1999年由布伊森培植。

隐地（HERMITAGE）（凯旋群）

高三十厘米。异常有光泽的颜色，非常鲜亮的橙色。比"艾琳公主"还要鲜亮，它是"艾琳公主"的变种之一。另外深色又有光泽的花梗也大大地增强了整体效果。花梗上的深色和花瓣外侧是一样的紫罗兰色。一组花在一起就像一团篝火。结实的、方正的花，花瓣略皱褶并向内卷。强壮又小巧。颜色美得发光。基部黄色，花梗相当细窄，深色的雄蕊。而花瓣外侧都有的那抹紫红色耀斑则是美的关键。花内侧是透明的橙色。小巧的灰色叶片，花离叶片很远。4月初开花。1986年由韦特父子推出，多用于催花。

魔咒（HOCUS POCUS）（单瓣晚花群）

高六十厘米。与"醉美人"非常相似，但花蕾没有那么尖细，整体颜色更浓重。花瓣中心为深粉色，边缘的黄色很透亮，像是毛茛黄而不是柠檬黄。叶片整齐。清晰的圆形黄色基部，和"醉美人"一样有着同样的奇怪长钩花蕊。形态优美。5月初开花。1983年由勒费伯公司培植，是"美人堂"的一种变种。

荷兰别致（HOLLAND CHIC）（百合花群）

高三十五厘米。高而细长的花蕾，在阳光下开花时花瓣狭长。不过花蕾没有百合花群郁金香典型的花瓣顶部旋转的特征。花瓣的外侧和内侧都是白色的象牙色底带一抹粉红色。叶片非常整齐狭长。是一种迷人又漂亮的村舍花园郁金香。花瓣的内侧有粉红色的条状斑纹延伸至花的中心。基部很小，是带有斑点的黄色，雄蕊呈乳白色。4月中旬开花。1998年由荷兰博洛伊市场公司培植。

荷兰荣光（HOLLAND'S GLORIE）（达尔文杂交群）

高六十厘米。非常强壮的花梗开出一朵大型的花，花瓣外侧为耀眼的绯红色，缀着罂粟红的边，到了基部逐渐转为黄色。内侧为柑橘红色，基部绿黑色。雄蕊黑色。4月底开花。1942年由勒费伯公司培植。

好莱坞（HOLLYWOOD）（绿花群）

高三十厘米。非常优雅，花形像是百合花群郁金香，只是有着狭窄尖长的花瓣。花蕾极细极长，虽然不像真正的百合花群郁金香，如"芭蕾舞者"般特征清晰。近乎深紫色的酒红色花朵，带有些许绿色的条纹。绿色在刚开花时最浓重。这是一种很不寻常的浓郁又微妙的颜色。基部很小，荧光色。淡乳黄色的雄蕊，花粉厚重。它的色彩低调不打眼，因此种植或摆放的位置很重要。是"艺术家"的早花变种。5月开花。1956年由开普顿兄弟培植。

蜂鸟（HUMMING BIRD）（绿花群）

高五十厘米。强壮的花梗上开方形的花，含羞草黄色，带绿色的羽毛纹。5月开花。1961年由勒费伯公司培植。

冰棒（ICE STICK）（考夫曼杂交群）

高度四十五厘米。非常统一，花形优雅的花，生长速度是吸引人的特点，花梗比一般的细一些，但花仍稳稳离开叶片立在顶端。叶片不明显，相当狭窄，呈灰绿色，最高的叶片也是在花下三十厘米左右。而花朵本身轻盈迷人，在阳光下舒展开放。白色的内侧，蛋黄色的基部斑点很大，几乎覆盖了一半的花瓣。奶白色的花，三片外轮花瓣带着一抹深粉色。花蕊黄色且较小，风格秀气。很可爱的花园郁金香。4月初开花。2001年由潘宁斯培植。

法兰西岛（ILE DE FRANCE）（凯旋群）

高五十厘米。花瓣外侧是红衣主教红。内侧血红色，惊艳绝伦的一种郁金香。基部为深铜绿色，缀窄小的黄色边。5月开花。1968年由布兰姆和派丁公司推出。

印度岛（INSULINDE）（伦勃朗杂交群）

高五十厘米。叶片色淡，不太宽。花梗非常细会摆动。这就是老牌花匠们称之为比布鲁门种的现象级郁金香，有着很漂亮的深紫色、淡紫色和白色的斑纹（虽然是随机的）。传统花匠们可能会因为它的随机性，以及白色底色会变为乳白色的倾向而拒绝它，但是，作为一种园艺花卉，它是非常优秀的。基部斑点不清晰，更像是一抹蓝色。深紫色花粉。柱头略带橙色。短而宽阔的花，圆形的花瓣，错落有致。5月初开花。由克雷拉奇父子公司培育。

因采尔（INZELL）（凯旋群）

高四十五厘米。象牙白，黄色花药。"布兰达"的变种。1969年由科斯特父子培植。

象牙弗罗（IVORY FLORADALE）（达尔文杂交群）AGM（园艺特色奖）

高六十厘米。花瓣外侧为象牙黄色，少许胭脂红斑点。内侧为乳黄色。4月下旬开花。1965年由都博世兄弟注册。

头奖（JACKPOT）（凯旋群）

高三十五厘米。最初的承诺是"第一朵黑白色郁金香"，但现实是，不如说斑驳的紫色和奶油色更贴切。这种花不像一般郁金香一样在阳光下开放，而是奇怪地拘紧收窄。深紫红色的花朵，每片花瓣周围都有乳白色边缘。在内侧，深色的花瓣上则有着外侧完全没有的一种光泽，基部还有一抹相当惊艳的绿松石色，只不过没有大到能称为斑点。也带着一丝淡淡的奶油色，上面是奶油色的柱头。极深的棕红色雄蕊。秀气的灰色叶片和强壮的花梗。4月中旬开花。1998年由巨型球茎公司注册。

杰奎琳（JACQUELINE）（百合花群）

高六十五厘米。与"中国粉"相似，但可能并不是最典型的百合花群。长而薄的优雅花蕾开始绽放，花瓣极具特征地在顶部带有扭转细角，透亮的唇膏粉红色。基部较小，乳白色。花药乳白色。5月初开花。1958年由塞格斯兄弟培植，是该公司推出的最后的品种之一。

水波池（JACUZZI）（凯旋群）

高四十五厘米。相当可爱的粉紫色的花，内侧的颜色比外侧稍深。强

1986 年由杂交公司及赫氏兄弟培植的凯旋群郁金香"杨·赫氏"

壮的黑色花蕊，带蓝色斑点的基部令这种花的中心也值得欣赏。花期为4月底至5月初。2016年由博斯特球茎公司注册。

杨·赫氏（JAN REUS）（凯旋群）

高五十厘米。健壮挺直的郁金香，经典的方形、圆形花瓣。花朵的颜色特别好看：是一种深红色，就像红葡萄酒一样。非常特别，非常可爱。叶片淡绿，宽大，而花离叶片距离较大。基部黄色，覆以一圈较小的黑黄色。暗色花蕊。3月下旬开花。以杨·赫氏命名，他是荷兰北部黏土地区的球茎种植先驱，也是荷兰当地的球茎拍卖会董事。1986年由杂交公司及赫氏兄弟培植。

春宝（JEWEL OF SPRING）（达尔文杂交群）

高六十厘米。一朵巨大的硫黄色的花，带红色的斑点。基部绿黑色，雄蕊黑色。"哥达斯涅克"的变种。4月下旬开花。1956年由奥维德维斯特培植。

吉米（JIMMY）（凯旋群）

高三十五厘米。内侧为碧玉红加橙色，外侧为较暗的胭脂红，镶橙色边。基部柠檬黄缀绿色边，雄蕊深紫色。5月上旬至中旬开花。1962年由范·胡恩公司培植。

施特劳斯（JOHANN STRAUSS）（考夫曼杂交群）

高二十厘米。带有考夫曼杂交群能看到的强壮的带棕色条纹叶片。叶片往往是平铺在地面上的；两片宽大的基生叶和两片狭窄的叶片。花高而狭长（七厘米），里外都是淡黄色。外轮花瓣上半部分有浓重红色泼溅纹。花瓣顶端略微勾卷，整个花瓣都是纯淡黄色，只在顶端露出一个红点。基部为更深一些的黄色，形成一个较大且不连续的斑点。鲜黄色的雄蕊绕着小而秀气的柱头。形态统一。3月初开花。1938年由范·图伯根培植。

胡安（JUAN）（福斯特杂交群）AGM（园艺特色奖）

高四十五厘米。纤细优雅的郁金香，尖尖的花蕾，开放后为长形平顶花，花色为明亮的橙色叠着层绯红色。基部黄色。雄蕊黄色。优良的叶片上有红褐色的斑点。3月下旬开花。1961年由范·图伯根培植。

红黄（KEIZERSKROON）（单瓣早花群）

高三十厘米。早花郁金香中最古老的一个品种，自十八世纪以来就深受人们喜爱。很难说这花是红中带黄，还是黄中带红。较大的黄色的圆形基部，从中间生出一抹巨大的红色。外侧，这抹红色延伸成一簇宽阔的耀斑，只在两边留下狭长的一些黄色。漂亮的黑色雄蕊。叶片柔软，灰绿色，亚光，纹理有些毛茸茸。此花艳丽，又因其历史意义而显有趣。自1750年以来，它常被称为"大公"。4月初开花。育者不明。

王者血统（KINGSBLOOD）（单瓣晚花群）AGM（园艺特色奖）

高六十五厘米。宽阔的叶片配上鲜艳的红色花，外侧偶有黄色斑点，只不过看上去像是瘀伤，而不是能给外表加分的斑纹。花形大而经典的郁金香。不在阳光下开花，所以算不上雍容。肉黄色的基部为直边而不是圆形的，上面覆一层深一度的颜色。雄蕊几乎是全黑，围绕着有褶皱的乳白色柱头。4月中旬开花。凯旋群郁金香"天市右垣一"和单瓣晚花群郁金香"斯西伯斯夫人"的杂交品种。1952年由科尼英堡和马克培育。

美好年代（LA BELLE EPOQUE）（重瓣早花群）

高四十厘米。对于那些喜欢奶油色、桃色和肤色郁金香的人来说，这是种挺受欢迎的花。他们对这种平展宽脸的郁金香都趋之若鹜。花期4月底至5月初。2011年由维图科有限公司注册。

永爱（LASTING LOVE）（凯旋群）

高五十厘米。爱情是没有保证的，但这种郁金香倒是肯定能保证花期持久，对园丁来说是一大优势。优雅的细尖花瓣，花色是丰富艳丽的紫红色。是真正精美的郁金香。花期在4月下旬至5月上旬。2008年由别致球茎公司注册。

利范德马克（LEEN VAN DER MARK）（凯旋群）

高四十五厘米。外侧为主教红镶白边。基部为象牙白色，有淡黄色的斑点。花药绿黄色。4月中旬开花。1968年由科尼英堡和马克培育。

轻盈梦幻（LIGHT AND DREAMY）（达尔文杂交群）

高五十厘米。经典的卵形达尔文花形，淡淡的粉红色，在花瓣底部有一抹淡紫色。基部鲜黄色。4月中旬开花。2015年由马韦里奇国际公司注册。

丁香时节（LILAC TIME）（百合花群）

高四十五厘米。外形没有"五月时光"那么夸张，但也是一种洋红粉色的优秀郁金香。被认为是百合花群郁金香中独一无二的颜色。基部有一层蓝紫色的模糊斑纹。花药为奶油色。4月中旬开花。1943年由纽文胡斯培育。

百合之火（LILYFIRE）（百合花群）

高四十厘米。狭长的蓝灰色叶片，非常小巧，略略会有些内卷。令它看上去更秀气。精美的挺拔花朵，尖尖的花瓣，浓郁深橙色，花瓣外侧有一抹暗红色。花中心也极秀气，圆形。不是夸张的百合花形状。帅气摇曳带光芒的花，有淡乳色的雄蕊。4月下旬开花。2000年由荷兰博洛伊市场公司培育。

小美人（LITTLE BEAUTY）（其他类型群）AGM（园艺特色奖）

高十五厘米。叶片很长（可长达十九厘米），狭窄，有槽纹并有细微的波浪形。叶片以零乱状平躺在地面上。花朵从叶片中间冒出，像睡莲一样，几乎是完全在地面高度。成熟时高也不超过十五厘米。浓郁的粉紫色（那种近乎品红的粉），通常有八片花瓣而不是六片。尽管它的直径只有五厘米，但给人的感觉是一朵丰满的花。像这一类型的郁金香一样，有极惊艳的色彩和美丽的花形。花瓣非常尖锐，外轮花瓣背面是洇了一层暗绿色。偶有白色斑点，覆着一层浓郁的深蓝色。雄蕊为非常深的黑紫色，相对于花的大小看起来相当大。极迷人，但需要在畦床上或碎石间有自己独立的展示空间。它开花时会在阳光下形成美丽的直立碗形。3月下旬开花。1991年由园艺植物育种研究所和里尔洛普父子公司推出。

小公主（LITTLE PRINCESS）（其他类型群）AGM（园艺特色奖）

高度十七厘米。一种绝对迷人的郁金香，形态优美，花瓣在中间形成一个秀气的尖，有着可爱的柔和棕红色。是红焰郁金香和彩虹郁金香变种奥克郁金香的杂交品种。外侧的花瓣底部为绿色。一些花的内侧基部有淡淡的斑纹，其他的则有着大大的黑色环形斑纹，边缘缀黄色。花蕊是偏绿的卡其色的，叶片狭长，有槽纹。花如美人，颜色中带了些可爱的焦糖色。1991年由IVT和里尔洛普父子公司培育。

橙色罗浮宫（LOUVRE ORANGE）（流苏花群）

高四十五厘米。一朵优雅带着精致流苏的郁金香，橙色上覆盖着一层玫红色，看上去颜色要更浓烈一些。一朵美丽的花，带着昂贵丝绸般光泽和细节感。4月下旬至5月上旬开花。2011年由博斯特球茎公司培育。

情歌（LOVE SONG）（考夫曼杂交群）

高二十五厘米。橘红色的花，外侧泛着胭脂红，内侧镶有黄色边。基部深黄，叶片有斑纹。3月开花。1966年由瑞恩维尔父子培育。

勒费伯夫人（MADAME LEFEBER）又称红色皇帝（RED EMPEROR）（福斯特杂交群）

高四十厘米。通认是最好的早花郁金香之一。长而纤细的花蕾，开放时成为花形极大、花瓣修长的花，颜色是鲜艳的东方红。小巧的基部有斑纹，黑色缀黄边。灰白的叶片。非常不错，但不如"颂唱"般惊艳。3月下旬至4月上旬开花。1931年由范·图伯根的德克·勒费伯培育，以他妻子的名字命名。

玛雅（MAJA）（流苏花群）

高六十五厘米。淡黄色的杯形花，花瓣边缘有细细的流苏。基部铜黄色，花药黄色。5月上旬开花。1968年由塞格斯培育。

玛丽特（MARIETTE）（百合花群）

高五十五厘米。非常艳丽的巨型花朵，从不可思议的细长花蕾开出高高的花。深粉色的花，比"中国粉"更深，但没有那么精致。相当好的花形（花瓣反折得厉害），但与百合花群郁金香，如"阿拉丁记录"相比，更显喇叭状。淡灰色的叶片，很窄，算是个优点。很长的花梗，也很细，使得花在花盆中会拱起并弯曲。我个人很喜欢，但不是每个人都喜欢。花瓣至少有十厘米长，花心为白色。乳黄色的花蕊。5月初开花。是红色的达尔文群"巴蒂冈"与眼斑郁金香杂交的成果；1942年由塞格斯培育。

玛丽莲（MARILYN）（百合花群）

高五十五厘米。一种闺阁花，乳白色，花瓣顶端有大片的草莓红色耀斑，基部有草莓红的羽状纹。5月初开花。1976年由维布鲁根推出。

玛丽·安（MARY ANN）（格里克杂交群）

高三十五厘米。花瓣外侧为胭脂红镶白边，内侧为白色底的粉红色。基部为古铜绿色带绯红斑点。叶片有斑纹。3月开花。1955年由CV杂交公司培育。

莫琳（MAUREEN）（单瓣晚花群）AGM（园艺特色奖）

高七十厘米。长而椭圆形的花朵显得很重坠，白色的花瓣带一抹象牙色。强壮的花梗。是白色郁金香中最上品的一种。五月中旬开花。1950年由塞格斯兄弟培植。

五月时光（MAYTIME）（百合花群）

高四十五厘米。叶片正绿色，宽大，微皱，但不算太长。花长得比叶片高出很多。花瓣很长（九厘米），但很窄（只有三厘米），所以，虽然在花蕾期看上去很帅气，但当它在阳光下开放时就显得单薄。这种情况很容易出现，这样也就失去了百合花群郁金香奢侈的腰部曲线。颜色为浓郁的玫红紫。花瓣边缘会略微合拢，在顶端扭曲。基部为白色，有时候会有一圈淡紫色的环状斑。少数花才有完全发育的雄蕊。5月初开花。1942年由纽文胡斯培育。

芒通（MENTON）（单瓣晚花群）AGM（园艺特色奖）

高六十五厘米。卵形花，花瓣奇特，奇数的花瓣散开，令它有一种效果异常的零乱感。淡淡的三文鱼粉色，花瓣边缘有一抹几乎看不见的橙色。淡淡的乳白色基部，带箭头状的斑驳蓝色边缘。黄色的雄蕊。三片内轮花瓣中有非常明显的淡淡的白色光束状斑纹。5月初开花。1971年由德克父子推出。

独特芒通（MENTON UNIQUE）（重瓣晚花群）

高五十厘米。一种毛茸茸的鲜艳粉红色大型花，在花蕾期有更明显的一抹绿色，这令其色彩更添柔和，引人入胜。花期为4月底至5月初。2008年由好友有限公司注册。

米老鼠（MICKEY MOUSE）（单瓣晚花群）

高四十厘米。相当秀气的叶片和非常艳丽的花，黄色的底色上带红色的条状斑纹。强壮挺拔的郁金香，但并不算复杂。基部小而秀气，带黄色环状斑纹，有些有饰边。雄蕊和花粉都是黄色的。一种很喜庆的郁金香，特别是从上往下俯看花的中心时，可以看到中间黄色环状斑纹有红色的斑纹沿着花瓣向上延伸。4月中旬开花。比其他的单瓣早花群花朵要小，是"冬金"的变种，1960年由库依推出。

麦克·泰尔坎普（MIEKE TELKAMP）见阿尔比恩星（ALBION STAR）

神秘情人（MISTRESS MYSTIC）（凯旋群）

高五十厘米。非常漂亮的郁金香花形，花瓣在顶部略微弯折。几种色调的紫色隐隐地覆盖在极淡的粉红色上，略深一点的粉红色耀斑沿花瓣中脊向上。4月下旬至5月初开花。2011年由鲁亚克·布里松推出。

蒙娜·丽莎（MONA LISA）（百合花群）

高六十厘米。狭窄，很稀疏的叶片（是一个优点）。强壮有韧劲的花梗，很难折断，花远远高于叶片。和林生郁金香一样，花有沿水平方向倾斜的趋势。颇豪华的花形，非常长（九厘米），极窄，腰身明显。花形非常独特，可能是你见过的最长的郁金香。狭长的花瓣，黄色，中间有深粉色的耀斑。花瓣的内侧也不太寻常地有着同样的耀斑。基部没有斑纹。雄蕊黄色。4月下旬开花。"玛丽莲"的变种。1988年由维布鲁根注册。

蒙特卡洛（MONTE CARLO）（重瓣早花群）AGM（园艺特色奖）

高三十厘米。重瓣郁金香开出凌乱的花——短小、敦实、无形。但胜在艳丽。花的颜色是鲜艳而透亮的黄色，外侧颜色更淡。稀疏地有着红色和绿色的条纹。基部没有对比色。偏绿色的雄蕊。灰色叶片，带有明显的波浪状。有香味。是种植最广泛的催花郁金香之一。4月下旬开花。1955年由安东·奈森父子培育。

蒙特勒（MONTREUX）（重瓣晚花群）

高四十五厘米。毛绒绒的重瓣花，花形方正，花梗粗壮。短而钝的乳白象牙色花瓣内侧有一抹奶油色，外侧则带些粉色晕洇。那一抹粉色，很轻很微妙，是这种花最好的地方。随着花期的增长，花的颜色渐褪成白色。在花的初期有一种不错的发黄色调。叶子倒是不显眼（尖尖的，略带皱纹，灰白），比起一般的重瓣郁金香，花心成形较好。奶油色的雄蕊，基部带一抹更深一点的奶油色，有淡淡的香味。4月初开花。1990年由杂交公司培植。

月光女孩（MOONLIGHT GIRL）（百合花群）

高四十厘米。经典的百合花群，花的中部略略有掐腰，顶端尖尖的花瓣外翻。花为透亮的黄色，基部颜色较浅。很漂亮的花。4月下旬至5月上旬开花。2004年由潘宁斯注册。

塔科马山（MOUNT TACOMA）（重瓣晚花群）

高四十五厘米。短而粗壮的白色花朵，袒露开放时露出非常饱满的中间一层内轮花瓣。不太整齐但雍容大方。柱头乳白色，花药淡黄色。花瓣基部有极淡的一抹黄色，而外轮花瓣外侧有一道绿色的中脊。5月初开花。1912年左右由波尔曼·莫伊培植，是仍在种植的最古老的重瓣晚花郁金香之一。

斯西伯斯夫人（MRS JOHN T. SCHEEPERS）（单瓣晚花群）

高六十厘米。精致的卵形大花，金丝雀黄色，花瓣秀气。是极出类拔萃的品种。被用作许多其他村舍郁金香的母株，如"哈科"、"玛琳"和"名望"，它们都表现出了母株的特征：花形长而椭圆，相当长的花梗，而最重要的是其耐力。5月中旬开花。1930年由范·图伯根培育。

神秘范伊克（MYSTIC VAN EIJK）（达尔文杂交群）

高五十厘米。缺乏达尔文群郁金香那种单纯的卵形花形，但有着淡粉色和暖杏色这种闺房色彩，不失为一种漂亮的郁金香。四月开花。2006年由观赏植物测试中心注册。

神驹（NATIONAL VELVET）（凯旋群）

高五十厘米。一种高大优雅的深红色郁金香，覆盖着细腻的紫色条纹。花期为4月底至5月初。非常美丽的培植作品。2007年由别致球茎公司注册。

黑娃娃（NEGRITA）（凯旋群）

高四十五厘米。紫色，有更深些的紫色的细细脉纹。透亮的蓝色基部斑纹，缀奶油色边。花药绿黄色。5月上旬开花。1970年由毕克·雅克·托尔培育。

新设计（NEW DESIGN）（凯旋群）

高五十厘米。花瓣不整齐，边缘粗糙的淡黄色花瓣渐变为粉白色。外轮花瓣有红色边，内轮花瓣有杏色斑纹。基部为毛茛黄色，花药褐色。叶片边缘整齐地缀有粉白色。4月下旬开花。1974年由毕克·雅克·托尔培育。

橙色花簇（ORANGE BOUQUET）（凯旋群）AGM（园艺特色奖）

高五十厘米。非常艳丽的多花郁金香，异常地引人注目。扁平且包裹着筋膜的花梗上能开出多达四朵花。花梗的下部连成一体，上部茎秆（十至二十四厘米长）分叉，每枝承托着一朵花。叶片秀气，颜色灰暗，结实

1990 年由杂交公司培植的重瓣早花群郁金香"蒙特勒"

而挺直地生长。花朵为艳丽的红色，基部有相当大的箭头状黄色斑纹。雄蕊土黄色。偶尔会产生高高生长的小叶片，以为自己是花瓣，半红半绿色。4月下旬开花。1964年由科尼英堡和马克推出。

橙色卡西尼（ORANGE CASSINI）（凯旋群）

高四十五厘米。橙红色，基部为柠檬黄缀青绿色边。花药淡黄色。4月下旬至5月上旬开花。是1981年由范·德·伯格培育的"卡西尼"的一个变种。

橙色皇帝（ORANGE EMPEROR）（福斯特杂交群）AGM（园艺特色奖）

高四十厘米。叶片颜色相当淡。圆形花瓣的经典的花形，颜色为淡橙色。所有花瓣的背面都有一层淡淡的柠檬黄色（外轮花瓣更明显）。小巧的黄色花心，圆形，配上极深色的雄蕊。4月中旬开花。1962年由范·埃格蒙特父子培育。

橙爱（ORANGE FAVOURITE）（鹦鹉群）

高五十厘米。华丽的鹦鹉群郁金香，虽然与其他品种如"韦伯的鹦鹉"相比，花朵的鹦鹉群特征并不明显。灰色的叶片，鲜艳的橙红色花朵，带着绿色的耀斑从花瓣背面中脊处绽放。绝对是能令人叹为观止的郁金香——最好的郁金香之一。基部黄色，形状不确定。小小的黑色雄蕊。花蕾特别长。就像许多其他橙色郁金香一样，有一股非常甜美的香味。5月中旬开花。"橙色君王"的变种，1930年由佛伦推出。

橙狮（ORANGE LION）（达尔文杂交群）

高六十厘米。叶片灰绿色，干净，不太宽，和花的比例相当。花其实是明亮的深黄色，而不是像名字所指的橙色，而它在颜色上总有着令人愉快的变化（值得被鼓励）。有些花的颜色偏橙色，有些花则带红色的网状纹，没有完全纯色的。花心是黑色的星形，花蕊也是黑色的，所以似乎像是不存在。精致，强壮又挺拔的郁金香；宽阔的圆形（或心形）花瓣。开花时呈宽大的半网球形，开放和闭合时都很好看。一个小巧的三角柱头和深色的花蕊。4月下旬开花。1996年由范·哈斯特父子培育。

橙色君王（ORANGE MONARCH）（凯旋群）

高四十五厘米。外侧橙色，微带些玫瑰色；内侧杏橙色。基部橙黄色，紫色的雄蕊。5月初开花。1962年由兰波培育。

橙色拿骚（ORANGE NASSAU）（重瓣早花群）

高二十五厘米。明亮的橙绯色，花瓣外侧以绯色为主，而内侧则橙色更清晰。"穆里略"的变种。4月中旬开花。自1930年以来就已有记录。

橙色公主（ORANGE PRINCESS）（重瓣晚花群）AGM（园艺特色奖）

高三十厘米。像重瓣的"艾琳公主"一样，有同样漂亮的橙色花朵，外面有一抹（并不明显的）紫铜色和绿色。粗壮有力的花梗，有延伸自花本身的深色。杯形的花很宽也很短。非常饱满结实的重瓣花。4月初开花。是1983年由松那维特以及赫氏同时推出的"艾琳公主"的变种。这一变种同时在两家培植者处出现。

橙色太阳（ORANGE SUN）见奥伦集桑（ORANJEZON）

橙色多伦多（ORANGE TORONTO）（格里克杂交群）

高三十五厘米。金盏花橙色缀红色边。花瓣内侧有红色斑点。基部柠檬黄色。3月下旬开花。"多伦多"的变种，1987年由潘宁斯培植。

奥伦拿骚（ORANJE NASSAU）（重瓣早花群）AGM（园艺特色奖）

高二十五厘米。橙绯色蓬松的花，充斥着浓郁的橙色，外轮花瓣带些樱桃红色。是"穆里略"的变种。4月中旬开花。1930年代已出现。

奥伦集桑（ORANJEZON）又称橙色太阳（ORANGE SUN）（达尔文杂交群）AGM（园艺特色奖）

高五十厘米。大朵鲜艳的纯橙色花朵，花瓣排列整齐。4月中旬开花。1947年由CV杂交公司培育。

清唱（ORATORIO）（格里克杂交群）AGM（园艺特色奖）

高三十厘米。巨大的长方形花，外侧为玫瑰粉色，内侧杏粉色。基部黑色。灰绿色叶片上有红褐色斑纹。3月开花。1952年由CV杂交公司培育。

东方美人（ORIENTAL BEAUTY）（格里克杂交群）AGM（园艺特色奖）

高三十厘米。巨大的胭脂红花朵，缀金黄色的边，内侧朱红色。基部为深褐色。叶片有斑纹。3月开花。1952年由CV杂交公司培育。

牛津（OXFORD）（达尔文杂交群）AGM（园艺特色奖）

高五十五厘米。福斯特杂交群的杂交品种，超级有型，橙红色带着一抹紫红色。基部较大，硫黄色。4月中旬开花。1945年由勒费伯公司培育。

牛津精英（OXFORD'S ELITE）（达尔文杂交群）

高五十五厘米。樱桃红色带橙黄色边，花瓣内侧橙黄色底色有红色的羽毛状和点状斑纹。基部为柠檬黄，花药蓝黑色。有香味。4月下旬开花。1968年由考尔培育。

波卡舞（PAGE POLKA）（凯旋群）

高四十厘米。巨大的杯形深红色花朵，带白色条纹。基部白色，花药黄色。5月初开花。1969年由科尼英堡和马克推出。

帕莱斯特（PALESTRINA）（凯旋群）

高三十五厘米。好看的暖粉色，花瓣背面有不少绿色耀斑。外轮花瓣上更加明显。花瓣尖尖，有清晰的淡色中脉。因为绿色的平和感，这是一株极赏心悦目的花。基部小而圆，偏乳白的绿色，偶有藏青色条纹。小巧的深色花蕊。淡绿色的叶片——有些太多。4月份下旬开花。1944年由开普顿兄弟培育，至今仍保持着其特色。"威玛"是它的变种。

帕尔迈拉（PALMYRA）（重瓣早花群）

高四十厘米。浓郁的深红色花，花的宽度大于高度。花期长，适宜采摘。4月下旬至5月上旬开花。2007年由杂交公司注册。

保罗·希赫（PAUL SCHERER）（凯旋群）AGM（园艺特色奖）

高四十五厘米。方形郁金香，花瓣较宽且相对较短，天鹅绒般的深紫色，是郁金香中最接近黑色的颜色。帅气的品种。花期为4月下旬至5月上旬。2000年由维图科有限公司注册。

桃花（PEACH BLOSSOM）（重瓣早花群）

高二十五厘米。重瓣的银粉红色花朵，泛着一抹更深些的粉红。算是一种花形挺拔但散乱的花，一般显得比较壮实凌乱。并不觉得和桃有什么关系，却不妨碍它仍很受欢迎。"穆里略"的变种。4月中旬开花。自1913年起就已有种植。

如画（PICTURE）（单瓣早花群）

高六十厘米。开花持久，丁香玫瑰色，花瓣微微内折，开放时宽阔且位置较低。"伊丽莎白公主"的变种。4月下旬至5月上旬开花。1949年由巴托斯培育。

琉璃繁缕（PIMPERNEL）（绿花群）

高三十五厘米。这个品种也可以被分在百合花群，因为它的花形与"五月时光"相似，虽然不如后者那么好。叶片小而直，而花呈一种奇特的偏红清淡紫色。花瓣背面有浓重的绿色耀斑，令花瓣略有些扭曲。在花瓣内侧基部也有条形绿色，向上延伸至花瓣的下三分之一。柱头扭曲，雄蕊乳白色。5月开花。1956年由勒费伯公司培育。

粉钻（PINK DIAMOND）（单瓣晚花群）

高五十厘米。外表呈玫瑰紫色，边缘颜色浅一些，内侧为福禄考粉红色。5月开花。1976年由维布鲁根注册。

粉红印象（PINK IMPRESSION）（达尔文杂交群）AGM（园艺特色奖）

高五十五厘米。淡玫瑰色底色，有着玫瑰色脉络纹，而花瓣边缘带较深的虾粉色羽毛纹。4月底开花。1979年由IVT，范·德·韦特注册。

粉星郁金杏（PINK STAR）（重瓣晚花群）

高三十五厘米。一种深玫瑰粉色的花，花瓣边缘有淡粉红色羽毛纹。此花还有着惊艳的黄色高光。灰黑色的基部配上鲜艳的黄绿色的柱头。5月开花。1992年由范·丹注册。

匹诺曹（PINOCCHIO）（重瓣晚花群）

高二十五厘米。高大，有掐腰的花形，尖尖的外轮花瓣有猩红色的耀斑，象牙白的边和绿色的斑点。3月开花。1952年由CV杂交公司培植。

匹兹堡（PITTSBURGH）（凯旋群）

高五十厘米。深酒红色大花，主色调基本由三片外轮花瓣上的颜色构成。它带着一种奇怪的灰紫色。随着花龄增长，看上去几乎变成蓝色。在花蕾期，这种花显得很迷人，可是当花完全开放时，覆盖层的微妙之处也显现出来。宽大而圆润的花瓣，内侧是闪亮的栗色，有着大大圆圆的基部白斑和乳白色的花蕊。这是一种颇帅气的花，宽大的灰绿色叶片和有些奇怪的粉红色的柱头。自带美丽光泽。4月中旬开花。2004年由明日郁金香公司培育。

乐趣（PLAISIR）（格里克杂交群）AGM（园艺特色奖）

高二十五厘米。宽大的瓮形花形，深粉红色的花瓣缀淡黄色边。这颜色像是涂抹了太多酱料的生牛排般不太讨人喜欢，但花的生命力极强，花形也很好。黑黄两色的基部。灰绿色的叶片上有红褐色的斑纹。3月开花。1953年由CV杂交公司培育。

娇颜公主（PRETTY PRINCESS）（凯旋群）

高三十五厘米。斑驳的叶片，通常对郁金香来说不算是优势，但这个品种上的叶片斑纹仅仅是细细的白边。很鲜艳的粉红色，在外侧有几抹紫色的斑纹。是"艾琳公主"的变种，花园种植花期持久。4月下旬开花。2010年由J&T球茎公司注册。

俏佳人（PRETTY WOMEN）（百合花群）

高四十厘米。花形迷人的郁金香，花朵较小，但形态完美。花瓣不算长，在顶部漂亮地反折。浓郁的深粉红色和樱桃红色，色彩饱和怡人。花瓣尖尖的。内侧有一个几乎是圆形的白色基部，配黑色的雄蕊。一株非常漂亮的郁金香，虽然它雄蕊缺失。有些只有两个，没有一朵能有全部六个雄蕊的。偶有畸形的花瓣，有深深的绿色斑纹并向内弯曲。真的很不错。4月中旬开花。花期持久。1992年扬·范·本特姆推出的"克罗斯比"变种。

第一公民（PRINCEPS）（福斯特杂交群）

高二十五厘米。一种巨大的朱红色花朵，只是比"罗巴萨"的那种红色少了一丝橙色。宽大的灰色叶片。小巧的深青绿色基部，缀以黄色边缘。深紫色的雄蕊很长。虽然叶片较重，但算得上是一个招摇艳丽的品种。3月下旬开花。由扬·胡选出的福斯特杂交群的改良品种。

迷人公主（PRINCESS CHARMANTE）（格里克杂交群）AGM（园艺特色奖）

高四十五厘米。橙色带一抹胭脂红。有香味。斑驳的叶片。3月开花。1965年由勒费伯公司推出。

艾琳公主（PRINCESS IRENE）（凯旋群）AGM（园艺特色奖）

高三十五厘米。柔和的橙色，外轮花瓣外侧有紫色和一抹极淡的绿色向上耀斑。这种花的丰富性在于花瓣外侧的那一抹晕染。内轮花瓣外侧耀斑就没有这么明显了。花瓣内侧为橙色，基部有模糊的黄色斑纹。柱头淡绿色，雄蕊黄色，花药呈薄薄的橄榄绿色。一款不寻常的郁金香。"红衣主教"的变种，也是获奖品种。4月下旬开花。1949年由范·莱森父子培育。

玛格丽特公主（PRINCESS MARGRIET）（凯旋群）

高三十五厘米。"艾琳公主"的变种，与它的母株一样优秀，金黄色的花瓣上有紫色的耀斑。也是极优秀的郁金香。4月底至5月初开花。1960年由范·莱森父子推出。

伦琴教授（PROFESSOR RÖNTGEN）（鹦鹉群）

高四十厘米。叶子灰绿色，不算太繁密。它的母株"鲑鱼鹦鹉"是由"伦琴射线"培育而来，方法是通过利用射线刺激它的母株"多曼"的鳞茎从而产生变异。培育的结果就是这株梦幻般的蓬松大花，花瓣饱满且皱褶完美。花瓣内侧呈深橙红色，外侧略淡一些，有一抹绿色和乳白色，中脊上则颜色更淡，直到花瓣的最外缘处为黄色。内轮花瓣的中脊为红色。作为参加秀展的郁金香，它绝对艳光四射。花心中围绕着黑色细小雄蕊的是不规则的灰黑色星状斑纹。花瓣上偶有角出现，不过并不多见。极优秀的

1949 年由范·莱森父子培植的凯旋群郁金香"艾琳公主"

郁金香品种。3月份开花。1978年由韦地格培育的"鲑鱼鹦鹉"变种。

肖特教授（PROFESSOR SCHOTEL）（其他类型群）

高四十厘米。叶片非常宽阔，四片叶片，呈现的效果是四片都是围绕着花梗的基生叶。出类拔萃的郁金香品种，它曾经被归类为荷兰种苗。花瓣尖而宽大，使花显得很丰满，但花形极优雅。强壮挺直的花梗上的花开放时极具美感。颜色为纯净清晰的深紫色，非常诱人。花瓣中间有本色的浓烈向上斑纹，令花瓣极富质感。基部带一抹蓝色，淡橄榄色的花蕊。5月初开花。由哈勒姆的文森特·范德·文恩（1823—1863）培育。多么顽强的生命力！

白色皇帝（PURISSIMA）（福斯特杂交群）

高四十五厘米。花蕾极有特点地略偏斜，开花时花很大，但颜色并不像名字所示那样为白色，而是淡淡的柠檬冰沙色，花瓣外侧基部则带着些许深一点的耀斑。花心中间是不规则的鲜蛋黄色斑点，周围是灰紫色的花蕊。这个品种有强壮的花梗，围着异常宽大的浅灰绿色叶片。这是"勒费伯大人"的变种。有非常淡淡的杏味。4月初开花。1943年由范·图伯根培育。

紫娃娃（PURPLE DOLL）（百合花群）

高五十厘米。夸张的百合花花型，掐腰造型，花瓣顶端反折。紫色的花朵，每个花瓣中间部位都有深紫的耀斑。4月底至5月初开花。2014年由芬克及西特安公司注册。

夜皇后（QUEEN OF NIGHT）（单瓣早花群）

高六十厘米。是所有郁金香中颜色最深的之一，花开持久的卵形花，为缎面质感褐黑色。叶片不显眼，但花梗很细。也就是说，花朵常常会弯曲。就像英国花匠理想中的郁金香那样，老式的浅浅圆圆的杯状，花瓣顶端较平。以今天的标准来看花形较小，但这并不一定是缺点。颜色非常浓郁丰富，花瓣外侧有细腻的光泽。基部无斑点，只是在雄蕊周围有一些极淡的炭色和一点点白色。雄蕊和柱头都小巧秀气，花粉偏紫色。5月初开花。重瓣的"黑英雄"是它的变种，也是更适合园艺的一种郁金香。由1839年至1965年在利瑟成立的格鲁曼斯父子培育。推出的年份不详，但在1944年获KAVB奖。

女王日（QUEENSDAY）（重瓣晚花群）

高五十厘米。橙红色的花，偶有一抹绿色。4月开花。2002年由尼科·范·沙根及西特安公司注册。

拉斯塔鹦鹉（RASTA PARROT）（鹦鹉群）

高六十厘米。非常艳丽的鹦鹉群郁金香，火焰般的橙红色带皱褶花斑，覆着一层紫铜色。4月下旬至5月上旬开花。2016年由博斯特球茎公司注册。

重塑（RECREADO）（单瓣晚花群）

高五十厘米。浓郁的深梅紫花，比"蓝带"的那种颜色极饱和的花还要深很多。强壮笔直的花梗，花的颜色一直延伸至茎的顶端。形状优美的花瓣，边缘处轻轻起皱，较宽大，柔软而顶端略尖，令花朵看上去呈长方形。花瓣内侧和外侧的颜色差别不大，但是质感却常常有差异，内侧会更有光泽。基部有很淡的深色污斑，雄蕊为深紫色。优良的郁金香品种。4月下旬开花。1979年由维瑟培育。

红色皇帝（RED EMPEROR）见勒菲伯夫人（MADAME LEFEBER）

红色乔其纱（RED GEORGETTE）（单瓣晚花群）AGM（园艺特色奖）

高五十厘米。血红色的花，基部樱花黄底色上有绿黑色的羽毛纹。花药深紫色。花梗会有一朵以上的花。5月初开花。1983年由维瑟培育的"乔其纱"的变种。

小红帽（RED RIDING HOOD）（格里克杂交群）AGM（园艺特色奖）

高三十厘米。形状优美的瓮形花，鲜艳的猩红色配上漆黑的基部。深色平展的叶片上有棕紫色的斑纹。3月下旬开花。1953年由CV杂交公司培育。

红耀（RED SHINE）（百合花群）AGM（园艺特色奖）

高五十五厘米。鲜艳的深红宝石色，多年来是位于格洛斯特郡的希德柯特花园的红色花带上的中坚力量。5月中旬开花。1955年由CV杂交公司培育。

红翼（RED WING）（流苏花群）AGM（园艺特色奖）

高五十厘米。小巧的方形郁金香，深樱红色花带同色的细细流苏边缘。叶子有些过于宽大，但却是一种强壮的郁金香，花梗非常挺拔。花的内侧为红色带着一个三角形缀黄色边的黑色斑点。花药蓝黑色。非常扭曲的柱头。4月下旬开花。1972年由塞格斯培育。

雷姆最爱（REM'S FAVOURITE）（凯旋群）

高五十五厘米。这是现代试图重现伦勃朗式老牌郁金香羽毛纹和耀斑之美的尝试。白色的花瓣有着重重的紫色耀斑，花的基部几乎完全是紫色。4月中旬至5月初开花。2000年由维图科有限公司注册。

名望（RENOWN）（单瓣早花群）

高六十五厘米。椭圆形大花，浅胭脂红，花瓣的边缘颜色稍淡。基部黄色，边缘有蓝色。5月中旬开花。1949年由塞格斯兄弟培育。

请求（REQUEST）（凯旋群）

高四十五厘米。这一种花具有百合花群郁金香那纤细、优雅的形状，尖尖的花瓣的暖橙色上覆着一层粉红色。有香味。4月下旬至5月初开花。2013年由范·登·伯格和西特安公司注册。

洛可可（RECOCO）（鹦鹉群）

高三十五厘米。疯狂的鹦鹉群郁金香，花瓣边缘有流苏，花瓣本身扭曲。浓郁的大马士革红——那种极品天鹅绒的颜色，花瓣周围有绿色皱纹。基部鲜黄色，柱头淡绿，雄蕊深色。花瓣的背面有一层像是"红衣主教"上看到的那种紫红色。对于那些喜欢完全巴洛克风格的鹦鹉群郁金香的人来说，这是一种极优秀的郁金香。5月中旬开花。1942年由斯雷格坎普公司培育，是"红衣主教"的一个变种。

罗纳尔多（RONALDO）（凯旋群）

高五十厘米。深红色精巧的花，虽然没有"黑英雄"的颜色那么深。花形呈方形，有着巨大圆形的花瓣，从表面看是繁复的灰色花朵。花并没有完全开至花瓣边缘，而是留下了一个清晰的边。深紫蓝色的基部有不规则的斑点。深色的雄蕊配乳白色的花粉。4月中旬开花，1997年由巨型球茎公司推出。

皇家阿尔斯（ROYAL ACRES）（重瓣早花群）

高四十厘米。浓郁丰富的金紫色重瓣花，花瓣边缘颜色稍淡。4月开花。2008年由里兹阿特注册。

肉色印象（SALMON IMPRESSION）（达尔文杂交群）

高五十五厘米。比三文鱼更显粉红，每片花瓣中间的颜色更深一些。4月初开花。2000年由世界花卉公司注册。

肉色杰米（SALMON JIMMY）（凯旋群）

高六十厘米。柔和三文鱼橙色的圆形花瓣，花瓣外侧覆着一层深色些的粉红色。4月下旬至5月上旬开花。2017年由施密特球茎苗圃注册。

肉色范伊克（SALMON VAN EIJK）（达尔文杂交群）

高六十厘米。比三文鱼色更粉些，花瓣颜色较淡，外侧覆着一层略深些的粉色。4月下旬至5月上旬开花。2009年由观赏植物测试中心注册。

桑尼（SANNE）（凯旋群）AGM（园艺特色奖）

高四十五厘米。最优雅的郁金香，百合花形，三片外轮花瓣和三片挺立的内轮花瓣分开向外弯曲反折。淡粉色，花瓣外侧中间覆着深粉色。4月下旬至5月初开花。博斯特球茎公司于2006年注册。

札幌（SAPPORO）（百合花群）

高三十五厘米。这一品种的郁金香花形优雅，似百合花，称得上美妙。美丽的花瓣有着尖尖的顶端，花儿绽放时呈迷人的花瓶形。颜色是淡淡的象牙色，花刚开时是硫黄色，随着花龄的增长而逐渐变淡。后期比早期好看。叶片灰色。这是一种经典郁金香，开放比闭合时好很多。花瓣上没有任何标记，只是基部有极淡的斑点。花蕊也是乳白色的。这种郁金香的价值更多来自它的花形。虽然一般是为了催花而种植，但也不失为一种美妙的园林郁金香；只是两者并不总能兼顾。4月下旬开花。1992年由奈森培育。

猩红宝贝（SCARLET BABY）（考夫曼杂交群）

高二十厘米。天竺红的花，高大且花瓣细薄，基部和花药都是黄色。3月开花。1962年由范·德·弥尔培育。

斯洪奥德（SCHOONOORD）（重瓣早花群）

高二十五厘米。大朵纯白的花朵。是最好的白色重瓣郁金香。和葡萄风信子搭配栽种非常美丽。"穆里略"的变种。4月中旬开花。自1909年以来已经存在。

莎士比亚（SHAKESPEARE）（考夫曼杂交群）

高二十五厘米。外侧为深红镶三文鱼色边，内侧为三文鱼色带一抹红色。基部黄色。3月开花。1942年由范·图伯根培育。

秀兰（SHIRLEY）（凯旋群）

高四十五厘米。悦目的灰色叶片和花的色调很配。这种花与"魔术师"非常相似，是一种柔和的浅乳白色，在花瓣边缘缀一抹淡紫色。在花瓣上也点染着些淡紫色。这一抹颜色在花的内外都有。奇妙而令人惊喜的孔雀蓝基部，皱褶的乳白色大柱头和煤黑色的花蕊。颇美妙的一种郁金香，优雅而繁复，花朵呈短短的杯形，有着宽阔的花瓣，是英国花匠郁金香的典型花形。4月下旬开花。由毕克培育，1968年由雅克·托尔推出。

秀兰之梦（SHIRLEY DREAM）（凯旋群）

高五十厘米。一种更具变化的"秀兰"，具有完全相同的特征，包括基部的蓝色条纹。并不总是笔挺直立，而是随着天气的变化会弯曲和扭转。大而方形的花，颜色有时浅些，有时深些，白色的底色泛着层不同浓度的淡紫色。极为漂亮。花内侧比外侧浅。带蓝色斑纹的基部，深色的雄蕊。非常优秀。偏灰色的叶片。4月初开花。1999年荷兰博洛伊市场公司培育。

展王（SHOWWINNER）（考夫曼杂交群）AGM（园艺特色奖）

高二十五厘米。外侧红衣主教红色，内侧猩红。基部为毛茛黄色缀紫红色边。叶色斑驳，3月中旬开花。1966年由瑞恩维尔父子培育。

温塞特（SIGRID UNDESET）（单瓣晚花群）

高六十厘米。乳白色。基部黄色，带一抹青铜色。5月中旬开花。1954年由摩奈吉培育。

银元（SILVER DOLLAR）（凯旋群）

高五十五厘米。外侧象牙白，带樱草黄的耀斑。内侧则是含羞草色，只是要更深一些。5月中旬开花。1984年由范·丹培育。

斯拉瓦（SLAWA）（凯旋群）

高四十厘米。一种俊俏夸张的郁金香，花形高大，略略掐腰。花瓣颜色几乎是条状的，中间一条是深紫色，两侧为深粉色，到边缘处再慢慢变成橙色。4月下旬至5月初开花。2007年由诗意球茎公司注册。

雪鹦鹉（SNOW PARROT）（鹦鹉群）

高度四十厘米。格外漂亮的花，花瓣参差皱褶，但保持着它的基本花形，不像那些疯狂的皱褶更多的鹦鹉群花。花形的扭曲是最轻微的。叶片不太重。花色柔和，呈灰白色。花瓣外侧带着洇染的灰色/蓝色/紫红色。蓝色是基部最突出的颜色。颜色在边缘处渐渐变成了很淡的粉红和紫红色，但是极轻盈细腻。一切都非常舒适和谐。中心基部很小，脏黄色，淡黄色的花粉。真正美丽的花。3月下旬开花。是1986年由莫纳尔挑选的"和平女神"的一种变种。

冰沙（SORBET）（单瓣早花群）AGM（园艺特色奖）

高六十厘米。外侧呈玫瑰白色带白色耀斑，内侧为胭脂红。基部乳白色。黄色的雄蕊。为"微笑皇后"的变种。5月中旬开花。1959年由杰克·范·德·艾肯培育。

1969 年由里夫汀培植的绿花群郁金香 "春绿"

春绿（SPRING GREEN）（绿花群）AGM（园艺特色奖）

高五十厘米。茎粗壮，挺拔直立（不像"白色胜利者"会略微低头），但不大喜欢在阳光下开放。乳白色花瓣，花瓣外侧中脊上有宽阔绿色耀斑。花朵较小，绿色的斑点能透进花瓣内侧。极为优雅，每片花瓣都有些轻微的侧扭。雄蕊青灰色。基部无斑点。衣冠楚楚的郁金香，但用于混栽十分容易。在草地上和牛香菜一起种植很不错。健壮且抗风性强。四月下旬开花。1969年由里夫汀培育。

斯特雷萨（STRESA）（考夫曼杂交群）AGM（园艺特色奖）

高二十五厘米。秀气的金字塔形花朵，浓郁的橙红色，花瓣边缘镶深黄色边。花瓣内侧为靛黄色，配上血红色基部斑点。叶片有淡淡的条纹。3月开花。1942年由范·图伯根培育。

超级鹦鹉（SUPER PARROT）（鹦鹉群）

高三十厘米。花梗稍有些弱，仍不失为漂亮的花，花瓣的背面有些皱巴巴，覆着一层象牙色和绿色。给人一种清凉随意的感觉。花瓣宽大而无形，但斑纹和繁密的颜色让它成为挺有趣的一种郁金香。4月中旬开花。1998年由靴子球茎精选公司培育。

天鹅翅（SWAN WINGS）（流苏花群）

高五十五厘米。纯白色，花瓣上有精巧的流苏。基部黑色，雄蕊黑色。5月开花。1959年由塞格斯兄弟培育。

甜美佳人（SWEET LADY）（格里克杂交群）

高三十厘米。桃花粉红色，基部铜绿色微带些黄色。斑驳的叶片。4月中旬开花。1955年由范·德·弥尔培育。

甜心（SWEETHEART）（福斯特杂交群）

高四十厘米。偏灰色叶片相当宽大。淡黄色的花瓣到顶端渐变为乳白色。这种颜色搭配其实不太理想，因为花会看起来像是被太阳晒褪了色。基部无斑点，但是黄色会变厚加深。小而直的雄蕊，偏绿/偏灰，覆黄粉。4月初开花。未知品种的福斯特杂交群郁金香与"白色皇帝"混合的变种。1976年由纽文胡斯推出。

军乐队长（TAMBOUR MAITRE）（凯旋群）

高五十五厘米。花梗强壮的郁金香，花形浑圆，颜色为带光泽的红色。花瓣外侧中间有淡淡的紫色。鲜艳的黄色基部。是一种帅气的郁金香，花期从4月中旬开到5月。1956年由科莱父子注册。

美人堂（TEMPLE OF BEAUTY）（单瓣晚花群）AGM（园艺特色奖）

高六十五厘米。百合群的花，花瓣中间是玫红色，边缘为三文鱼色。叶片略有斑纹。4月底至5月初开花。1959年由勒费伯公司培育。

得州之焰（TEXAS FLAME）（鹦鹉群）

高四十五厘米。明亮的毛茛黄带胭脂红的耀斑。翠绿色基部。"得州黄金"的变种。5月中旬开花。1958年由德·韦特培育。

得州黄金（TEXAS GOLD）（鹦鹉群）

高四十五厘米。透亮的黄色，边缘镶着一条窄窄的红色丝带形边。"英格利科姆黄"的变种。与例如"橙爱"这样繁复的花相比，算是挺刺眼的鹦鹉群郁金香。5月中旬开花。1944年由范·德·梅父子培育。

第一（THE FIRST）（考夫曼杂交群）

高二十厘米。特别早花的品种。外侧为胭脂红镶白色边，内侧为象牙白色，基部和雄蕊都是黄色。3月开花。1940年由弗朗斯·鲁森培育。

多伦多（TORONTO）（格里克杂交群）AGM（园艺特色奖）

高三十五厘米。多花郁金香，每一枝花梗上会开出两到三朵花期持久的花。宽大的杯状花形，有明亮的三文鱼色和橙色的花瓣，花瓣纤细而尖长。基部为棕黄色，花药青铜色。斑驳的叶片。5月初开花。1963年由伊坦布卡德父子培育。

时尚（TRÈS CHIC）（百合花群）

高四十五厘米。造型夸张的花，有掐腰线和尖尖的花瓣，花瓣上端很随意地向外反折。几乎是纯白色的，外侧有淡淡的一抹绿色。4月下旬至5月上旬开花。1992年由杂交公司和范·丹推出。

小玩意（TRINKET）（格里克杂交群）AGM（园艺特色奖）

高二十五厘米。花的内侧为乳白色，外侧为血红色缀白边。黄色的基部带棕色的斑记，边缘镶绯红。黄色的雄蕊。4月开花。1963年由开普顿兄弟培育。

汤姆叔叔（UNCLE TOM）（重瓣晚花群）

高四十五厘米。结实粗壮的郁金香，叶片呈灰绿色，很好地衬托出深红紫色的花朵。花蕾很饱满，显得肥大圆润，偏绿色的花蕾绽放出完全开放的重瓣花，花瓣短小而厚实。花心大小合适，在重瓣花里并不常见，乳白色缀着不规则闪电蓝色边。大而光泽的紫色雄蕊。柱头分为四根，而不是三根。4月下旬开花。1935年由佐赫公司注册的一种优秀郁金香。

情人节（VALENTINE）（凯旋群）

高四十五厘米。一款形象经典的郁金香，花杯较短，花瓣较尖，花色较深，呈糖粉色，镶着整齐的白边。花梗粗壮。白色的花心挺大，覆盖着乳白色的较小的星形斑纹，边缘不太清晰。小而深色的雄蕊围绕着一个皱皱的柱头。4月下旬开花。1970年由毕克·雅克·托尔注册。

范德尼（VAN DER NEER）（单瓣早花群）

高二十五厘米。浓郁的柔和梅紫色。偶尔会有裂变，在紫色底色上产生白色羽毛纹。4月中旬开花。1860年由维布鲁根培育。

沙颂（VERONIQUE SANSON）（凯旋群）

高三十五厘米。一种欢快的橙色花，比例匀称，花瓣中间会有一抹深些的红色。有香味是一个额外优点。4月下旬至5月初开花。1997年由范·登·伯格和西特安公司注册。

维里克（VIRICHIC）（绿花群）

高四十五厘米。尖而狭窄的偏绿白色花瓣，缀浓重粉红色边。基部绿色最为突出。4月下旬至5月初开花。2002年由荷兰博洛伊市场有限公司注册。

壁花（WALLFLOWER）（单瓣晚花群）

高五十厘米。多花型，花的颜色为紫褐色，每朵花都是黄色基部。5月中旬开花，由尼古拉斯·戴姆斯培育。

莺鸟（WARBLER）（流苏花群）

高四十五厘米。颇显凌乱的郁金香，颜色与"典雅流苏"非常相似，但流苏显得更为狂野。巨大的花朵，明亮的黄色，基部内外都没有斑记。流苏非常长，这也是令它看起来极为特别的原因。淡奶油色的柱头，稍深一些的雄蕊和花药。5月开花。1987年由塞格斯兄弟及潘宁斯培育。

韦伯鹦鹉（WEBER'S PARROT）（鹦鹉群）

高三十五厘米。长势狂野、皱皱巴巴的花，像是纨绔子弟用的手帕，巨大的花瓣上淡淡地有着些条纹，色彩组合很可爱：乳白色、粉红色和绿色，像是极其扭曲的"格陵兰"。花蕾完全为绿色，花瓣上会弹出些绿色小角。即使是作为鹦鹉群郁金香也算是极不成形，但却也很有趣。花瓣的质地很厚实硬挺，比其他的鹦鹉群郁金香更多皱褶。基部内侧有很小的赭石色斑点。乳黄色的雄蕊。叶片宽大坚韧。盆栽极佳。4月初开花。"韦伯"的变种，1968年由范·格里芬兄弟培育。

西点（WEST POINT）（百合花群）

高五十厘米。明黄色的花朵，花瓣长而尖，急剧下弯。刚开花时最优雅，但到了花期末期就像一只疯狂的海星。5月中旬开花。1943年由纽文胡斯培育。

白梦（WHITE DREAM）（凯旋群）

高五十厘米。象牙白色杯形花，花药为金丝雀黄色。4月下旬开花。1972年由范·登·伯格父子培育。

白鹦鹉（WHITE PARROT）（鹦鹉群）

高四十五厘米。叶片较宽且太过丰密，不过仍算得上是优雅的郁金香，花形只是略有些鹦鹉群的样子，开出的花大而蓬松，白色的花瓣在基部有些斑驳的绿色。虽然不如"雪鹦鹉"那么出彩，但有着内褶的花瓣，也是一种不错的郁金香。基部无斑点。极怪异卷曲的柱头，乳白偏黄的花药。4月下旬开花。"白化郁金香"的变种，是多年来唯一存在的白色鹦鹉群郁金香。1943年由沃克林父子推出。

点白（WHITE TOUCH）（重瓣晚花群）

高四十厘米。像所有的重瓣郁金香一样，这种花能在花园里持久绽放，同时也是极好的鲜切花。重瓣晚花群有时被称为牡丹郁金香，这种白色的花真的很像牡丹。外轮花瓣泛着些绿色。4月下旬至5月初开花。2010

年由维图科有限公司注册。

白色胜利者（WHITE TRIUMPHATOR）（百合花群）AGM（园艺特色奖）

　　高五十五厘米。叶子和花梗有轻微的毛茸茸质地，显得相当迷人。这也让茎叶看起来都是灰色的。叶片规整，整体效果颇神奇。绝对的百合花群，三片外轮花瓣和三片内轮花瓣分得很开。优雅反折的花瓣营造出美丽的花形和体态。最初的颜色是淡淡的乳黄色，随着花龄的增长逐渐变白。花心一般无色，偶尔会染上些蓝色。乳黄色的雄蕊。4月下旬开花。1942年由范·图伯根培植。

韦利索德（WILLEMSOORD）（重瓣早花群）

　　高二十五厘米。胭脂红镶白边。"厄勒克特拉"的变种。四月中旬开花。1930年由保罗·鲁岑培育。

世界友谊（WORLD FRIENDSHIP）（凯旋群）

　　高三十五厘米。奇特的斑驳叶片，肯定是从格里克杂交群的先祖那儿遗传的。淡淡的柠檬黄色花，和地中海蓝钟花套种在一起非常可爱。4月下旬至5月上旬开花。2013年由INRA创新公司注册。

黄色皇帝（YELLOW PURISSIMA）（福斯特杂交群）

　　高四十五厘米。形态端庄的黄色郁金香，花开时花形节制且漂亮，外轮花瓣微微弯曲。基部无斑点，但是极深色（几乎是黑色）的雄蕊令花有了好看的对比色。雄蕊把花粉碎散在花的基部。叶片颜色偏灰色。4月初开花。母株"白色皇帝"的颜色更浅，1980年由范·伊登选出。

横滨（YOKOHAMA）（单瓣早花群）

　　高三十五厘米。浓郁的金黄色花朵，花瓣尖锐。黄色的雄蕊。4月中旬开花。1961年由范·登·伯格父子培育。

赞帕（ZAMPA）（格里克杂交群）AGM（园艺特色奖）

高三十厘米。樱草黄，外轮花瓣上有大块的胭脂红斑点。基部为青铜色和绿色。叶片有斑点。3月开花。1952年由CV杂交公司培育。

僵尸（ZOMBIE）（福斯特杂交群）

高三十厘米。纯灰绿色的叶片，边缘呈明显的波浪形。三文鱼色，花瓣外侧比内侧稍浅偏白，但除此之外区别不大。淡黄色小巧的圆形基部斑纹，覆着一层橄榄绿色。雄蕊下端是紫色，上端是偏绿的黄色，尖端也是紫色。花梗顶端也有些从花朵延续下来的暗色。4月开花。1954年由CV杂交公司培育。

夏清（ZOMERSCHOON）（单瓣晚花群）

高四十厘米。也许是栽培郁金香中最古老的品种，乳白色底色，带三文鱼色的条纹和羽毛纹。5月中旬开花。1620年代起已知。

苏瑞（ZUREL），又称蓝莓波（BLUEBERRY RIPPLE）（凯旋群）

高五十厘米。经典的卵形郁金香，花朵有着红紫色和白色的耀斑。它有一个优良的特征是花瓣中的深色颜色会延伸到花梗上。叶片窄小，不会喧宾夺主。不喜在阳光下开放，但开放时会显现出淡黄色的基部。花内侧为偏紫的深粉色，边缘有白色羽毛纹。外侧，花瓣的颜色搭配更均匀。羽毛纹和耀斑是这个品种得以种植的主要原因。四月中旬开花。1994年由维图科有限公司培育。

郁金香编年史

《花与人》杂志上，是一幅由彼得·范·德·波希特创作的木刻

1571	由马蒂亚斯·德·洛贝尔（洛贝留斯）著述的植物目录中记录了四十一种郁金香
1572	克卢修斯在维也纳与布斯贝克见面，并从他那里获得了郁金香的种子及鳞茎
1576	由卡洛卢斯·克卢修斯撰写的《数种稀有植物》，重要的是附录中包括了郁金香
1576	马蒂亚斯·德·洛贝尔出版了《植物物种历史》
1577	药剂师詹姆斯·加勒特在他位于伦敦城墙内的花园里种植郁金香。杰拉德于1597年出版的《植物史》描述，加勒特在过去二十年一直在种植郁金香
1581	克卢修斯登记了一种名为"恶绿"的重瓣郁金香
1581	《草木图鉴》出版，这是一本由普鲁士公爵的医生戈比留斯收集的二千一百七十三幅木刻画集，其中大部分是普兰汀的作品
1590	莱顿有了种植郁金香的记录
1593	克卢修斯来到莱顿任植物学教授，设计了一个全新的植物园
1597	约翰·杰拉德的《植物史》出版
1598	蒙彼利埃出现种植郁金香的记录
1600—1650	郁金香成为欧洲花园中极度流行的花卉
1600	荷兰种植者在哈勒姆以南的瓦根维格和克莱因·胡特维格一带开始了垄断种植
1601	克卢修斯在《珍稀植物史》书中记录多种郁金香，包括咖啡郁金香和卡瓦拉郁金香
1602	荷兰东印度公司成立
1603	从克里米亚进口了祈望郁金香（也有可能是准噶尔郁

金香？）

1636	巴登-杜拉赫侯爵的花园货品清单中列出了四千七百九十六种不同的郁金香
1636	淑女郁金香在英国出现
1637	阿德里安·罗曼的讽刺对话集出版
1637	阿尔克马尔郁金香拍卖会于二月五日举行
1640	科尼利厄斯·约翰逊为卡佩尔家族画像
1651	奥地利大使施密德·冯·施瓦辛霍恩从欧洲带了四十种郁金香到伊斯坦布尔，作为送给皇帝穆罕默德四世的礼物
1651	巴黎苗圃主皮埃尔·莫林出版了他的第一本目录，其中包括了大量的郁金香品种
1659	郁金香爱好者托马斯·汉默爵士完成了他的《花园书》
1660	托马斯·富勒在《花的演讲》中嘲讽"郁金香获得大多数人的青睐"
1665	约翰·瑞亚在《花卉及鲜花文化》中录入了一百八十四种郁金香
1670	法国种植者伦巴德出售了一批种子培育苗木，后来成为佛兰芒种植者的重要的育苗种
1676	约翰·瑞亚的《花卉及鲜花文化》第二版中的郁金香品种增至三百种
1678	皮埃尔·莫林出版了《花卉培植要点》
1680	"皇冠郁金香"推出——至今仍有出售
1684	伦敦圣马丁花田的育苗师罗杰·罗克以五英镑的价格卖给朗利特的巴斯侯爵"一组共一千株最优秀的各色郁金香"
1688	乔治·里基特的目录出版
1689	乔治·里基特的郁金香账单送往威斯特摩兰的莱文斯庄园
1698	约翰·塔特汉姆在宾夕法尼亚州花园中种植郁金香
1700	范·奥斯坦在莱顿出版了《荷兰园丁》
1700年以后	郁金香渐被风信子所取代

1703	苏丹艾哈迈德三世（1703—1730）统治下的奥斯曼帝国出现郁金香热
1703	亨利·范·奥斯坦所著《荷兰园丁》的英文翻译版发表
1705	尼古拉斯-布伦德尔在他位于兰开夏郡小克劳斯比结纹庭园中种植了"欧银莲、晚香玉……和郁金香"
1710	斯蒂尔于8月31日在《尚流》杂志上发表戏谑文章
1726	阿里·艾米里·艾凡迪·库吐蕃内斯出版了《伊斯坦布尔郁金香种植者的笔记》
1728	郁金香种植者谢赫克·穆罕默德（1728—1730）给大维齐尔·易卜拉欣·帕夏的手稿中记录了郁金香先进的杂交水平。其中一份手稿列出了一千三百二十三个品种
1729	苗圃主亨利·伍德曼将郁金香送给盖茨黑德公园的亨利·埃里森
1730	苗圃主塞缪尔·史密斯在《约克报》上刊登广告
1730	巴登-杜拉赫侯爵出版了一份花园目录，其中说明他从十七家荷兰公司购买了鳞茎，其中十五家公司都在哈勒姆
1734	韦尔蒙和盖尔格特的对话再次出版，对针对风信子的投机提出警告
1741	巴登-杜拉赫侯爵花园中的二千四百株郁金香的名录由G. C. 沃尔瑟恩出版
1742	苗圃主詹姆斯·马多克的目录中列出了六百六十五种不同的郁金香
1746	都柏林花匠协会由博因河战役中为奥兰治威廉三世而战的胡格诺派军官成立
1750	郁金香受欢迎的程度开始下降
1750	"皇冠郁金香"推出，至今在荷兰仍有二点三公顷土地上在种植，是目前还在生产中的最古老的郁金香
1760	阿登神父的《郁金香论述》在阿维尼翁出版

1760	范·坎彭在哈勒姆出版了《花束与花纹》
1760	美国波士顿的报纸上刊登了有关五十种不同的郁金香的销售广告
1763	范·坎彭的《荷兰花匠》被翻译成英文
1768	古代约克花匠协会成立
1775	托蒂博士郁金香在牛津销售
1776	著名的比布鲁门郁金香"路易十六"培育成功，地点可能在佛兰德斯
1777	詹姆斯·马多克的目录列出了八百零四种郁金香
1780	与土耳其的贸易再次开启
1786	柯蒂斯的《植物学杂志》第一部分出版
1789	荷兰花匠和苗圃主M.范·尼维克第一次以每球鳞茎二百五十荷兰盾的价格出售"路易十六"
1796	詹姆斯·马多克的目录中列出了六百六十五种不同的郁金香
1800	"路易十六"出现在沃尔沃斯苗圃目录中，价格为二十几尼一个鳞茎
1815	滑铁卢之战胜利
1820	荷兰育种者向奥弗芬和布卢门达尔扩展
1825	英国第一条铁路——斯托克顿至达灵顿线开通
1826	汉普顿的劳伦斯先生培育了伟大的郁金香种株"波吕斐摩斯"（独眼巨人）
1827	有人出价一百英镑向花商戈德汉姆先生购买"路易十六"郁金香
1830	英国郁金香热进入1830年至1850年间最盛的时期
1835	韦克菲尔德郁金香协会成立
1843	约翰·斯莱特出版《郁金香细述目录》
1845	"红衣主教"推出，至今在荷兰仍有二十三公顷的种植

面积

1845	在长岛的林奈植物园铺种了六百种不同品种的郁金香
1847	《米德兰花匠》杂志首发
1849	亨德里克·范·德·肖特成为第一个赴美的旅行鳞茎推销员
1849	（英国）全国郁金香协会成立
1850年以后	荷兰育种者向希勒霍姆、利瑟和诺德韦克扩展
1850	英国郁金香热开始衰退
1850	德比的汤姆·斯托勒声名鹊起，他是一名火车司机也是郁金香狂人
1854	沃尔沃斯的苗圃主亨利·格鲁姆的目录推出了三个品种的郁金香，每株售价一百几尼
1860	单瓣早花群郁金香"奥地利王子"和重瓣早花群郁金香"穆里略"推出
1871	英格兰足总杯第一次决赛
1878	阿尔伯特·雷格尔在中亚地区发现了睡莲郁金香
1885	朱尔斯·伦格拉特藏品的变卖结束了佛兰德斯地区长达三百年的郁金香种植传统
1886	达尔文郁金香由 E. H. 克雷拉奇公司推出。
1897	英国皇家全国郁金香协会的大型郁金香会议在摄政公园的伦敦皇家植物园举行
1901	传统的"酒馆"秀展最后一次由巴特利郁金香协会在巴特利的橘树客栈举办
1917	郁金香命名委员会发布报告
1928	位于默顿的约翰·英尼斯园艺研究所的多萝西·凯利的研究揭示郁金香"突变"的过程
1929	皇家球茎种植者协会（KAVB）出版了第一本郁金香《国际登记册》
1936	皇家全国郁金香协会解散

1942	E. H. 克雷拉奇出版了早期郁金香书籍普查
1943	D. W. 莱夫伯推出了达尔文杂交群郁金香
1975	第一种经过基因处理的鹦鹉群郁金香，紫红偏紫的"紫水晶郁金香"推出
1994	荷兰种植者向八十个不同国家出口二十亿颗鳞茎
2000	土耳其南部的埃尔梅内克和哈顿之间发现一个新物种，后被定名为"朱砂郁金香"
2007	在伊朗的帕韦和雅凡路德之间发现一个新的物种，后来被定名为"扎格罗斯郁金香"
2009	在乌兹别克斯坦的仓木山发现一个新的物种，后来被定名为"绵革郁金香"
2010	在阿尔巴尼亚的索鲁加附近发现了一个新的物种，后来被定名为"阿尔巴尼亚郁金香"
2011	在科索沃的奥拉霍瓦茨省发现了一个新的物种，后被定名为"科索沃郁金香"
2012	KAVB报告称，每年就有四十个新的栽培品种登记
2019	KAVB登记有总共六十个郁金香栽培品种

译后记

收到编辑的通知，得知本书终于即将付印的消息。此时，我正在春色渐浓的江南探亲，公园的郁金香花讯陆续传来；而美国的朋友们也报告了家中郁金香开花的消息，这几位老友园子里的花球还是我接到书稿的那年送给大家的。倏忽数年，我的生活经历了永远的生死离别，再看郁金香，依然年复一年绚烂地织染着春天的花园。

种花，爱花，赏花，赋予人们的除了园艺上的满足，还有美学的想象和哲学的思考。而大概没有一种花卉，像郁金香一样，能够在历史、美术史、经济学、社会学以及人类学中也留下重要的篇章。我第一次详细了解郁金香的历史便是在研究生院经济学的课堂上。从此，再看此花，便有了不同的观感。因为这个原因，我毫不犹豫地接下了本书的翻译工作。更得到了老同事、好朋友，也是第二次合作翻译的梁彦的支持。原作者是资深的园艺家，更是博文强记的记者和作家，她的著述史实详尽，考据严谨，文字又不乏轻松，因此读来译来，所获颇丰，也让我们两位译者有机会细细地在两种文字中考证统一了一些地名、人名及事件的译法。在翻译的同时，种郁金香，拍摄郁金香，并收集与郁金香有关的古着物件，也成了我的新爱好。

对于一个非植物或园艺专业的译者来说，翻译本书后半部分郁金香品种详细目录才是我遇到的更大挑战。所幸的是，我联系到了供职于上海辰山植物园的刘夙先生。刘夙精通多种文字，是多部植物学著作的译者和作者，并长期从事植物分类学工作。他不仅为我解答了中国植物中文名拟定的一些约定俗成的规则，还提供了由他主持的多识植物百科网站，借此，我可以在译文中使用中文世界已经收集或确定的郁金香物种名及品种名，并在刘夙的帮助下确定了空缺的部分品种的中文名称。能用文字描写如图如画的花卉，确定雅致贴切的中文名，这个过程是非常美妙的。而在多识植物百科上留下自己作为中文命名者的记录，更是我的巨大荣幸。回忆起此中乐趣，在AI技术已经发展到能快速打破不同文字间壁垒的今天，犹觉珍贵。在此，要向刘夙先生为本书的翻译工作提供的帮助表示诚挚的感谢。

巧的是，从翻译工作开始到本书出版的数年间，我们家一位爱花少年也成长为将以植物学为终身追求的专业学生，我于是对从事与花草树木有关职业的年轻人多了一份关注。无论你们是在植物、农业、园艺的哪一个领域深耕，大地感谢你们，生活感谢你们。同样也以此篇译后记感谢读到此书的所有爱花种花的有缘人。

褚晓瑾

2024 年 3 月

Anna Pavord

THE TULIP：TWENTIETH ANNIVERSARY EDITION

Copyright: © ANNA PAVORD, 1999, 2019

This edition arranged with BLOOMSBURY PUBLISHING PLC

Through Big Apple Agency, Inc., Labuan, Malaysia.

Simplified Chinese edition copyright:

2024 SHANGHAI TRANSLATION PUBLISHING HOUSE (STPH)

All rights reserved.

图字：09−2020−382号

图书在版编目（CIP）数据

疯狂郁金香 /（英）安娜・帕沃德（Anna Pavord）
著；褚晓瑾, 梁英俊译. —上海：上海译文出版社, 2024.5
　　书名原文：The Tulip
　　ISBN 978−7−5327−9197−2

　　Ⅰ . ①疯… Ⅱ . ①安… ②褚… ③梁… Ⅲ . ①郁金香
—文化史—欧洲 Ⅳ . ①S682.2

　　中国国家版本馆CIP数据核字（2024）第062174号

疯狂郁金香

［英］安娜・帕沃德　著　褚晓瑾　梁英俊　译
责任编辑 / 宋　玲　　装帧设计 / 张志全工作室

上海译文出版社有限公司出版、发行
网址：www.yiwen.com.cn
201101　上海市闵行区号景路 159 弄 B 座
上海雅昌艺术印刷有限公司印刷

开本 720×1000　1/16　印张 30　插页 6　字数 252,000
2024 年 5 月第 1 版　2024 年 5 月第 1 次印刷
印数：0,001 — 6,000 册

ISBN 978−7−5327−9197−2/I・5726
定价：258.00元

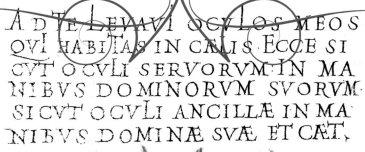

A D TE LEVAVI OCVLOS MEOS
OVI HABITAS IN CÆLIS ECCE SI
CVT OCVLI SERVORVM IN MA
NIBVS DOMINORVM SVORVM
SICVT OCVLI ANCILLÆ IN MA
NIBVS DOMINÆ SVÆ ET CÆT,

《郁金香与飞燕草》（约 1590）
乔里斯·霍夫纳戈尔

《艾希施泰特花园》（1613）插图
德国艾希施泰特亲王主教花园中生长的花卉总汇

《花卉》安布罗休斯·博斯查尔特（1537—1621）
阿姆斯特丹国家博物馆

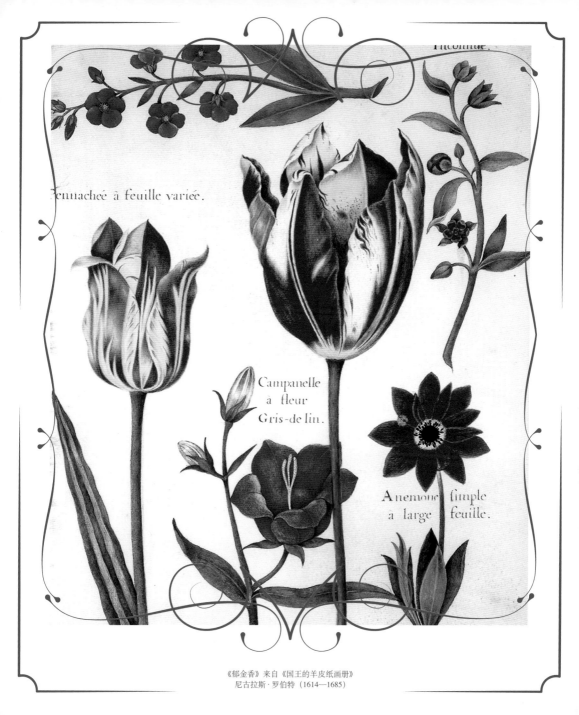

Pſicoliſie.

Pennacheé à feuille variée.

Campanelle
à fleur
Gris-de lin.

Anemone simple
a large feuille.

《郁金香》来自《国王的羊皮纸画册》
尼古拉斯·罗伯特（1614—1685）

Omine exaudi Orationem meam: et clamor meus ad te Veniat. Non auer
tas faciem tuam a me in quacunque die tribulor inclina ad me Au
rem tuam. In quacunque die inuocauero te: uelociter exaudi me. Quia defecerut
sicut fumus dies mei: & ossa mea sicut cremium aruerunt. Percussus sum Vt
fenum: et aruit cor meum quia oblitus sum comedere panem meum: A uoce
gemitus mei adhesit os meum carni meæ. Similis factus sum pellicano solitu
dinis: factus sum sicut nicticorax in domicilio. Vigilaui, & factus sum sicut pas
ser solitarius in tecto. Tota die exprobrabant mihi inimici mei: & qui laudabat
me aduersum me iurabant. Quia cinerem tanquam panem manducabam, &
poculum meum cum fletu miscebam. A facie iræ indignationis tuæ: quia e

《郁金香与梨》（约 1590）
乔里斯·霍夫纳戈尔

《郁金香与蚝蝓蝇》（1590）
来自《米拉书法纪念碑》
乔里斯·霍夫纳戈尔

《郁金香》
来自《关于花木》
约翰·雅各布·沃瑟尔（约 1600—1679）

《玛瑙莫林郁金香》
玛丽亚·西比拉·梅里安（1647—1717）
阿姆斯特丹国家博物馆

《皮科特年轻女子》
作者：胡格诺派艺术家雅克·勒莫恩·德·莫尔盖斯（约 1533—1588）

《瓮中的郁金香》
迪尔克·范·德伦（1604/1605—1671）
画于 1637 年
现存于鹿特丹的博伊曼斯·范·布宁根博物馆

《插鲜花的花瓶》
扬·勃鲁盖尔（1568—1625）
剑桥菲茨威廉博物馆

《三朵郁金香》
赫尔曼·亨斯滕伯格 （1667—1726）
泰尔勒斯博物馆，哈勒姆

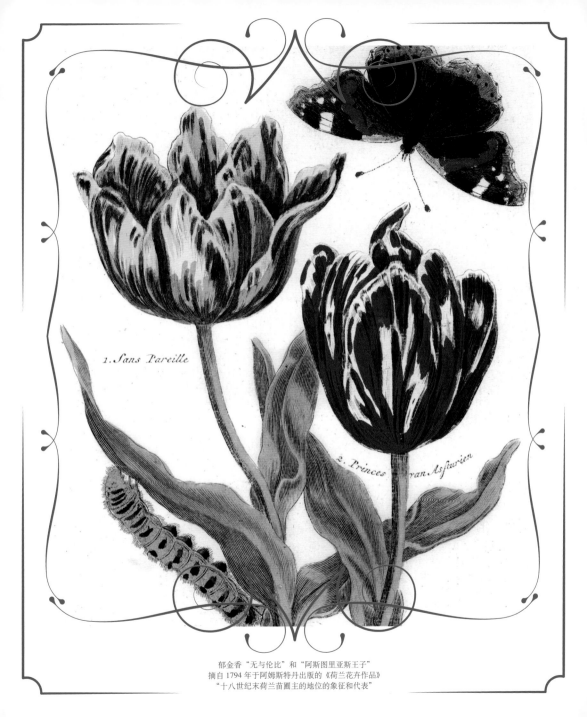

1. *Sans Pareille*

2. *Princes van Asturien*

郁金香"无与伦比"和"阿斯图里亚斯王子"
摘自1794年于阿姆斯特丹出版的《荷兰花卉作品》
"十八世纪末荷兰苗圃主的地位的象征和代表"

罗伯特·桑顿所著《花卉神庙》中的郁金香
1798 年至 1807 年间出版

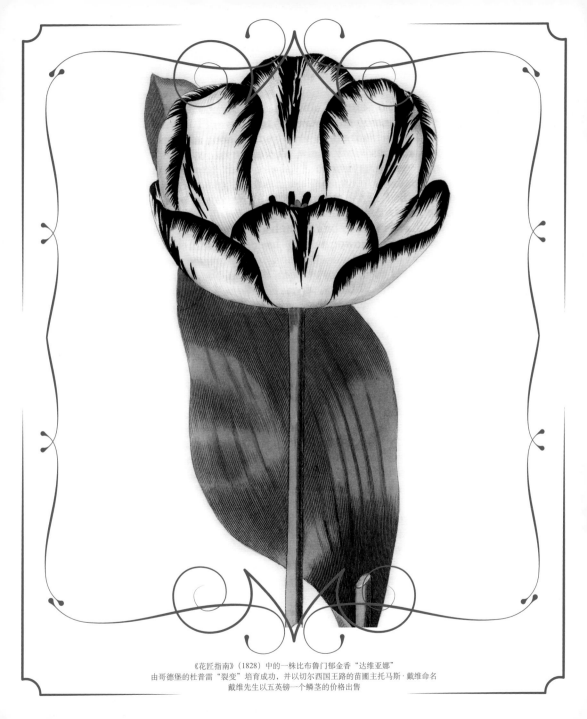

《花匠指南》（1828）中的一株比布鲁门郁金香"达维亚娜"
由哥德堡的杜普雷"裂变"培育成功，并以切尔西国王路的苗圃主托马斯·戴维命名
戴维先生以五英镑一个鳞茎的价格出售

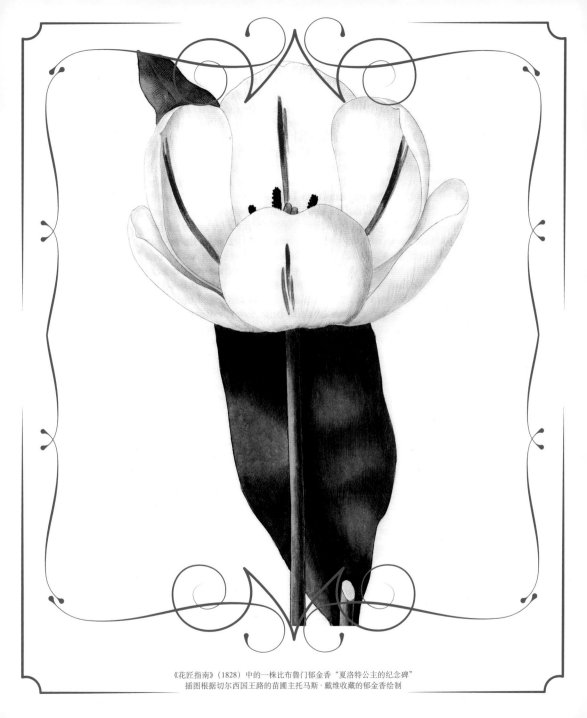

《花匠指南》（1828）中的一株比布鲁门郁金香"夏洛特公主的纪念碑"
插图根据切尔西国王路的苗圃主托马斯·戴维收藏的郁金香绘制

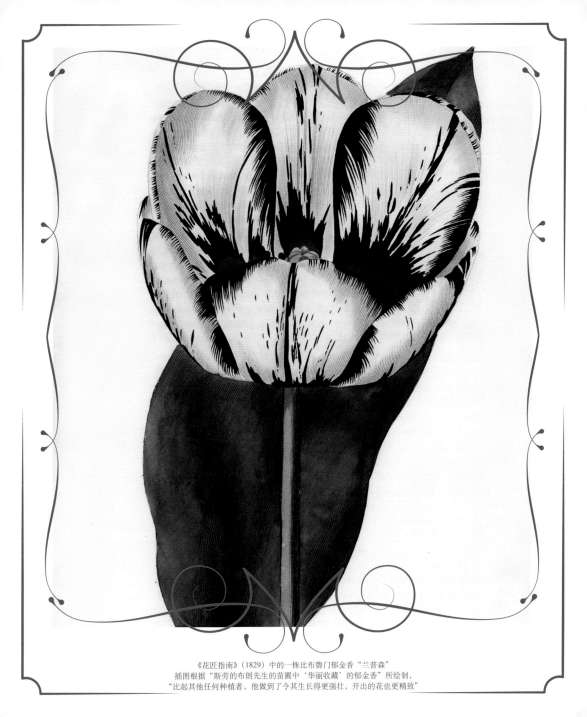

《花匠指南》（1829）中的一株比布鲁门郁金香"兰普森"
插图根据"斯劳的布朗先生的苗圃中'华丽收藏'的郁金香"所绘制，
"比起其他任何种植者，他做到了令其生长得更强壮，开出的花也更精致"

《花匠指南》（1854）中的一株奇异郁金香 "乔治·海沃德"
由汉普顿的 R.J. 劳伦斯杂交一株 "波吕斐摩斯" 种苗和 "丧仪官" 培植而成

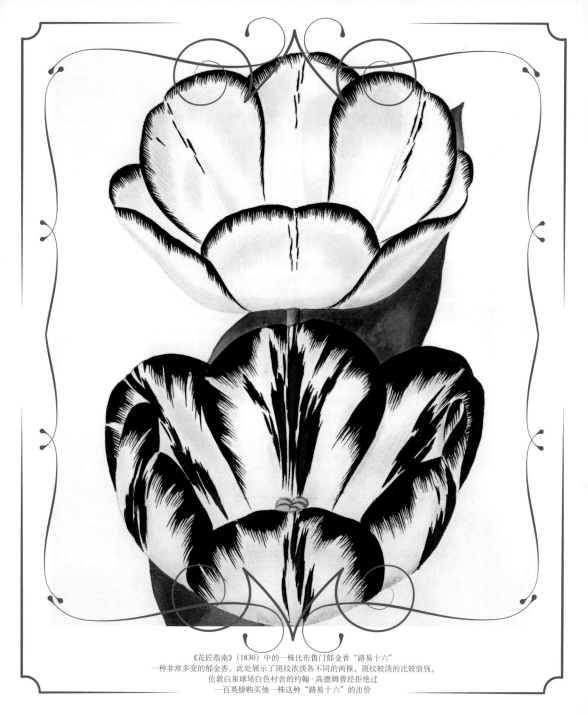

《花匠指南》（1830）中的一株比布鲁门郁金香"路易十六"
一种非常多变的郁金香，此处展示了斑纹浓淡各不同的两株。斑纹较淡的比较值钱。
伦敦白泉球场白色村舍的约翰·高德姆曾经拒绝过
一百英镑购买他一株这种"路易十六"的出价

罗伯特·斯威特 1831 年出版的《观赏花卉花园》中的
眼斑郁金香（Tulipa oculis-solis）

粟田郁金香 (T. eichleri)

柯蒂斯的《植物学杂志》(1875)

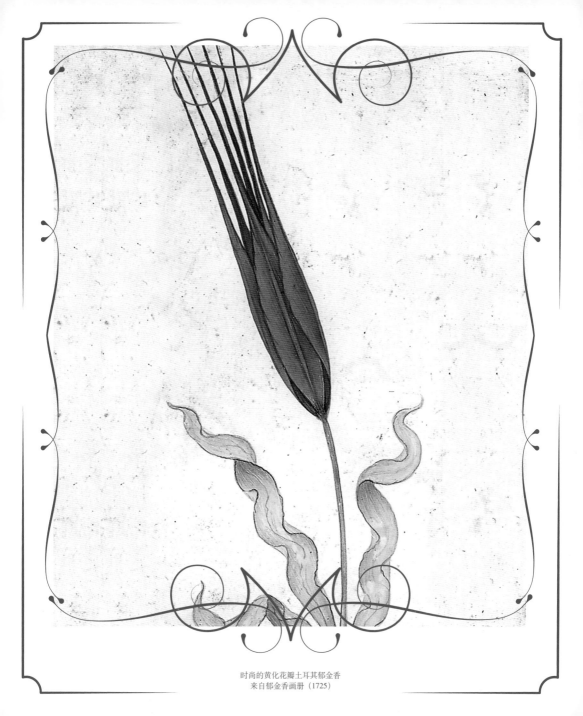

时尚的黄化花瓣土耳其郁金香
来自郁金香画册（1725）

"干净利落"
巴托洛梅乌斯·阿斯泰因 (1607—1667)
阿姆斯特丹历史博物馆

郁金香"双军旗"
选自约翰·希尔 1759 年自费印刷的《异国植物学》
"用了三十五幅插图说明奇特而优雅的植物：解释了它的性系统；
并试图为植物哲学提供一些新的启示。"